Introduction of Building Materials

건축재료학

권인규 저

도서출판 동화기술

머리말

건축물을 구성하는 요소는 크게 세 가지로 요약되는데, 건축물의 목적적 존재 가치를 부여하는 기능적 요소와 어떠한 외력에도 굳건히 본래의 형태를 유지할 수 있는 구조적 요소 그리고 독창적인 아름다움을 추구하는 미적 요소이다. 이 세 가지 요소는 어떤 요소가 더 우위에 있다고 할 수 없고, 상호 독특한 역할과 보완적 관계에 있다. 그러나 이러한 세 가지 요소를 형성하는 가장 근원적인 바탕은 건축재료라고 판단된다.

고대 이집트의 주거 건축물, 로마와 그리스 시대로부터 적용되기 시작한 벽돌을 놓고 보아도 그렇다. 가장 인간적인 크기라고 일컬어지는 벽돌을 한 장씩 한 장씩 쌓으면 소담스럽고, 안정된 공간이 형성된다. 이 공간에서 인류는 외부 기후와 외력으로부터 안전하고, 쾌적하게 주거할 수 있으며, 물건을 보관할 수 있다. 즉 건축재료는 건축물을 형성하는 가장 중요한 바탕이라고 여겨진다.

본 건축재료학은 기존의 다양한 건축재료학과는 다음과 같은 차별화된 요소로 구성되어 있어, 소방방재분야에서 건축분야를 공부하는 학생, 소방분야에서 건축분야의 지식을 보다 체계화하고자 하는 기술자 및 소방관계자 그리고 건축분야에서 소방을 공부하고자 하는 학생과 건축기술자들에게 보다 좋은 참고자료가 될 것으로 생각한다.

첫째, 각 건축재료의 역할을 구조재료와 마감재료로 구성하여 뼈대를 형성하는 재료와 이를 보완, 마감하는 재료로 구분함으로써 그 역할을 충분히 이해할 수 있도록 구성하였다.

둘째, 각 구조재료의 내화성능에 관한 기술적 요소를 체계화하였다.

셋째, 방화재료와 내화공법의 역할에 관한 기술적 요소를 체계화하였다.

본 건축재료학은 2012년도 강원대학교 기성회계 학술연구조성비로 연구되었으며, 이에 감사드린다.

집필기간 중에 필요한 정보와 가장 큰 힘이 되어 주신 Dept. of Political Science of Oklahoma State University의 Prof. Anthony Brown, Faculties 그리고 소방분야와 건축재료 관련된 미국의 서적과 정보의 제공 등 많은 도움을 주신 Fire Protection Publication의 Mr. Bill Robinson, Staffs, 미국 소방 훈련의 필요성과 교육내용을 상세히 설명해 준 Fire Service Training of OSU의 Bryan West와 Staffs 그리고 Dept. of Fire Protection & Safety Technology의 Prof. Qingsheng Wang에도 감사드린다.

미국 생활을 보다 빨리 적응할 수 있도록 도와주신 신용식 선생, 서종국 선생의 가족에게도 감사드리며, 원고 수정을 멀리서도 도와준 박미래, 이인재 그리고 홍화영의 노력에도 고마움을 전한다. 낯설고 힘든 미국에서도 항상 밝은 얼굴로 함께 고민하고, 같이 발전한 아내와 아들 재경 그리고 한국에서 기숙사 생활하면서 스스로의 길을 개척하고 열심히 노력한 큰 아들 재현에게 이 책을 드린다.

본 건축재료학이 후학들에게 많은 정보를 제공할 수 있는 소담스런 결과물을 만들어 주신 도서출판 동화기술 가족 여러분에게 감사의 말씀을 드린다.

Oklahoma State University
Stillwater Campus에서 저자

목 차

제1장 건축재료 총론 • 13

제1절 건축재료의 분류 ········ 14

1. 건축재료의 분류 ········ 14
   1) 생산적 분류 ········ 14
   2) 용도적 분류 ········ 15
   3) 화학 조성적 분류 ········ 15
   4) 성능적 분류 ········ 16

제2절 건축재료의 일반적 성질 ········ 24

1. 구조적 특징 ········ 24
   1) 기계적 성질 ········ 24
   2) 물리적 성질 ········ 29
   3) 화학적 성질 ········ 30
2. 시간경과에 따른 특징(내구성) ········ 31
   1) 콘크리트 동결융해 ········ 31
   2) 콘크리트 중성화 반응 ········ 32

제3절 한국산업규격과 건축재료 ········ 33

1. 우리나라 산업규격의 분류 ········ 33
2. 각국의 산업규격 분류 ········ 34

제2장 구조재료 • 37

제1절 콘크리트 ········ 39

1. 시멘트 ········ 39
   1) 시멘트의 역사와 종류 ········ 40
   2) 시멘트 제조 ········ 45
   3) 시멘트의 화학성분 및 조성 ········ 48

4) 시멘트의 일반적 성질 ···· 50
2. 골재 ···· 54
1) 골재의 분류 ···· 54
2) 골재의 일반적 성질 ···· 56
3. 혼화재료 ···· 62
1) 혼화재료의 작용 ···· 62
2) 혼화재료의 종류 ···· 63
4. 콘크리트 ···· 67
1) 굳지 않은 콘크리트의 성질 ···· 68
2) 경화 콘크리트의 성질 ···· 72
3. 각종 콘크리트의 종류 ···· 82
1) 무근콘크리트(normal nonreinforced concrete) ···· 82
2) 철망보강콘크리트(wire reinforced concrete) ···· 83
3) 철근콘크리트(reinforced concrete) ···· 83
4) 철골철근콘크리트(steel reinforced concrete) ···· 84
5) 레디믹스트콘크리트(ready mixed concrete) ···· 84
6) 한중콘크리트(cold weather concrete) ···· 85
7) 서중콘크리트(hot weather concrete) ···· 85
8) 수밀콘크리트(water tight concrete) ···· 85
9) 수중콘크리트 ···· 86
10) 경량콘크리트(light weight concrete) ···· 86
11) 중량콘크리트(heavy weight concrete) ···· 86
12) 고강도콘크리트(high strength concrete) ···· 86
13) 유동화콘크리트 ···· 87
14) 프리스트레스트 콘크리트(prestressed concrete) ···· 88
15) 매스콘크리트(mass concrete) ···· 88
16) 섬유보강 콘크리트(fiber reinforced concrete: FRC) ···· 88
4. 콘크리트의 배합 ···· 89
5. 화재 시의 콘크리트 거동 ···· 101
제2절 강재 ···· 112
1. 강의 제조 ···· 114
1) 제선(製銑) ···· 114
2) 제강(製鋼) ···· 115

2. 강의 조직과 변태 117

3. 강의 열처리 120

4. 강의 일반적 성질 121

1) 물리적 성질 121

2) 기계적 성질 122

5. 구조용 강재 125

1) 구조용 강재의 규격 125

2) 구조용 강재의 종류와 형상 126

3) 부식과 방식 131

6. 비철금속 132

1) 동과 그 합금 132

2) 알루미늄과 그 합금 133

7. 화재 시 강재의 성질 134

1) 유럽의 강재 고온특성 135

2) 북미의 강재 고온특성 141

3) 대양주의 강재 고온특성 144

4) 우리나라의 강재 고온특성 145

제3절 목재 155

1. 목재의 분류 156

1) 성장 상황 156

2) 재질 156

2. 목재의 조직 158

3. 목재의 성질 158

1) 목재의 수축팽창 158

2) 비중 159

3) 역학적 성질 160

4) 목재의 내구성 163

4. 목재의 제품 165

1) 합판(Plywood) 165

2) 집성목재(glue-laminated timber) 166

3) 섬유판(fiber board) 166

4) 마루판(flooring) 167

5. 화재 시 목재의 성질 ······ 168
1) 목재의 열적 특성 ······ 168
2) 목재의 기계적 특성 ······ 169
3) 목재를 이용한 내화구조 ······ 170

제3장 건축방화재료 및 내화공법 • 173

제1절 건축방화재료 ······ 174

1. 불연재료 ······ 175
1) 불연재료의 특징 ······ 175
2) 불연재료의 시험방법 ······ 177

2. 준불연재료 ······ 177
1) 준불연재료의 특징 ······ 177
2) 준불연재료의 시험방법 ······ 178

3. 난연재료 ······ 178
1) 난연재료의 시험방법 ······ 180

4. 방염제 ······ 184
1) 방염제의 특징 ······ 184
2) 방염성능기준과 시험방법 ······ 184

제2절 내화공법 ······ 190

1. 내화뿜칠공법(spray method) ······ 190
1) 미네랄울 ······ 191
2) 미네랄울 뿜칠 시공방법 ······ 191

2. 보드이용공법(board applied method) ······ 192
1) 사용재료 ······ 193
2) 보드이용 내화공법 ······ 196

3. 합성공법(composition method) ······ 198

제4장 마감재료 · 201

제1절 석재 ········ 202

1. 개요 ········ 203

2. 조직 ········ 204

1) 조암광물 ········ 204

2) 절리(joint), 석목(rift) ········ 204

3. 석재의 분류 ········ 205

1) 구성요인에 의한 분류 ········ 205

2) 석질, 형상, 압축강도에 따른 분류 ········ 206

3) 용도별 분류 ········ 207

4) 석재의 성질 ········ 208

5. 가공 ········ 213

1) 채석 ········ 213

2) 표면 마무리 ········ 213

6. 석재제품 ········ 214

1) 인조석 ········ 214

2) 기타 석재 제품 ········ 215

제2절 세라믹 ········ 216

1. 개요 ········ 216

2. 일반적 성질 ········ 216

3. 건축용 세라믹 제품 ········ 217

1) 점토제품 ········ 217

2) 벽돌 ········ 218

3) 기와 ········ 219

4) 타일, 테라코타 ········ 220

5) 위생도기 ········ 221

제3절 유리 ········ 222

1. 개요 ········ 222

2. 유리의 종류 ········ 223

3. 유리의 일반적 성질 ········ 224
1) 비중 ········ 225
2) 강도 및 경도 ········ 225
3) 열 및 전기에 대한 성질 ········ 225
4. 건축용 유리제품 ········ 225
1) 보통 판유리 ········ 225
2) 망입 판유리 ········ 225
3) 강화유리 ········ 226
4) 복층유리 ········ 226
5) 안전유리(접합유리) ········ 226
5. 건축용 유리 성형품 ········ 226
1) 유리블록(glass block) ········ 226
2) 유리벽돌(glass brick) ········ 227
3) 유리섬유(glass wool) ········ 227
4) 프리즘 유리 ········ 227
제4절 합성수지 ········ 228
1. 개요 ········ 228
2. 플라스틱 종류와 특성 ········ 229
3. 플라스틱 제품 ········ 232
1) 판상제품 ········ 232
2) 도장재료 ········ 232
3) 시트 방수재 ········ 233
제5절 도장재료 ········ 234
1. 개요 ········ 234
2. 도료의 종류 ········ 234
1) 유성 도료 ········ 234
2) 바니쉬 ········ 235
3) 합성수지 도료 ········ 235
4) 수성페인트 ········ 235
5) 기타 도료 ········ 235

제6절 방수재료 ········· 237
1. 개요 ········· 237
2. 방수공법의 종류 ········· 237
1) 시멘트 액체방수 ········· 237
2) 아스팔트 방수 ········· 238
3) 시트(합성고분자 루핑)방수 ········· 239
제7절 흡음 및 단열재료 ········· 241
1. 개요 ········· 241
2. 흡음재의 분류 ········· 241
1) 재료의 형태별 분류 ········· 241
2) 재료의 성질별 분류 ········· 242
3. 단열재의 분류 ········· 243
1) 형상에 따른 분류 ········· 244
4. 단열재의 종류 ········· 245
참고문헌 ········· 247
찾아보기 ········· 250

제1장

건축재료 총론

제1절 건축재료의 분류

1. 건축재료의 분류

제2절 건축재료의 일반적 성질

1. 구조적 특징
2. 시간경과에 따른 특징(내구성)

제3절 한국산업규격과 건축재료

1. 우리나라 산업규격의 분류
2. 각국의 산업규격 분류

제1절 건축재료의 분류

인류 생활과 더불어 지속적으로 발전해온 건축물은 다양한 동 시대의 자연물을 바탕으로 생산되는 건축재료를 적용하면서 발전하고 있다. 농경사회가 기반인 신석기 시대에서는 나무와 돌 등 주변 자연환경과 농경사회의 부산물을 이용하여 주거를 구성하였으며, 점차적으로 주거를 외부 기후적 환경에 견딜 수 있고, 동물의 침입으로부터 안정적으로 유지하기 위하여 외력에 견딜 수 있는 재료가 요구되기 시작하였다. 이러한 재료는 자연환경에서 구할 수 있는 것으로 시작되었으며, 벽돌과 같은 형태로 건축물에 적용되기 시작하였다. 이후 인구의 도시 집중화와 산업의 발달은 다양한 건축재료의 생산으로 이어졌으며, 지속적인 인구 유입은 보다 많은 주택과 건축물의 생산을 요구하게 되었다. 이를 만족할 수 있는 재료의 개발은 시멘트와 강재 그리고 유리로 이어졌고, 이들은 현재까지 건축생산의 필수적인 건축재료로 사용되고 있으며, 성능 개선을 위한 노력은 오늘도 계속되고 있다.

1. 건축재료의 분류

건축물에 적용되는 재료는 생산적 분류, 용도적 분류, 화학 조성적 분류 및 성능적 분류 등으로 구분될 수 있다.

1) 생산적 분류

건축물은 다양한 지역과 다양한 방법으로 생산되고 있으며, 자연에서 생산되는 천연재료와 공장에서 여러 가지 공정을 거쳐서 생산되는 인공재료가 있다.

(1) 천연재료(天然材料)

자연현상의 결과로 생성되는 재료로써 석재, 목재, 골재 등이 있다. 하천에서 자연적 현상에 의해서 생산되는 골재는 점차적으로 그 공급량이 제한적이므로 다른 인공재료로 대체되는 경향이 있다.

(2) 인공재료(人工材料)

사람의 지식과 기계적인 공정을 거쳐서 새로운 만드는 재료를 일컫는다. 따라서 새로운 재료의 개발은 지속적으로 이루어지고 있으며, 여기에는 콘크리트, 금속, 도료, 플라스틱 등이 포함된다.

2) 용도적 분류

건축물에 적용되는 재료는 작용하중을 효과적으로 지지하기 위한 기둥, 보 등의 구조부재에 적용되는 구조재료와 차음, 단열 등의 건축물 주거성능을 만족시키기 위해서 사용되는 마감재료로 대별된다.

(1) 구조재료(構造材料)

기둥과 보 그리고 슬래브(slab)와 같이 건축물 자체의 골격을 형성하는 부위에 적용되는 재료를 의미한다. 따라서 내외부의 하중에 저항할 수 있는 능력, 즉 내력적 성능을 요구한다. 대규모 건축물에는 콘크리트, 강재가 주요 재료로 사용되고 있으며, 중규모의 건축물에는 석재와 목재가 사용될 수 있다. 또한 주택과 근린생활시설과 같은 소규모 건축물에는 벽돌, 블록 및 ALC(Auto claved lightweight concrete)도 사용가능하다.

(2) 비구조재료(非構造材料, 마감재료)

기둥, 보 및 슬래브 등으로 형성된 골조를 외부의 기후조건 등으로부터 차단시키고, 건축물의 주거기능을 만족시켜 하나의 완성된 공간으로 마무리하는 재료가 마감재료이다. 마감재료는 건축물의 내외부 온도에 관련되는 단열성능, 소리를 차단하는 차음성능, 구조부재의 열에 저항하는 단열성능 그리고 화재와 같은 고온에서 구조부재의 내력적 요소, 단열 및 내염성능을 확보하는 내화성능, 방수성능, 방습성능 등 다양한 성능적 요구사항이 포함된다. 여기에는 벽돌, 블록, 합판, 석고보드, 유리 등 매우 다양한 재료가 사용된다.

3) 화학 조성적 분류

물질을 구성하는 화학성분 중에서 탄소(C)화합물의 포함 여부에 따라서 유기재료와 무기재료로 구분된다.

(1) 유기재료(有機材料)

재료의 구성물질 중에 탄소 화합물이 존재하는 경우이며, 여기에는 천연재료와 합성수지로 구분된다.

① 천연재료 : 목재, 섬유류 등

② 합성수지 : 플라스틱, 도료 등

(2) 무기재료(無機材料)

탄소 화합물이 존재하지 않는 재료를 의미하며, 광물질을 포함하는 석재, 흙 및 모래 등을 소성하여 만드는 경우가 있다. 여기에는 금속재료와 비금속재료가 있다.

① 금속재료 : 강재, 알루미늄 등

② 비금속재료 : 석재, 시멘트, 콘크리트 등

4) 성능적 분류

재료의 구분 중 가장 세분화되어진 분류이며, 요구되어진 성능을 표현하는 가장 적합한 분류로써, 화재조건, 온도조건, 소리조건, 방수조건, 방식조건 등을 대상으로 세분화하는 분류 방법이다.

(1) 방화재료

화재와 같은 극한 상황에서 고온에 견디는 조건을 의미하며 건축법(건축물 마감재료의 난연성능 및 화재확산 방지구조 기준: 국토해양부 고시2012-624)과 한국산업규격에서는 다음의 세 가지 조건을 요구하고 있다.

[그림 1.1] 건축물 내부의 화재시험

마감재료의 실제적인 방화재료로서의 성능을 시험하기 위하여 일정 규모의 건축물 내부에서 연소시험을 실시하는 룸 코너테스트(room corner tester)가 이루어지고 있다(그림 1.1).

① 불연재료(난연1급)

건축재료의 불연성 시험(KS F ISO 1182, 2009)과 건축물의 내장재료 및 구조의 난연성 시험방법, 일명 가스유해성 시험(KS ISO F 2271, 2011)으로 평가된다. 시험방법을 간단하게 살펴보면 다음과 같다.

건축재료의 불연성 시험에서는 20분간 가열한 로 내 최고온도가 로의 최종평형온도를 20K를 초과상승하지 않아야 하고, 측정되는 재료의 질량 감소율이 30 % 이하여야 한다. 단, 20분 동안 평형에 도달되지 않으면 최종 1분간 평균온도를 최종 평형온도로 한다. 여기서 최종평형온도란 로(爐) 내부의 온도변동이 10분간 2℃ 넘지 않을 때를 의미하고, 가스 유해성 시험에서는 쥐의 평균 행동정지시간 9분 이상이어야 한다.

불연재료는 방화상 유해한 균열과 용융 그리고 연기, 가스 등을 발생시키지 않는 재료이며, 여기에는 콘크리트, 모르타르, 강재, 유리 및 일부 석고보드 등이 포함된다.

② 준불연재료(난연2급)

연소성능시험－열방출, 연기발생, 질량감소율－제1방출률(KS ISO F 5660-1) 일명 콘칼로미터법과 가스 유해성 시험으로 평가되며, 본 시험을 간단히 살펴보면 다음과 같다.

[그림 1.2] 콘칼로리미터(호주 CSIRO)

콘칼로미터법의 경우, 가열시험개시 후 10분간 총방출열량이 8 MJ/m^2 이하이며, 10분간 최대 열방출량이 10초 이상 연속으로 200 kW/m^{2}를 초과하지 않아야 하며, 또한 10분 가열 시 균열, 구멍, 용융이 없어야 한다(그림 1.2).

가스 유해성 시험에서는 쥐의 평균 행동 정지시간 9분 이상이어야 한다.

준불연재료는 불연재료와 난연재료의 중간적인 성능을 가진 재료이고, 석고보드 등이 포함된다.

③ 난연재료(난연3급)

콘 칼로미터법과 가스 유해성 시험을 통하여 평가하는 재료이며, 타기 어려운 성능을 가진 재료를 의미한다. 여기에는 난연합판, 유리섬유 등이 포함된다. 콘 칼로미터법의 경우, 가열 시험개시 후 5분간 총방출열량이 8 MJ/m^2 이하이며, 5분간 최대 열방출량이 10초 이상 연속으로 200 kW/m^2를 초과하지 않아야 한다. 또한 5분 가열 시 균열, 구멍, 용융이 없어야 한다. 가스유해성 시험에서는 쥐의 평균 행동정지시간 9분 이상이어야 한다.

미국, 호주 등 다른 나라에서는 내장재의 연소특성을 시험하기 위하여 다양한 시험을 실시하여 그 결과를 제시하고 있다(그림 1.3)

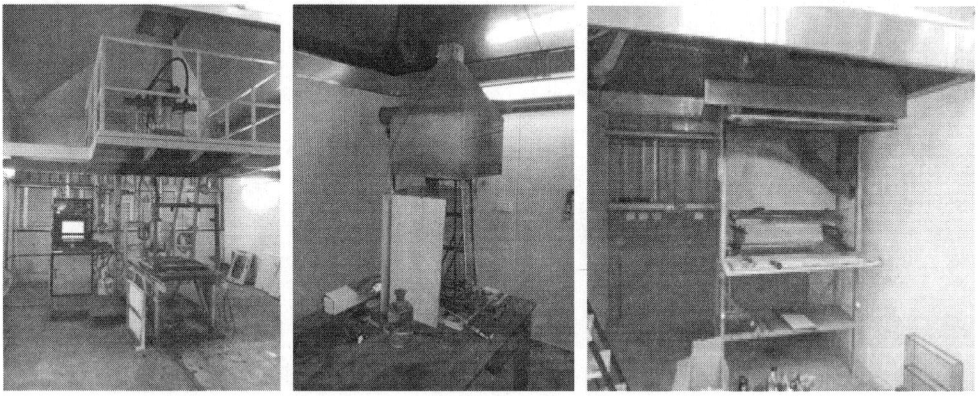

[그림 1.3] 건축물 내장재 시험기구(CSIRO)

(2) 단열재료

열(熱)은 높은 곳에서 낮은 곳으로 흘러가는 특성을 가지고 있으며, 고체와 액체 및 기체의 상황에서도 같은 특징을 보인다. 고체에서는 전도의 열전달과정으로 열이 전달되고, 액체는 대류 그리고 기체는 복사 열전달과정으로 전달된다. 대부분의 물질에서 열의 이동은 한 가지 이상의 열전달과정으로 이루어지며, 특수한 상황에서는 전도, 대류 및 복사가 동시에 이루어지는 경우도 있다. 여기서, 열은 에너지의 일종이고, 온도는 열 에너지의 크기를 조건에 맞는 단위로 표현한 크기이다.

단열재료는 열전달 즉 열의 이동을 차단시켜주는 특성을 가진 재료를 의미한다. 단열재료는 여름철의 경우, 건축물 외부의 높은 열이 건축물 내부로 전달되려는 현상을 차단시키므로써 실내온도를 낮게 유지시켜 쾌적함을 제공하고, 반대로 겨울철에는 실내 난방에 의한 내부의 높은 열이 건축물 바깥쪽으로 전달되려는 특성을 차단하는 효과를 나타낸다.

건축물에 사용되는 단열재료는 통상적으로 상온에서 열전도율이 0.1 Kcal/mh℃ 이하인 재료를 의미하고, 발포폴리스틸렌폼(일명 스티로폼), 우레탄 폼, 그래스 울, 미네랄 울 등이 있으며, 그 형태는 규격화된 형태와 분사 후 고형화되는 것이 있다(그림 1.4).

[그림 1.4] 단열재 시공사진

주요 건축재료의 열전도율을 포함한 열적 특성값은 다음 표 1.1과 같다.

[표 1.1] 주요 건축재료의 열적 특성값

재료분류	재료명	열전도율 λ (Kcal/mh℃)		비열 C (Kcal/kg℃)	밀도 ρ (kg/m³)	비 고
		건조	습윤 (80 %)			
금속·유리	강재	38.7	38.7	0.12	7,860	
	알루미늄	181	180.6	0.22	2,700	
	판유리	0.67	0.671	0.18	2,540	
시멘트계	ALD	0.129	0.146	0.26	600	• λ는 10℃당 기건시 약 0.001, 함수시는 약 0.04 증감한다.
	PC콘크리트	1.118	1.29	0.19	2,400	
	모르타르	1.118	1.29	0.19	2,000	
	프라스터	0.533	0.688	0.20	1,950	
	기와, 슬레이트	0.826	0.86	0.18	2,000	• λ는 함수상태에서 100 % 증가한다.
	타일	1.118	1.118	0.20	2,400	
	적벽돌	0.533	0.688	0.20	1,650	
미장재	섬유질 정벌바름재	0.103	0.129	–	500	
	목재	0.103	0.120	0.31	400	경량재 각종
	〃	0.138	0.163	0.31	600	중량재 각종
	합판	0.155	0.186	0.31	550	멜라민치장판은 습윤의 영향이 작다.

재료분류	재료명	열전도율 λ (Kcal/mh℃)		비열 C (Kcal/kg℃)	밀도 ρ (kg/m³)	비 고
		건조	습윤 (80 %)			
석고·시멘트 ·슬레이트판	석고판·라스보드 석면시멘트 규산칼슘판 펄프시멘트판 석면슬레이트	0.120 0.103 0.172 0.826	0.146 0.129 0.206 1.032	0.27 0.18 – 0.29	710~1,1 10 600~600 1,100 1,500	
목질섬유판	인슈레이션 보드 경질섬유판 파티클로드 목모시멘트판 목편시멘트판	0.050 0.155 0.129 0.129 0.138	0.052 0.189 0.146 0.155 0.163	0.31 0.31 0.31 0.40 0.40	200~400 1,050 400~700 430~700 560~700	
섬유계 단열재	유리섬유 보온판 유리섬유 보온판 유리섬유 보온판 유리섬유 보온판 유리섬유 보온판 암면 보온판 유리섬유 셀루롤즈섬유 뿜칠 암면	0.044 0.038 0.034 0.030 0.033 0.033 0.043 0.038 0.040	0.048 0.041 0.036 0.034 – 0.036 – – 0.041	0.20 0.20 0.20 0.20 0.20 0.20 0.20 0.30 0.20	10 16 24 96 16 40~160 – 30~50 200	 가는 섬유
발포계 단열재	폴리스텐 폼 폴리스텐 폼 압출발포 폴리스틸렌 압출발포 폴리스틸렌 경질 우레탄 폼 뿜칠 경질 우레탄 폼 고발포 폴리에틸렌 유리아 폼	0.032 0.038 0.032 0.022 0.023 0.024 0.038 0.035	0.033 0.041 0.032 0.022 0.024 0.025 0.038 –	 0.024~ 0.036 0.024~ 0.036 –	30 16 28 40 25~50 25~50 30~70 10~14	 프레온 발포 현장발포폼
기타	물 공기	0.516 0.019	– –		998 1.3	

(3) 음향재료

건축물에서의 소리 발생은 쾌적한 분위기를 연출할 수 있으나, 일정 주파수를 초과하게 되면 소음으로 작용하여 주거생활에 불편함을 야기할 수 있다. 따라서 일정한 주파수 영역을 유지할 필요가 있거나, 소리의 차단을 목적으로 하는 공간에서는 흡음재료와 차음재료의 사용이 요구된다.

흡음재료는 소리 자체를 그 공간 내에서 흡수시키는 역할을 하는 것이며, 주로 대형 콘서트 홀, 영화관 등에 적용된다(그림 1.5). 차음성능은 KS F 2809(공기전달음 차단성능 현장측정방법, 2011)로 평가되며(그림 1.6), 차음재료는 일정공간에서 발생된 소리가 다른 공간으로 전파되지 않도록 그 크기를 차단시켜주는 역할을 한다. 차음재료에는 구조재료와 단열재료가 각각 그 역할을 하며, 동시에 복합적으로 차단효과를 발휘할 수도 있다. 차음성능은 다음 표 1.2와 같이 각 주파수 대역별로 그 성능을 표시한다.

- 흡음재료 : 목모시멘트판, 유공판 등
- 차음재료 : 콘크리트, 모르타르, 복합구조체(스틸스터드+단열재)

[그림 1.5] 흡음재료의 시공사례

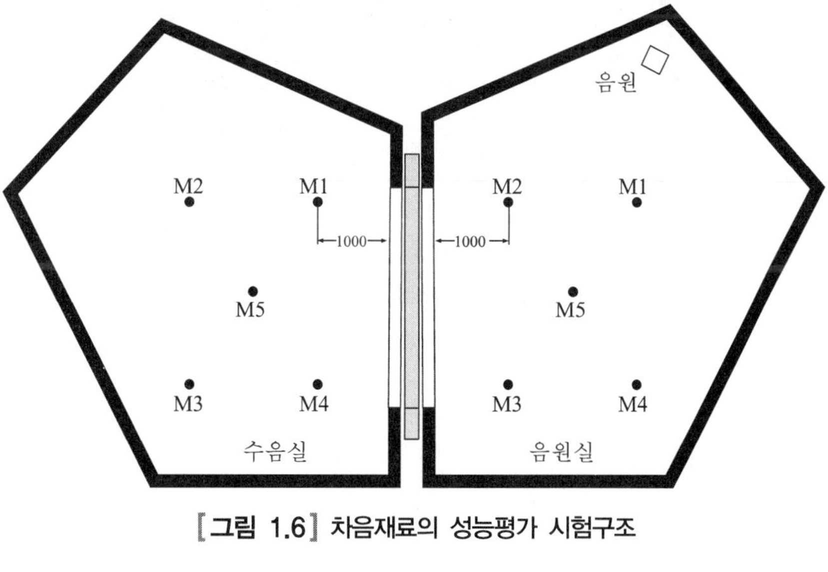

[그림 1.6] 차음재료의 성능평가 시험구조

[표 1.2] 차음성능 인정범위

<table>
<tr><th colspan="2">차음성능</th><th rowspan="2">두께
(mm)</th><th rowspan="2">비 고</th></tr>
<tr><th>중심주파수
(Hz)</th><th>음향투과손실
(dB)</th></tr>
<tr><td>125</td><td>30 이상</td><td rowspan="3">133
이상</td><td rowspan="3">【섬유강화시멘트판(Vista Board) (9 mm 이상, 1겹 이상) +
【방화석고보드(15 mm 이상, 1겹 이상)】 +
【경량강제 샛기둥(C－Stud, 1.0 mm 이상, 65 mm 이상),
미네랄울(밀도80 kgm/m^3 이상, 50 mm 이상) 포함】 +
【방화석고보드(15 mm 이상, 1겹 이상)】 +
【섬유강화시멘트판(Vista Board)(9 mm 이상, 1겹 이상)】</td></tr>
<tr><td>500</td><td>45 이상</td></tr>
<tr><td>2000</td><td>55 이상</td></tr>
</table>

(4) 방수재료

건축물은 항상 내외부의 온도변화 변화 그리고 외부의 기후 변화 및 내부의 물 사용에 의한 수분의 이동이 이루어지고 있어, 재료의 각종 성능이 영향을 받고 있다. 따라서 강수와 강설 그리고 지하수에 의한 건축물 내부로의 수분 이동을 차단해야 하고, 급수와 배수에 의한 누수 등을 방지해야 한다. 이러한 역할을 수행하는 재료가 방수재료이며, 현재 관련 산업의 발달과 더불어서 많은 방수재료와 공법이 개발되고 있다. 여기에는 아스팔트 방수재, 쉬트 방수재 및 플라스틱 등이 사용되고 있다(그림 1.7).

[그림 1.7] 에폭시 도막 방수

(5) 방식재료

건축물의 재료는 경년변화에 따라 내구성이 점차적으로 감소하는 특징이 있다. 이 중에서도 특히 강재는 외부 노출에 따른 공기와의 접촉에 의한 부식이 큰 단점으로 작용하고 있다.

부식의 발생은 철 이온과 공기 중의 산소와의 산화작용에 의한 결과물로써 붉은 색을 띠는 것이 일반적이다. 이와 같은 산화과정을 차단하기 위한 조건으로서는 첫째, 강재를 콘크리트 내부에 매입하는 방법이 사용되고 있다. 여기에는 철근콘크리트 구조가 대표적 사례이며, 철근보강 블록조 또는 철골철근콘크리트구조 또한 동일한 방법으로 간주된다. 두 번째로는 강재를 공기 중에 직접적으로 노출되는 것을 방지하는 방법인 도막법이 적용되며, 방청도료인 광명단이 대표적으로 사용된다(그림 1.8).

[그림 1.8] 녹막이방지도장 및 마감도장

제2절 건축재료의 일반적 성질

건축물에는 재실자가 쾌적하게 생활할 수 있는 주거의 기능과 주거에 필요한 물건 등을 용이하게 보관할 수 있는 수납기능이 동시에 요구된다. 따라서 건축재료는 이러한 기능을 충족시킬 수 있는 특성을 가져야 하며, 대표적인 특성은 다음과 같다.

- 구조적으로 안정될 수 있도록 건축물 내외부의 하중조건에 견뎌야 한다.
- 건축물의 내외부적 기후적 조건에 적합하고 오래 사용할 수 있도록 내구적이어야 한다.
- 대량으로 사용할 수 있어야 한다.
- 건축생산 활동에 적합하도록 경제적이어야 한다.

1. 구조적 특징

건축물은 순간순간 내외부의 하중적 변화조건에 대응하면서 안정적 시스템을 유지해야만 한다. 이러한 조건은 건축물 각 구성재료의 구조적 특징에 좌우된다. 즉 건축물은 내부의 물리적 하중에도 견뎌야 하고, 외부로부터 작용하는 바람, 지진 등의 하중에도 동시에 견뎌야만 구조물로서 그 역할을 수행할 수 있다. 이러한 구조적 특성은 기계적 성질, 물리적 성질 및 화학적 성질로 대별된다.

1) 기계적 성질

기계적 성질이란 물질자체에 외부로부터 힘이 작용하였을 때의 응력과 변형에 대한 관계를 나타내며, 힘에 의한 결과를 나타내는 뜻을 가지므로 역학적 성질이라고도 한다.

기계적 성질을 이해하기 위한 요소로서는 탄성과 소성, 강도, 탄성계수 등이 있다.

(1) 탄성과 소성

대부분의 물질은 외부로부터 힘을 받게 되면 내부적으로 이에 대한 저항이 시작되면서 길이변화를 보이게 된다. 즉 응력과 변형이 시작되는 것이다. 여기서 응력(stress)이란 외부에서 작용하는 힘(force)에 대응하는 내부의 단위면적 힘으로 정의될 수 있으며, 이를 간단히 정리하면 다음 식 1.1과 같다.

$$\sigma = \frac{P}{A} \qquad \text{(식 1.1)}$$

여기서, σ = 응력(stress, kgf/cm^2)

P = 외부에서 작용하는 힘(kgf)

A = 내부의 단면적(cm^2)

또한 변형(strain)은 외부로부터 작용하는 힘에 의하여 원래의 길이에 비하여 줄어들거나 늘어나게 되는 길이의 변화에 대한 비율이다. 이를 간단히 정리하면 다음 식 1.2와 같다.

$$\epsilon = \frac{\Delta \ell}{\ell} \qquad \text{(식 1.2)}$$

여기서, ϵ = 변형(strain)

$\Delta \ell$ = 늘어나거나 줄어든 길이(cm)

ℓ = 원래 길이(cm)

일반 구조용 강재를 대상으로 인장시험을 하였을 경우, 응력과 변형과 관계는 다음 그림 1.9와 같은 형태를 나타낸다.

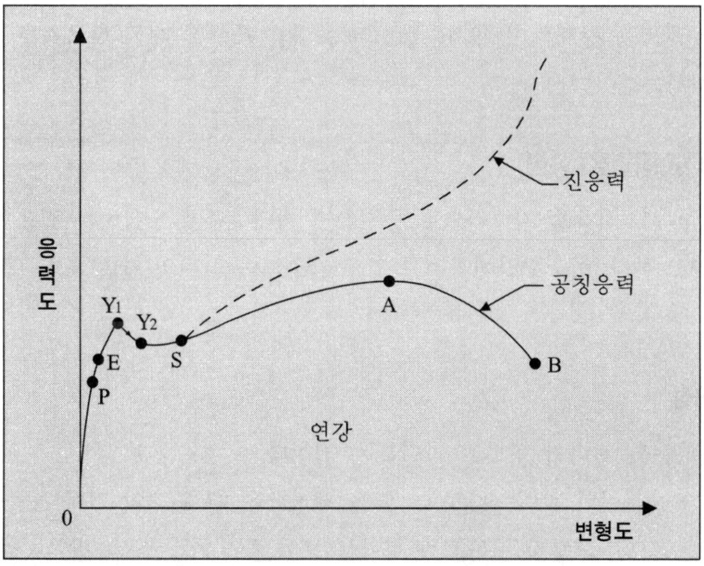

[그림 1.9] 강재의 응력 - 변형도 곡선

그림 1.9에 나타난 각 구간의 특징은 다음과 같다.

① 비례한도 P점

구조용 강재에 하중을 점차적으로 증대시키면 응력의 증대와 동시에 길이의 변화가 발생되기 시작한다. 작용하중이 점점 증대하게 되면 응력과 변형도의 관계가 직선의 관계를 유기하게 되며, 이때의 최대 점의 위치가 비례한도이다.

② 탄성한도 E점

비례한도를 지나서 작용하중을 증대시키면 응력－변형의 관계도 증대하나, 점차적으로 곡선의 형태를 유지하게 된다. 이때 하중을 제거하면 변형이 원점으로 돌아갈 수 있는 최대점의 위치가 탄성한도이다. 즉 탄성한도 범위 내에서 어떤 구간에서도 작용하중을 제거한다면 변형은 0이 된다.

③ 상항복점 Y1점

일반 구조용 강재의 특성 중 한 가지로써 항복점이 2개가 발생된다. 즉 처음에 항복점이 생기는 위치를 상항복점 그리고 그 이후에 생기는 것을 하항복점이라고 한다. 즉 상항복점에서는 작용 하중을 증대시키더라도 응력의 감소가 발생되고, 변형만 증가하는 특징을 보인다.

④ 하항복점 Y2점

상항복점 이후 구간에서 하중이 증가하고, 변형도 증가하는 구간이 시작되는 점을 하항복점이라 칭한다. 구조용 강재의 설계기준강도와 응력을 계산할 때의 항복점은 구조물의 안전을 고려하여 하항복점이 사용된다.

⑤ 인장강도(최대응력점) A점

항복현상이 끝나고 하중을 지속적으로 증가시켜 최대하중에 도달하는 점을 인장강도 또는 최대응력점이라고 한다. 이후구간에서는 응력도 감소하며 시편의 단면 또한 급격히 가늘어지기 시작한다.

⑥ 파괴점 B점

재료가 작용하중을 견디지 못하고 파단되는 점이다.

그림 1.9에 나타난 바와 같이 작용하는 힘을 제거했을 때 원래의 길이로 돌아가는 성질을 탄성(彈性)이라고 하며, 그렇지 못하고 변형량을 보이는 경우를 소성(塑性)이라고 한다. 그리고 탄성의 영역을 탄성구간 그리고 소성을 보이는 구간을 소성구간이라고 부른다.

고강도강의 경우는 일정한 항복점을 나타내지 않고 연속적인 항복을 하는 것이 일반적인 특징이다. 이때의 항복점은 다음 그림 1.10과 같이 0.2 % 옵셋내력(offset proof stress)으로 찾는다.

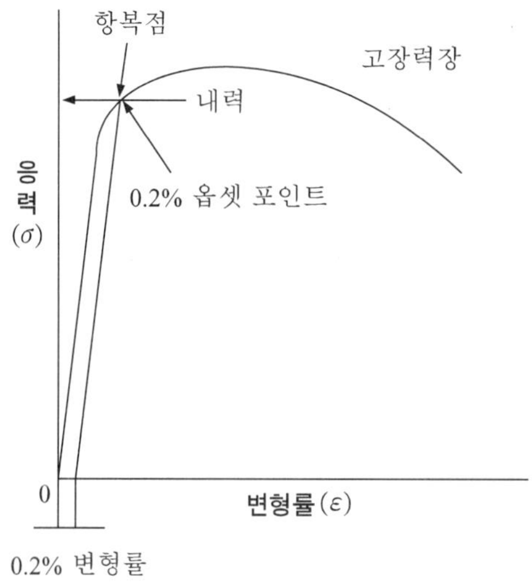

[그림 1.10] 고강도강의 응력-변형도 곡선(0.2 % 옵셋내력)

(2) 탄성계수(영계수)

후크의 법칙에 수직응력도(σ)와 변형도(ϵ)를 적용하면 탄성계수는 식 1.3과 같이 표현된다. 이것을 종탄성계수 또는 영계수(Young's modulus)라고 한다.

$$E = \frac{\sigma}{\epsilon} \qquad \text{(식 1.3)}$$

(3) 프와송 비

하중이 작용하게 되면 작용방향으로의 변형은 늘어나게 되며, 그 직각방향 변형은 줄어드는 결과를 나타낸다. 이와 같이 작용 방향 변형률(ϵ)의 직각 방향 변형률(β)에 대한 비율을 포와송 비(Poisson's ratio)라고 하며, 계산은 다음 식 1.4와 같이 한다. 프와송 비의 역수(m)을 프와송 수(數)라고 한다.

$$\frac{\text{직각 방향 변형율}(\beta)}{\text{작용방향 변형율}(\epsilon)} = \frac{1}{m} \qquad \text{(식 1.4)}$$

(4) 기타 특성

- 강성(rigidity) : 재료가 외부로부터 하중을 받는 상태에서, 즉 하중과 변형관계에서 변형이 적게 발생되는 재료가 강성이 큰 재료이다. 구조용 강재와 콘크리트 중에서 강성이 큰 재료는 강재이다. 탄성계수가 큰 재료가 강성이 큰 재료이며, 외부의 하중에도 잘 견디는 특징이 있다.
- 강도(strength) : 재료의 단면적당 작용하중에 견디는 정도를 의미한다.
- 연성(ductility) : 하중이 작용할 때 변형이 쉽게 발생되는 정도를 의미한다. 연성이 큰 재료는 작은 재료에 비해서 변형량이 많이 발생하게 된다.
- 인성(tightness) : 재료의 인장시험에서 응력과 변형으로 형성된 면적을 나타낸다. 즉 재료가 외부의 충격에 견디는 정도를 나타낸다.
- 전성(malleability) : 금속의 경우, 두드리게 되면 전 방향으로 퍼지게 되는데 이때의 현상을 의미한다.
- 취성(brittleness): 재료에 하중이 작용할 경우, 응력보다 변형이 크게 작용하여 쉽게 부러지는 특성을 의미한다. 강재는 연성재료인 반면, 콘크리트는 취성재료의 특성을 가지고 있다. 따라서 콘크리트는 연성재료인 철근을 보강해서 그 약점을 보완해야만 구조물에 사용할 수 있다.

취성재료, 인성재료 그리고 연성재료의 힘과 변형에 관한 능력은 다음 그림 1.10과 같다.

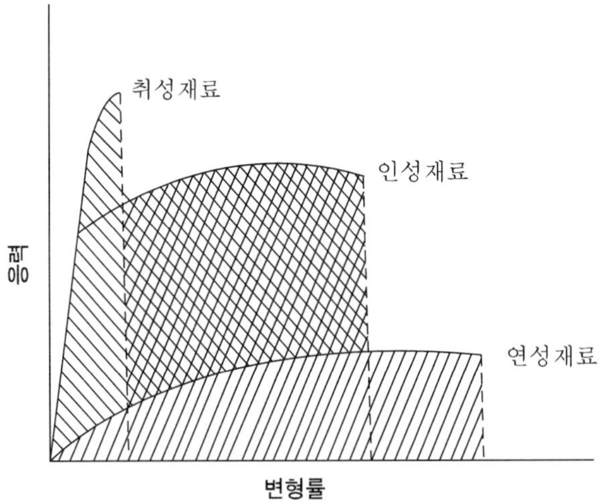

[그림 1.10] 각 재료별 응력-변형도 곡선

2) 물리적 성질

물질의 근본적인 특징이 변화되지 않는 특징을 물리적 성질이라고 하며 일반적으로 다음과 같은 항목이 있다.

(1) 비중(Specific gravity)

재료의 중량을 그와 동일한 체적의 4℃ 물의 중량으로 나눈 값을 의미한다. 그리고 질량내부에 공극을 포함하지 않는 비중을 진비중(true specific gravity)이라고 하고, 물질내부에 공극이 포함되어 있는 경우를 겉보기비중(appear specific gravity)이라고 한다.

콘크리트 배합설계 시에 적용되는 골재의 비중은 겉보기 비중이다.

(2) 함수율(Percentage of water content)

함수율은 해당 재료에 포함된 전체의 수분량을 절대 건조상태로 건조되었을 때의 중량으로 나눈 값으로 나타낸다.

(3) 열전도율(Thermal conductivity)

열은 높은 곳에서 낮은 곳으로 이동한다. 열전도율은 재료에 대한 열전달의 용이성을 표현하는 물리량이다. 단위는 Kcal/mh℃이다.

(4) 연화점(Softening point)

고체의 물질에 열이 작용하게 되면 점차적으로 물러지게 된다. 이런 현상을 연화라고 하며, 이때의 온도를 연화점이라고 한다.

(5) 인화점(Flash point)

물질에 열이 작용하면 열분해 작용으로 증기가 발생하게 되며, 여기에 파이럿(pilot)이 닿게 되면 착화하게 되며, 이때의 온도를 인화점이라고 한다. 목재의 인화점은 약 240℃ 수준으로 알려져 있다.

(6) 발화점(Ignition point)

물질에 지속적인 열이 작용하게 되면 물질 자체가 연소하는 특징을 보이며, 이때의 온도를 발화점이라고 한다. 목재의 경우 일반적으로 450℃ 수준이다.

(7) 흡음률(Sound absorption coefficient)

특정 재료에 투입된 음 에너지에 대해 흡수되거나 통과된 음 에너지의 비율을 말한다.

3) 화학적 성질

외부적 요인에 의해서 물질의 근본적 성질이 바뀌는 특징을 화학적 성질이라고 하며, 건축재료의 관점에서 살펴볼 때 다음과 같은 경우가 해당된다.

- 녹발생 : 구조용 강재를 공기 중에 지속적으로 노출시켰을 때, 강재 표면에 붉은 녹이 발생한다.
- 중성화 : 콘크리트는 오랜 시간동안 공기 중에 노출되었을 때, 이산화탄소와 작용하여 탄산칼슘으로 변화되거나, 화재와 같은 고온에 노출된 경우는 알칼리 성질에서 중성으로 변화되는 특징을 나타낸다.
- 화학적 노출 : 건축재료를 강한 산에 노출시키거나 알루미늄을 콘크리트와 모르타르에 직접 노출하게 되면 부식이 발생된다. 또한 염류가 다량 포함된 물을 콘크리트 배합에 사용하는 경우 또한 철근 등에 부식을 발생시킬 수 있다.

2. 시간경과에 따른 특징(내구성)

시간의 경과에 따라 재료는 점차적으로 그 성능이 저하하게 된다. 이러한 특징을 총체적으로 내구성 저하라고 표현하며, 주로 콘크리트의 동결융해에 따른 강도저하, 콘크리트의 공기중 노출에 따른 중성화에 의한 성능저하 등이 그 예가 될 수 있다.

1) 콘크리트 동결융해

콘크리트는 시멘트, 자갈 그리고 물 및 특수 상황에서 혼화재료와 병용하여 만들어지는 합성 재료이며, 콘크리트 제조에 사용되는 물은 수화반응에 절대적으로 요구되는 반응수와 콘크리트 반죽질기, 즉 시공연도에 요구되는 자유수로 대별된다.

일반적으로 겨울철 콘크리트의 타설은 배제하는 것이 원칙이나 특별한 조치를 하는 경우는 예외로 한다. 겨울철에 콘크리트를 타설하게 되는 상황에서는 수화반응에 사용되는 물이 반드시 얼지 않도록 주의해야 한다.

콘크리트 타설 이후 응결, 경화되는 도중 그리고 지속적인 경화도중이라도 기온이 영하도 떨어지게 되며, 물은 얼게 된다. 물이 얼게 되면 부피 팽창을 일으켜 콘크리트 내부에 균열을 유발하게 된다. 이후 온도가 상승하게 되면 얼은 콘크리트가 녹게 된다. 이와 같이 기온 조건에 따라 콘크리트는 팽창과 신축을 반복하게 되므로 최종적으로 원하는 콘크리트의 강도발현도 기대하기 어렵고, 콘크리트 내부에는 균열이 발생하게 된다. 이러한 현상을 콘크리트의 동결융해라고 부른다. 콘크리트의 동결융해에 대한 측정은 한국산업규격인 급속동결 융해에 대한 콘크리트의 저항시험방법 (KS F 2456)으로 이루어지며, 그 측정기는 그림 1.11과 같다.

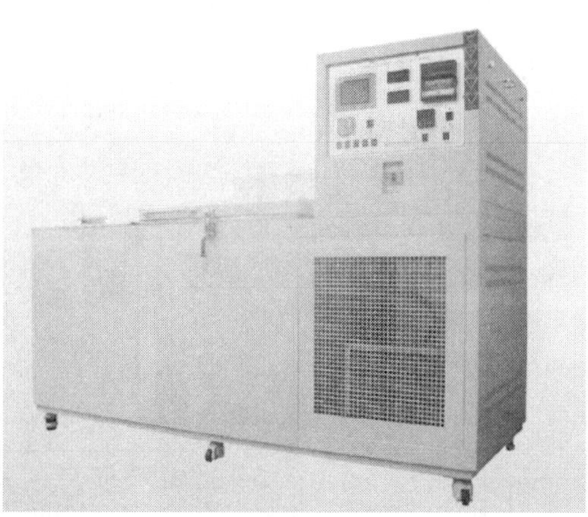

[그림 1.11] 콘크리트 동결융해 측정 장치

2) 콘크리트 중성화 반응

콘크리트 재료는 그 자체가 구조부재이므로 상당히 오랜 시간동안 외부에 노출되게 된다. 따라서 콘크리트 부재는 자연스럽게 공기 중에 노출됨으로써 이산화탄소와의 접촉이 지속적으로 이루어지게 된다.

콘크리트는 시멘트의 수화반응 식 1.5에 따라 알칼리 성질을 가진 수산화칼슘이 발생하게 된다. 이 수산화칼슘은 공기 중에 있는 이산화탄소와 화학반응을 하여 식 1.6과 같은 결과를 유발한다. 식 1.6에 나타난 바와 같이 이산화탄소와 반응한 결과물인 탄산칼슘은 더 이상 알칼리 성질을 가지지 않는 중성적 물질이다. 즉 알칼리 성질에서 중성으로 변화된 것이다.

$$CaO + H_2O \rightarrow CaOH_2 + \text{열발생} \qquad (\text{식 } 1.5)$$

$$CaOH_2 + CO_2 \rightarrow CaCO_3 + H_2O \qquad (\text{식 } 1.6)$$

콘크리트는 수화반응을 거쳐 알칼리 성질을 가지게 됨으로써 철근을 보호할 수 있는 부동태 피막을 형성할 수 있는데, 이산화탄소와의 결합과정으로 알칼리 성질을 잃어버림으로 인하여 부동태 피막이 점차적으로 파괴된다. 이와 같은 부동태 피막의 약화는 콘크리트 내부에 포함되어 있는 철근을 부식으로부터 더 이상 보호하지 못하고 점차적으로 녹이 발생됨으로써 콘크리트에 균열을 발생시키고 궁극적으로 콘크리트 파괴에 이르게 된다.

중성화 반응을 방지하기 위해서는 콘크리트 표면을 도장재료로써 피복하거나, 석고보드 등의 판재료로써 둘러싸는 방법이 있다.

콘크리트 구조물이 화재에 노출된 경우도 중성화 과정을 거치게 되며, 이산화탄소에 의한 중성화 반응과 동일한 결과를 유발한다. 따라서 콘크리트 구조물의 화재 이후에는 중성화된 부분을 반드시 확인하여 재사용 유무를 판단하여야 한다.

콘크리트 중성화 부분은 확인은 적색의 페놀프탈레인 용액 1 %의 수용액으로써 이루어지며, 수용액을 표면에 침투시켰을 때 표면의 색깔 변화가 없으면 알칼리 성질을 가진 콘크리트 부분이나, 흰색으로 변화를 나타내면 중성화된 부분이라 판단한다(그림 1.12).

[그림 1.12] 콘크리트 중성화부분

제3절 한국산업규격과 건축재료

건축생산은 수요자의 요구에 따라 고품질화, 고효율성 및 대량생산을 지향하고 있고, 건축재료 또한 이와 경향을 같이 하고 있으며, 각 건축재료의 크기, 생산방법, 품질평가 등을 통일된 기준에 따라 정립할 필요가 요구되었다. 따라서 각 나라에서는 산업전반에 사용되는 부분을 대상으로 표준화를 시행하고 있으며, 우리나라는 산업표준화법에 따라 한국산업규격이 제정되어 오늘에 이르고 있다.

현재 건축재료는 국경을 초월하여 수입 또는 수출이 진행되고 있으며, 자국의 규격에 맞도록 요구하고 있다. 특히 우리나라는 풍부한 석회석을 바탕으로 시멘트를 제조하여 각 국에 수출하고 있으며, 마감재인 석재와 목재 등은 국내 공급부족으로 북미와 동남아시아 그리고 유럽으로부터 수입하고 있는 실정이다. 예로서 시멘트의 경우, 수출할 때에는 수입국의 해당규격에서 요구되는 품질에 적합한지를 평가한 이후에 진행되고 있다. 미국으로 수출되는 경우는 미국의 국가표준규격인 ASTM(American Society for Testing and Materials)에 적합해야 한다.

1. 우리나라 산업규격의 분류

한국산업규격(KS)은 전 산업분야의 표준화를 목표로 1962년 제정되었으며, 각 산업을 표 1.3과 같이 분류하고 있다.

[표 1.3] 우리나라 산업규격 분류

분류기호	부문	분류기호	부문
A	기본	K	섬유
B	기계	L	요업
C	전기	M	화학
D	금속	P	의료
E	광산	R	수송기계
F	건축/토목	V	조선
G	일용품	W	항공
H	식료품		

건축, 토목분야에 적용되는 건축재료는 크기, 시험방법 및 품질 등을 규정하고 있으며, 각각의 표준은 필요시 개정을 하고 있지만, 5년마다의 갱신을 목표로 하고 있다. 우리나라 규격의 제정과 개정은 해당 심의위원회의 의결을 거쳐서 산업표준심의회에서 의결된다.

건축물의 화재와 관련된 규격은 화재안전 전문위원회에 상정된 뒤 토론과 심의과정을 거쳐서 승인되고, 이후 산업표준심의회 심의를 거쳐 관보에 고시됨으로써 확정된다. 현재 한국산업규격은 산업통상자원부의 기술표준원에서 담당하고 있다.

2. 각국의 산업규격 분류

미국과 일본 그리고 유럽 등 전 세계의 모든 국가는 자국의 산업발전을 도모하기 위하여 전 산업분야에 거쳐서 규격화를 추구하고 있으며(표 1.4), 여러 국가를 하나의 단위로 통합하는 새로운 규격으로 태동되고 있다. 대표적인 규격이 유럽통합규격인 유러코드(Euro－code)이다. 이는 유럽을 하나의 블록을 묶고 이 범위 내에서 통용되는 모든 산업규격을 관장하는 것이다.

[표 1.4] 외국의 규격현황

국가	코드명	관련기관
미국	ASTM	American Society for Testing and Materials
일본	JIS	Japaese Industrial Standards
영국	BS	British Standard Institution
독일	DIN	Deutshe Industrie Norm
호주	AS	Standards Australia
뉴질랜드	NZS	New Zealand Standard
프랑스	NF	Association Francaise de Normalisation

전 세계의 규격을 하나의 통일된 규격으로 제정, 사용하고자 하는 노력이 국제표준화기구(ISO: International Organization for Standardization)에서 이루어지고 있다. 국제표준화기구에서의 표준화 문서는 다음과 같은 과정을 거쳐서 진행된다. 첫 번째는 ISO각 기술분과(TC: Technical committee)의 산하에 있는 전문분과(SC: Sub committee)의 각 전문가 그룹(WG: Working group)에서 표준화 문서(Document)를 개발하여 작성, 완료한다. 이 후에는 전 세계 ISO 회원국가에 회람시켜 투표를 통한 승인여부를 확인함으로써 국제표준화 문서로 확정된

다. 일반적으로 하나의 국제 표준화문서를 만들어지기까지는 다소의 시간적 편차는 있지만 약 5년 정도 소요되는 것으로 평가되고 있다. 우리나라도 ISO의 정식참여 국가로서 ISO의 모든 전문분과에 참여하고 있다.

화재분야에 관한 ISO는 TC92(Fire safety)에서 담당하고 있으며, 본 기술위원회는 SC1 (Fire initiation and growth), SC2(Fire containment), SC3(Fire threat to human and environment) 및 SC4(Fire safety engineering)로 구성되어 있다.

제2장

구조재료

제1절 콘크리트
1. 시멘트
2. 골재
3. 혼화재료
4. 콘크리트
3. 각종 콘크리트의 종류
4. 콘크리트의 배합
5. 화재 시의 콘크리트 거동

제2절 강재
1. 강의 제조
2. 강의 조직과 변태
3. 강의 열처리
4. 강의 일반적 성질
5. 구조용 강재
6. 비철금속
7. 화재 시 강재의 성질

제3절 목재
1. 목재의 분류
2. 목재의 조직
3. 목재의 성질
4. 목재의 제품
5. 화재 시 목재의 성질

건축물은 주거와 보관이란 기능적 목적을 달성하기 위하여 다양한 외부 환경적 변화와 중력 작용 그리고 지구 활동의 결과로 유발되는 태풍과 지진 등과 같은 재난에 대응할 수 있는 능력이 요구되고 있다. 이와 같은 능력은 건축물의 주요 구조부인 기둥, 보 그리고 내력벽체와 바닥의 형성으로 이루어지며, 주요 구조부가 튼튼하게 유지되어야만 건축물이 지속적으로 안정성을 발휘할 수 있다. 즉 인체에 비유하게 되면 강건한 뼈대가 존재해야 안정된 생활을 영위하는 것과 같은 이치이다. 이와 같이 건축물을 오랜 시간동안 유지시키기 위해서는 외부 및 내부적 변화에 능동적으로 대처할 수 있는 능력이 요구되는데 이를 충족시킬 수 있는 재료를 구조재료라고 칭한다. 일반적으로 구조재료에는 콘크리트와 강재 그리고 목재가 대표적으로 사용된다(그림 2.1). 석재와 블록, 벽돌 등도 구조재료로 사용되고 있으나, 소규모의 건축물에 활용되고 있다.

[그림 2.1] 콘크리트, 강재, 목재 건축물

제1절 콘크리트

현대 건축물은 콘크리트에 의해 발전된 건축기술의 결과물이라 말할 수 있을 정도로 콘크리트는 매우 중요한 건축 재료임에 틀림없다. 지구상에 존재하는 광물질 중에서 가장 풍부하다는 석회석과 기존의 암석에서 파생된 골재 그리고 물을 주재료로 만들어지는 콘크리트야말로 인류에게 없어서는 안 될 중요한 건축재료이다.

콘크리트는 소정의 강도, 원하는 형태와 장식 등 모든 것을 원하는 형식으로 제조할 수 있으므로 그 용도는 점차적으로 확대되는 추세에 있다. 또한 콘크리트의 가장 큰 장점인 압축강도 역시 점차적으로 높아지는 추세이며, 앞으로 100 MPa(1,000 kgf/cm^2) 수준도 일반화될 것으로 판단된다.

1. 시멘트

우리나라의 강원도 삼척, 동해 그리고 문경 등에 널리 분포하는 석회석은 시멘트 제조에 있어서 가장 중요하고 풍부한 지하자원이다. 따라서 이 지역에는 자연적으로 시멘트 산업이 발전하여 왔으며 미국, 일본 등에 수출하고 있다.

시멘트 산업은 2000년대 주택부족을 해소하기 위한 콘크리트 주도의 공업화 건축의 도입과 더불어 신도시 개발, 특히 주택 2백만 호 건설 등 우리나라 건설산업 발전의 초석으로 큰 역할을 하고 있다. 그림 2.2는 예열로 등을 포함하는 시멘트 플랜트의 전경을 나타내고 있다.

[그림 2.2] 시멘트 플랜트 전경

1) 시멘트의 역사와 종류

(1) 시멘트의 역사

시멘트(cement)는 넓은 의미로 물질과 물질을 결합시키는 재료의 의미로 사용되는 무기질 결합 경화재를 의미한다. 무기질 결합 경화재로서 가장 오래된 것은 이집트의 피라미드의 제작에 사용된 소석고(燒石膏, burnt gypsum)이며, 이때는 소석고와 모래를 혼합한 재료를 만들어서 사용하였다.

현재와 같은 시멘트가 적용되기 시작한 시기는 그리스, 로마시대로 알려져 있으며, 이때에는 석회석($CaCO_3$)을 구운 석회, 즉 생석회(CaO, 生石灰)가 사용되었다.

오늘날 일반적으로 사용되는 시멘트는 포틀랜드 시멘트를 의미하며, 이는 1824년 영국의 벽돌공인 죠셉 아스피닌(Joseph Aspdin)이 개발한 것으로서, 점토와 석회석을 혼합하여 제조하였다. 당초 만들어진 시멘트의 색상이 영국 포틀랜드 지역에서 생산되는 자연석(일반적으로 포틀랜드석)과 유사하다고 하여 포틀랜드 시멘트라고 명명되었다.

우리나라의 시멘트 산업 시초는 일제 강점기 시대이며, 이후 동양 시멘트와 쌍용 시멘트 등이 주축을 이루어 현재에 이르고 있다.

(2) 시멘트의 종류

건설용으로 사용되는 시멘트의 종류는 매우 다양하나 현재 우리나라 산업규격에 의한 분류는 다음과 같다.

① 포틀랜드 시멘트

포틀랜드 시멘트는 KS L 5201(2011.6)에 규정되어 있으며, 동 규정 3조에 보통, 중용열, 조강, 저열 및 내황산염의 5가지 종류로 분류되어 있다(표 2.1).

[표 2.1] 포틀랜드 시멘트의 종류와 특성

종별	특 성
제1종 (보통)	시멘트의 대표적 제품으로 일반적인 시멘트를 말하며 토목, 건축공사 등에 이용된다.
제2종 (중용열)	보통시멘트와 저열시멘트의 중간 수준의 수화열을 갖고 건조수축이 작아 균열 방지 기능이 있고 장기강도를 증진시킨 시멘트로 댐, 터널, 도로포장 및 활주로 공사 등에 이용된다.
제3종 (조강)	수화속도가 빨라 보통 28일 강도를 7일만에 발현하고 저온에서도 강도발현이 양호하여 긴급 공사, 동절기 공사, 지하철 공사, 콘크리트 2차 제품생산에 이용된다.

종별	특 성
제4종 (저열)	수화열이 낮아 온도균열 제어에 탁월하고, 고유동성, 우수한 고강도를 나타내는 시멘트로서 LNG 지하저장 Tank, 지중연속벽을 비롯한 대형 건축물, 여러 분야의 매스콘크리트(Mass concrete) 공사에 이용된다.
제5종 (내황산염)	시멘트 성분중 산에 약한 성분을 최소화하여 황산염에 대한 저항성이 크며 화학적으로 매우 안정되고 강도 발현이 우수함. 따라서 황산염을 많이 함유한 토양, 지하수나 하천이 닿는 구조물, 공장 폐수시설, 원자로, 항만·해양공사 등에 이용된다.

각 포틀랜드 시멘트의 화학성분은 표 2.2에 제시되어있다.

[표 2.2] 포틀랜드 시멘트의 화학성분

(단위 : %)

항목 \ 분류	1종	2종	3종	4종	5종
이산화규소(SiO_2)	–	20.0 이상	–	–	–
산화알루미늄(Al_2O_3)	–	6.0 이하	–	–	–
산화제이철(Fe_2O_3)	–	6.0 이하	–	6.5 이하	–
산화마그네슘(MgO)	5.0 이하	5.0 이하	5.0 이하	5.0 이하	5.0 이하
삼산화황(SO_3)	3.5 이하	3.0 이하	4.5 이하	3.5 이하	3.0 이하
강열감량	3.0 이하	3.0 이하	3.0 이하	2.5 이하	3.0 이하
C_3S	–	–	–	–	–
C_2S	–	–	–	40 이상	–
C_3A	–	8 이하	15 이하	7 이하	5 이하
C_3S+C_3A	–	58 이하	–	–	–
$C_4AF+2(C_3A)$ 또는 (C_4AF+C_2F)고용체	–	–	–	–	25 이하

여기서 $C=CaO$, $S=SiO_2$, $A=Al_2O_3$, $F=Fe_2O_3$
예로써, $C_3A=3CaO \cdot Al_2O_3$를 나타낸다.

② 혼합시멘트

가. 고로슬래그시멘트(KS L 5201, 2011)

고로슬래그시멘트는 보통 포틀랜드 시멘트에 특수한 기능을 부여하기 위한 목적으로 제조되며, 철을 만드는 제선과 제강과정에서 부산물로 도출되는 슬래그(slag)를 혼합재로 사용한다.

고로슬래그시멘트는 혼합되는 슬래그의 양에 따라 3가지로 분류된다(표 2.3).

[표 2.3] 고로슬래그시멘트의 분류

종 류	고로슬래그의 함유량 질량(%)
1종	5 초과 30 미만
2종	30 초과 60 미만
3종	60 초과 70 미만

고로슬래그의 각 종류별 요구되는 품질은 다음 표 2.4와 같다.

[표 2.4] 고로슬래그시멘트의 품질

항 목 \ 종 류			1종	2종	3종
분말도	비표면적(blain) cm^2/g		3,000 이상	3,000 이상	3,300 이상
안정도	오토클레이브 팽창도 %		0.2 이하	0.2 이하	0.2 이하
	르샤틀리에 mm		10 이하	10 이하	10 이하
응결시간	비이카 시험	초결 분	45 이상	60 이상	60 이상
		종결 시간	7 이하	10 이하	10 이하
압축강도 MPa (N/mm^2)	3일		12.5 이상	10.0 이상	7.5 이상
	7일		22.5 이상	17.5 이상	15.0 이상
	28일		42.5 이상	42.5 이상	40.0 이상

나. 플라이애쉬시멘트(KS L 5211, 2009)

플라이애쉬 시멘트는 화력발전소의 터빈을 가동시키기 위해서 사용되는 석탄의 재를 포집, 혼합하여 제조한다. 플라이애쉬 시멘트 제조에 사용되는 플라이애쉬는 분진으로 공중에 날아가는 것을 집진시설을 이용하여 포집된 것이다.

플라이애쉬 시멘트는 함유되는 플라이애쉬의 양에 따라 다음의 3가지 종류로 분류된다(표 2.5).

[표 2.5] 플라이애쉬 시멘트의 분류

종 류	플라이애쉬의 함유량 질량(%)
1종	5 초과 10 미만
2종	10 초과 20 미만
3종	20 초과 30 미만

플라이애쉬 시멘트의 종류에 따른 요구 품질의 기준은 다음 표 2.6과 같다.

[표 2.6] 플라이애쉬 시멘트의 품질기준

항목 \ 종류			1종	2종	3종
분말도	비표면적(blain) cm^2/g		2,500 이상	2,500 이상	2,500 이상
응결	비카시험	초결 분	60 이상	60 이상	60 이상
		종결 시간	10 이하	10 이하	10 이하
안정도	오토클레이브 팽창도 %		0.2 이하	0.2 이하	0.2 이하
	르샤틀리에 mm		10 이하	10 이하	10 이하
압축강도 MPa (N/mm^2)	3일		12.5 이상	10.0 이상	7.5 이상
	7일		22.5 이상	17.5 이상	15.0 이상
	28일		42.5 이상	37.5 이상	32.5 이상

비고 안정도 시험방법은 수요자의 요구에 따라 오토클레이브시험과 르샤틀리에 시험 중 택일하여 실시한다.

다. 포틀랜드 포졸란시멘트(KS L 5401,2012)

이산화규소 60 % 이상을 함유한 실리카질의 혼합재로 사용하여 만들어진 시멘트가 포틀랜드 포졸란시멘트이다. 포틀랜드시멘트에 함유된 실리카질의 양에 따라 다음과 같은 3가지 종류로 분류된다(표 2.7).

[표 2.72] 포틀랜드 포졸란시멘트의 종류

종 류	실리카질 혼합재의 함량 질량(wt %)
A종	5 초과 10 미만
B종	10 초과 20 미만
C종	20 초과 30 미만

포틀랜드 포졸란시멘트 종류에 따른 요구 품질은 다음 표 2.8과 같다.

[표 2.8] 포틀랜드 포졸란 시멘트의 품질

항 목 \ 종 류			A종	B종	C종
분말도	비표면적(blain) cm^2/g		3,000 이상	3,000 이상	3,000 이상
응결	비카시험	초결 분	60 이상	60 이상	60 이상
		종결 시간	10 이하	10 이하	10 이하

항 목	종 류	A종	B종	C종
안정도	(오토클레이브 팽창도 또는 수축도) %	±0.5 이하	±0.5 이하	±0.5 이하
압축강도 MPa (N/mm^2)	3일	12.5 이상	10.0 이상	7.5 이상
	7일	22.5 이상	17.5 이상	15.0 이상
	28일	42.5 이상	37.5 이상	32.5 이상
화학성분	산화마그네슘(MgO)(wt %)	5.0 이하	5.0 이하	5.0 이하
	삼산화황(SO_3) (wt %)	3.0 이하	3.0 이하	3.0 이하
	강열감량(wt %)	3.0 이하	–	–

보통 포틀랜드시멘트에 기능성을 부여하기 위해 첨가된 혼합재에 의한 혼합시멘트의 종류별 특성은 다음 표 2.9와 같다.

[표 2.9] 혼합시멘트의 종류별 특성

종 류	특 성
고로 슬래그 시멘트 (KS L 5210)	혼합재로서 제철공장의 부산물인 고로 슬래그를 첨가한 시멘트로서 특성은 후기 강도가 높고 수화열이 적으며 화학적 저항성, 내열성이 좋다. 슬래그는 염기도가 1.4 이상이어야 하고 혼합량은 25~65 %이며, 1급과 특급으로 구분한다.
플라이 애시 시멘트 (KS L 5210)	화력발전소의 석탄 연소재를 혼화재로 사용한 시멘트이다. 플라이 애시는 실리카, 알루미나, 철분 총 함량이 70 % 이상이어야 한다. 플라이 애시 함량(무게 %)에 따라 세종류로 나눈다. A종 : 5~10(건축콘크리트 및 미장용) B종 : 10~20(일반 토목건축 공사) C종 : 20~30(댐공사와 같은 매스 콘크리트용)
실리카 시멘트 (KS L 5401)	화산암 풍화물, 백토, 규조토, 의회암 등을 혼합재로 사용하며, 특징은 황산염에 강하고 수밀성 및 내열성이 좋다. 또한 수화열이 낮으며 초기강도는 낮으나 후기 강도는 높다.

③ 특수시멘트

특수 시멘트는 조기강도가 필요한 경우 등과 같이 특수한 용도에 사용하기 위해 개발된 것이며, 다음과 같은 종류가 있다.

- 알루미나시멘트 : 급속한 수화반응에 의한 조기강도 발현
- 단열시멘트 : 단열목적으로 사용

• 팽창시멘트 : 시멘트의 건조수축에 의한 균열 방지용
• 메이슨리(masonry)시멘트 : 조적조의 쌓기용
• 폴리머시멘트 : 특수용도의 보수보강용

2) 시멘트 제조

시멘트의 주원료는 석회석, 점토, 규석 및 응결 지연제로써의 석고 등이 있다. 이중 가장 중요한 원료는 석회석이며, 석회석의 품질에 따라 시멘트의 품질과 성질이 결정된다. 우리나라에서 생산되는 석회석은 전 세계에서도 품질이 우수한 것으로 평가되고 있다.

시멘트의 제조과정은 크게 석회석을 생산하는 채광과정 그리고 석회석과 점토질 원료를 적정한 비율로 혼합하는 원료 배합과정과 혼합물을 약 1,500℃ 수준의 소성로에서 화학반응을 거쳐 새로운 물질을 만드는 소성과정 그리고 소성과정 이후에 얻어지는 클링커(clinker)에 급격한 응결을 지연시키기 위한 3~5 %의 석고를 첨가하는 클링커 분쇄과정으로 이루어진다(그림 2.3).

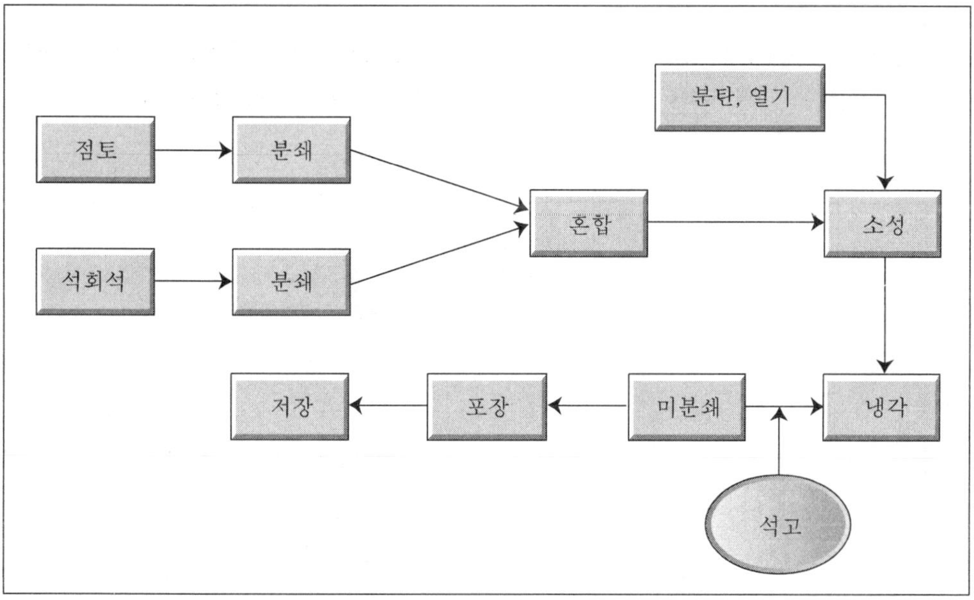

[그림 2.3] 시멘트 생산과정

(1) 채광과정

석회석은 암석 덩어리로 구성되어 있으므로 다이너마이트와 같은 폭약을 장전한 후, 파괴된 덩어리를 또 다시 일정한 크기로 분쇄하는 과정을 거치게 된다. 또한 석회석은 광산의 채굴과정이 계단식으로 진행되므로 계단식 채광법을 채택하는 경우가 많다(그림 2.4).

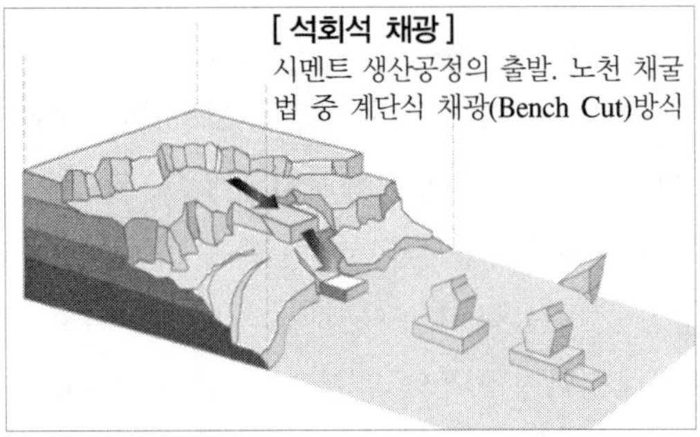

[그림 2.4] 계단식 채광 사례

(2) 원료배합과정

본 과정에서는 시멘트와 점토 그리고 기타 원소를 필요한 크기로 혼합하여 각 원료저장기에 보관하였다가 필요한 만큼 소성로에 보내주는 역할을 하고 있다(그림 2.5).

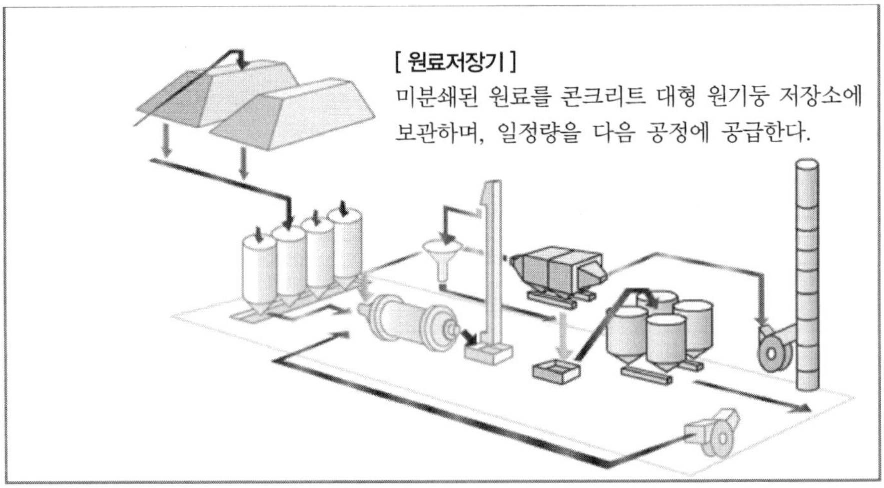

[그림 2.5] 원료배합과정

(3) 소성과정

시멘트의 제조과정에서 가장 중요한 부분을 차지하는 과정이다. 즉 각각의 원료가 약 1,500℃의 고온에서 혼합 및 화학반응을 통하여 각종 시멘트의 주요 화합물이 만드는 지는 과정이다. 일반적으로 소성과정은 한꺼번에 높은 온도에서 물질을 녹이는 것은 많은 열에너지가 소모되기 때문에 약 800℃ 정도의 예열과정을 거치게 된다. 그림 2.6은 예열로를 거친 소성로의 모습이며, 실제 예열로와 가열로는 그림 2.7과 같다.

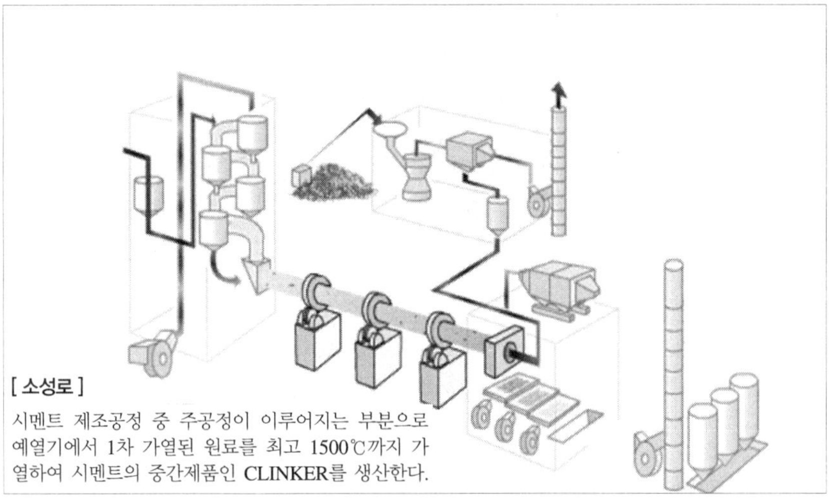

[그림 2.6] 소성과정

[그림 2.7] 예열로와 소성로

(4) 분쇄 및 출하과정

클링커는 시멘트가 되기 직전인 반제품상태이며, 공기 중의 수분과 작용하여 응결하려는 특징을 가지고 있다. 따라서 일정시간 응결을 지연시키기 위하여 3~5 %의 석고를 혼입하여 일정한 분말도가 되도록 분쇄하게 되며, 각 지역 또는 각 나라로 수출하기 위하여 육상 또는 해상에 출하장이 마련되어있다(그림 2.8).

[그림 2.8] 분쇄 및 출하과정

3) 시멘트의 화학성분 및 조성

시멘트의 주요성분으로써 주요 화학성분은 산화칼슘(CaO), 이산화규소(SiO_2), 삼산화제이알류미늄(Al_2O_3), 삼산화제이철(Fe_2O_3) 등이 있으며, 이외에도 산화마그네슘(MgO), 삼산화황(SO_3) 산화제이칼륨(K_2O) 같은 기타 화학성분으로 이루어진다(표 2.10).

[표 2.10] 시멘트 성분과 분포

강열감량	SiO_2	Al_2O_3	Fe_2O_3	CaO	MgO	SO_3	알칼리	불용잔분
0.6~2.5	20~26	4~9	2~4	60~66	1~3	1~2.8	0.5~1.0	0.2~1.0

이러한 성분은 약 1,500℃의 소성(燒成)과정을 거치면서 다양한 화합물로 변화하게 되며, 이러한 화합물의 양에 따라 그 시멘트의 물질적 성질, 수화열 등의 성질이 결정되게 된다. 시멘트의 주요 4대 화합물은 다음 표 2.11과 같고, 각각의 특징은 표 2.12와 같다.

[표 2.11] 시멘트 화합물

명칭		화학식	기호	수화열(cal/g)
한글	영어총칭			
규산삼석회	Alite	$3CaOSiO_2$	C_3S	120
규산이석회	Belite	$2CaOSiO_2$	C_2S	60
알루민산삼석회	Aluminate	$3CaOAl_2O_3$	C_3A	200
알루민산철사석회	Ferrite	$4CaO\ Al_2O_3\ Fe_2O_3$	C_4AF	100

[표 2.12] 시멘트 화합물의 특징

		규산삼석회	규산이석회	알루민산삼석회	알루민산철사석회
분자식 화학식 약호 영문		$3CaO \cdot SiO_2$ C_3S alite	$2CaO \cdot SiO_2$ C_2S belite	$3CaO \cdot Al_2O_3$ C_3A aluminate	$4CaO \cdot Al_2O_3 \cdot Fe_2O_3$ C_4AF femite, celite
특성	수화 반응속도	빠름	느림	아주 빠름	비교적 빠름
	강도	28일 이내의 초기강도 지배	28일 이후의 장기강도 지배	1일 이내의 초기강도 지배	강도에 거의 관계하지 않음.
	수화열	높음	낮음	아주 높음	낮음
	건조수축	중간	중간	크다	작다
	화학 저항성	–	–	낮음	–
비 고		포틀랜드시멘트의 특징을 갖는 성분	–	수중에서는 불안정 황산염에 의한 침해 우려	시멘트의 특징인 회색을 부여

각 시멘트 종류별 화합물의 함유량은 다음 표 2.13과 같다.

[표 2.13] 시멘트 종류별 화합물의 함유량

시멘트의 종류	C_3S	C_2S	C_3A	C_4AF
보통포틀랜드시멘트	48	28	9	9
조강포틀랜드시멘트	65	11	8	8
초조강포틀랜드시멘트	65	6	8	8
중용열포틀랜드시멘트	45	33	4	32
내황산염포틀랜드시멘트	57	23	2	13
백색포틀랜드시멘트	51	28	12	1

4) 시멘트의 일반적 성질

(1) 수화반응

시멘트의 물과 반응을 하여 경화체로 진행되면서 일정한 강도를 가지게 된다. 이러한 과정을 수화반응(hydration reaction)이라고 하며, 화학반응의 결과로 열이 발생하게 되며(그림 2.9). 각종 시멘트의 수화열 크기는 다음 표 2.14와 같다.

[표 2.14] 각종 시멘트의 수화열 크기

(단위 : cal/g)

시멘트의 종별 \ 재령(일)	7	28	91
보통포틀랜드시멘트	70~80	80~90	90~100
조강포틀랜드시멘트	75~85	90~100	95~105
초조강포틀랜드시멘트	85~95	100~110	105~115
중용열포틀랜드시멘트	55~65	70~80	75~85

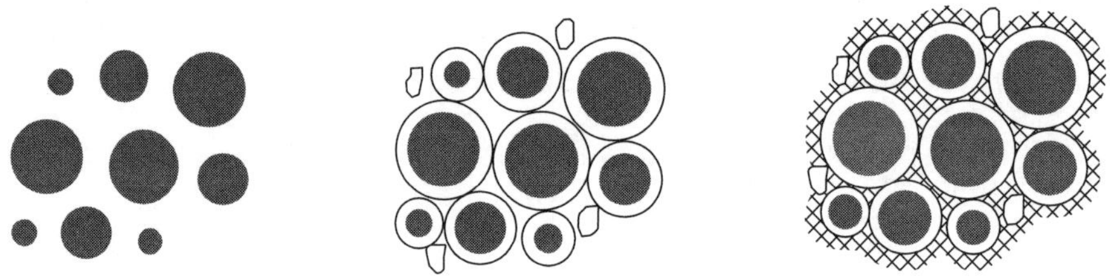

(1) (2) (3)

[그림 2.9] 시멘트의 수화반응 과정

그림 2.9에서 보는 바와 같이 (1)에서는 물이 분산되어있는 시멘트 입자를 둘러쌓게 되고 점차적으로 시간이 경과됨에 따라 (2)에서와 같이 시멘트 입자를 둘러쌓고 있는 C-S-H (C_3S)입자가 생성되면서 점성을 가지기 시작한다. 즉 응결의 상태로 진행되게 된다. 이후 시간경과에 따라 (3)에 보이는 바와 같이 다른 시멘트 입자를 결합할 수 있는 새로운 물질이 생성되게 된다. 이 물질을 에트링가이트(ettringite, C_3A)라고 부른다. 이로써 시멘트 입자는 물과 결합하여 상호 결합되는 강도의 발현이 시작한다.

시멘트의 수화반응에 연관되는 용도를 살펴보면 다음과 같다.

① 응결 : 시멘트에 물을 가하면 시멘트 중의 수경성 화합물이 물과 반응하여 점차 점성이 증가하고 유동성을 잃어 고결(固結)되는 현상을 말한다.

② 경화 : 시간경과와 더불어 조직이 치밀해지고 경도가 증가하게 되는 현상, 즉 강도발현이 시작되는 현상을 말한다.

③ 수화반응 : 시멘트에 물을 가하여 응결과 경화현상이 발생되는 과정의 총칭을 의미한다(식 2.1)

$$CaO + H_2O \rightarrow Ca(OH)_2 + Heat(40\sim80℃) \qquad (식\ 2.1)$$

가. C_3S의 수화반응

$$2(3CaOSiO_2) + 11H_2O \rightarrow Cao2SiO_28H_2O + 3Ca(OH)_2 + Heat \qquad (식\ 2.2)$$

식 2.2를 간략화하면 식 2.3과 같다.

$$C_3S + 11H \rightarrow C_3S_2H_8 + 3CH + Heat \qquad (식\ 2.3)$$

여기서, CSH는 콜로이드(Colloid, 아교질)로써 크기가 1 nm 정도이고, 시멘트 페이스트가 강도(強度)를 나타나게 하는 무기물 결합체이다.

나. C_3A의 수화반응

C_3A는 물과 석고와 반응하여 새로운 결합물질인 에틀링가이트를 생성하게 된다(식 2.4)

$$C_3A + 3CSH_2(석고) + 26H(물) \rightarrow C_6AS_3H_{32}(Ettringite) \qquad (식\ 2.4)$$

여기서, 에트링가이트(Ettringite)는 다른 물질과의 결합을 유도하는 무기질 결합체이다.

(2) 시멘트의 일반적 성질

가. 비중 및 단위용적중량

시멘트의 비중은 한국산업규격(KS)에서 3.05 이상으로 규정하고 있으며, 일반적으로 3.15 이상이다. 비중 측정은 르샤틀리에 비중병으로 측정하고, 단위용적중량은 1,500 kg/m^3을 표준으로 한다.

나. 분말도

미세한 정도를 나타내는 분말도는 단위중량에 대한 표면적, 즉 비표면적(cm^2/g)으로 표시되며, 국내산 시멘트의 분말도는 일반적으로 3,100~3,200 cm^2/g 정도이다. 시멘트 분말도와 압축강도의 관계는 다음 그림 2.10과 같고, 분말도가 높을수록 수화반응이 원활하게 이루어지기 때문에 강도 값이 높게 나타난다.

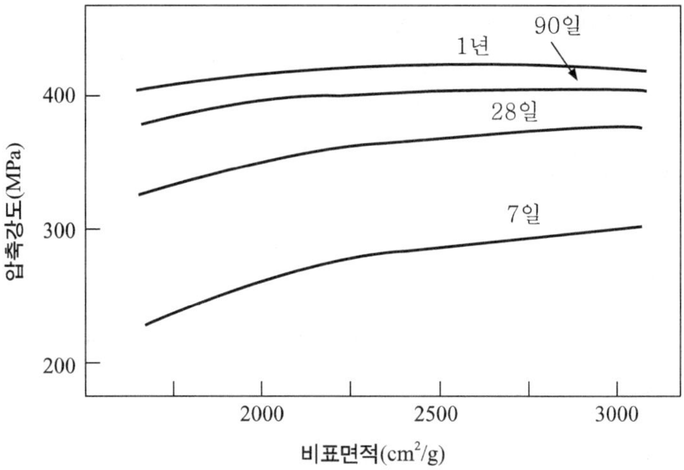

[그림 2.10] 시멘트의 분말도와 압축강도의 관계

다. 응결, 경화

응결이란 수화반응 도중 유동성을 잃고 고화되는 과정을 의미하고, 경화란 응결 이후 수화물이 많아지고, 강도가 증가하는 현상을 의미한다.

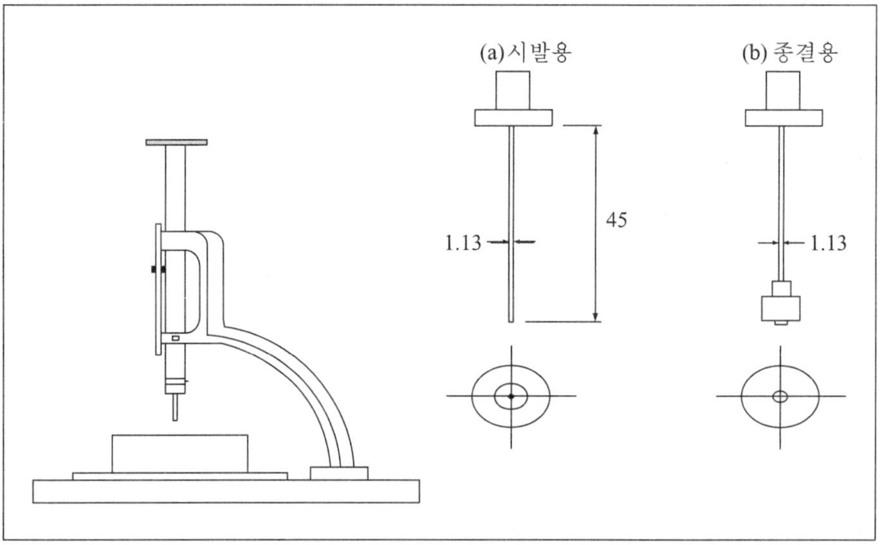

[그림 2.11] 시멘트 응결시간 측정 장치

[그림 2.12] 시멘트 응결시간 측정 장치(초결 및 종결 측정용)

시멘트의 응결은 시멘트에 첨가된 석고의 양이 많거나 물시멘트비가 높을수록 지연되며, 분말도가 높을수록 빨라지는 특징을 가지고 있다. 한국산업규격에 응결에 대한 시간이 규정되어있다. 초결은 60분 이후 그리고 종결은 10시간 이내로 제한하고 있고, 우리나라에서 생산되는 대부분의 시멘트는 초결 4시간, 종결은 6.5시간 정도이다. 시멘트 응결시간의 측정 장치는 그림 2.11과 그림 2.12와 같다.

라. 강도

시멘트의 강도는 한국산업규격 수경성 시멘트 모르타르의 압축강도 시험 방법(KS L 5105, 2012)에 규정되어 있으며, 시멘트 강도 측정을 위한 시험체 제작은 강원도 주문진시 향호리에서 생산되는 모래를 표준사(시멘트강도 시험용 표준사, KS L 5200)로 사용한 모르타르로 이루어진다.

각종 시멘트의 재령별 압축강도 발현은 다음 그림 2.13과 같다. 그림에서와 같이 알루미나 시멘트가 수화반응이 가장 빨리 일어나기 때문에 조기강도가 높고, 중용열 시멘트가 초기 강도가 가장 늦게 나타나는 특성을 가진다.

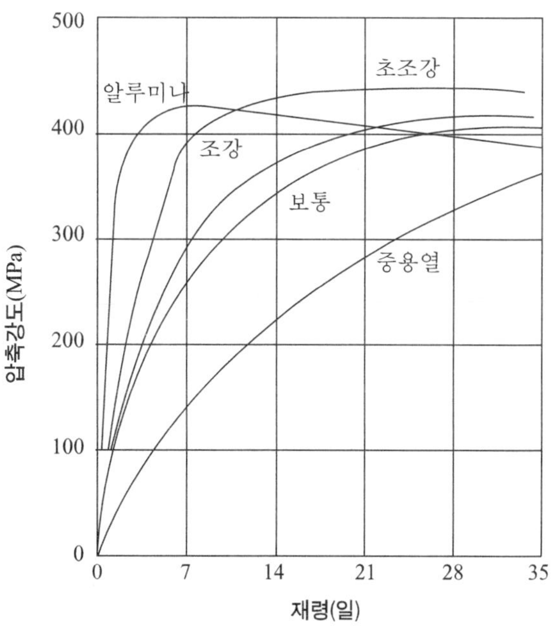

[그림 2.13] 각종 시멘트의 재령별 압축강도 발현

2. 골재

골재는 암석의 풍화작용과 인위적 파쇄작용을 통하여 생산되는 자원으로서, 콘크리트의 제조에 대부분의 용적을 차지하고 있다. 따라서 콘크리트의 품질은 적용되는 골재의 품질과 모양 등에 많은 영향을 받게 되며, 비용에 막대한 영향을 미치게 되므로 선정에 유의해야 된다. 일반적으로 골재에 요구되는 품질은 다음과 같다.

- 골재는 유해한 먼지, 불순물 및 염분 등을 함유하지 않아야 하고, 물리적, 화학적으로 안정되어야 한다.
- 품질이 우수한 콘크리트 제조에 필요한 입도와 입형을 가지고 있어야 한다.

1) 골재의 분류

골재의 분류는 입경의 크기에 따른 분류, 생산지에 의한 분류, 비중에 따른 분류로 구분되고 있다.

(1) 입경에 따른 분류

골재의 크기에 따라 모래로 사용되는 잔골재와 자갈로 사용되는 굵은 골재로 구분되고 있다.

① 잔골재(fine aggregate) : KS A 5101-1 (시험용 체－제1부 금속망 체]에 규정하는 체규격 5 mm인 표준망 체에 대해서 중량비로 85 % 이상 통과하는 골재로 정의하고 있다.

② 굵은 골재(coarse aggregate) : KS A 5101-1 (시험용 체－제1부 금속망 체] 표준체)에 규정하는 체규격 5 mm인 표준망 체에 대해서 중량비로 85 % 이상 남게 되는 골재로 정의하고 있다.

건축물 부재별로 사용되는 굵은 골재의 최대치수는 다음 표 2.15와 같다.

[표 2.15] 부재종류별 굵은 골재의 최대치수

부재 종류	굵은골재의 최대치수(min)		
	자갈	부순돌, 고로슬래그 부순돌	인공경량골재
기둥, 보, 슬래브, 벽	20, 25	20, 25	15, 20
기초	20, 25, 40	20, 25, 40	15, 20

(2) 생산지에 따른 분류

골재는 산과 바다 그리고 하천에서 풍화, 침식 및 운반작용에 의한 결과로 생산되는 천연골재와 사람의 인위적인 생산 활동에 의한 결과로 얻어지는 인공골재의 두 가지로 분류할 수 있다. 산에서 생산되는 원석을 기계적인 작용으로 파쇄하여 쇄석자갈, 쇄석모래를 생산하는 과정은 그림 2.14와 같다.

[그림 2.14] 쇄석과정

① 천연골재 : 일반적으로 하천에서 생산되는 강모래와 강자갈이 있으며, 바다에서 확보할 수 있는 바다모래와 바다자갈 그리고 산에서 생산되는 산모래, 산자갈 등이 있다. 특히 바다에서 생산되는 바다자갈과 바다모래는 염분의 양이 기준 이하가 되도록 충분히 세척을 한 이후에 사용하여야만 한다(중량의 0.04 % 이하, Nacl).

② 인공골재 : 급속한 산업화와 인구의 대도시 집중화로 야기된 도시의 급격한 팽창을 수용하기 위하여 단시간에 대규모 건설공사가 진행되었기 때문에 천연골재는 그 한계를 나타낼 수밖에 없었다. 이러한 상황을 해결하기 위한 대안으로 떠 오른 것이 바로 인공골재이다. 인공골재는 대부분은 산에서 이루어지고 있으며, 채석장으로부터 쇄석과정을 통하여 쇄석자갈, 쇄석모래가 대부분을 차지하고 있다. 그리고 인공적으로 대량으로 생산되는 펄라이트와 같은 경량골재가 있다. 또한 철광석에 의한 철의 생산과정에서 부산물로 도출되는 슬래그(slag, 광재) 또한 인공골재의 한 종류이다. 강자갈과 쇄석의 입형을 비교하면 그림 2.15와 같다. 쇄석자갈은 콘크리트용 부순골재(KS F 2527, 2012)에서 품질기준을 제시하고 있고, 쇄석모래는 콘크리트용 부순모래(KS F 2558, 1997)에서 각종 기준을 규정하고 있다.

강자갈의 입형 | 쇄석자갈의 입형

[그림 2.15] 강자갈과 쇄석의 입형 비교

쇄석자갈과 쇄석모래의 품질 기준은 다음 표 2.16과 같다.

[표 2.16] 깬자갈, 깬모래의 품질

구분	쇄석자갈 (KS F 2527, 2012)	쇄석모래 (KS F 2558, 1997)
절건비중	2.5 이상	2.5 % 이상
흡수율	3 % 이하	3 % 이하
안정성	12 % 이하	10 % 이하
마모감량	40 % 이하	−
씻기시험에서 손실된 양	1.0 % 이하	7 % 이하

(3) 비중에 따른 분류

① 보통골재 : 절건비중이 2.0~3.0 정도인 골재를 의미하고, 강모래, 강자갈, 쇄석 등이 해당된다.

② 경량골재 : 절건비중이 2.0 이하인 경석, 인공경량골재 등이 해당되며, 구조물 자체의 무게를 줄이기 위한 경량콘크리트의 제조에 사용된다.

③ 중량골재 : 방사선 차폐 등의 목적에 사용되는 중량콘크리트를 제조하기 위해 사용되는 골재이며, 비중이 3.0 이상인 자철광, 중정석 및 철광석 등이 해당된다.

2) 골재의 일반적 성질

소정의 콘크리트 품질과 경제성을 확보하기 위해서는 골재의 품질이 매우 중요하다. 따라서 골재는 불순물을 함유하지 않아야 하고, 내구적이고 워커빌리티(workability)확보를 위해서는 입형이 둥글둥글해야 하며, 소요강도 확보를 위해서는 입도의 확보와 다소간의 입형이 뾰족한 것이 도움이 된다. 또한 화재에 견디기 위해서는 고온에서도 변형이 거의 없는 응회암과 사암 등이 권장되고, 화강암은 석영의 팽창으로 인하여 500℃ 이상에서는 구조적 안정성을 검토할 필요가 있다.

(1) 비중

골재를 구성하고 있는 암질에 따라 비중은 약간의 차이가 나타날 수 있으나, 잔골재의 경우는 2.5~2.65의 범위에 있으며, 굵은 골재는 2.55~2.70 사이에 있다. 일반적으로 비중이 높을수록 골재는 단단하고, 내구성이 높다. 비중의 종류는 골재간의 공극의 포함여부에 따라 진비중과 겉보기 비중으로 구분되며, 콘크리트 배합에는 겉보기 비중이 적용된다.

① 진비중 : 골재간의 공극을 포함하지 않는 원석의 비중을 나타낸다.

② 겉보기비중 : 절대건조상태에서의 골재중량을 표면건조포화상태의 골재용적으로 나눈 절대건조상태의 비중(절건비중)과 표면건조상태의 골재중량을 표면건조포화상태의 골재용적으로 나눈 표면건조포화비중(표건비중)으로 구분된다.

(2) 함수량

골재는 콘크리트 배합에 사용되기 전까지 야적장에 노출되게 됨으로써 기후조건에 직접적으로 영향을 받게 되고, 항상 함수량이 변화하게 된다. 따라서 골재 내에 포함된 수분의 양은 콘크리트의 배합에 큰 영향을 주게 된다.

골재에 포함되는 수분의 양은 그림 2.16과 같이 구분하며, 절대건조상태에서 표면건조포수상태가 될 때까지 흡수되는 수량을 흡수능력 또는 흡수량(water absorption)이라고 한다. 각종 골재의 흡수량은 다음 표 2.17과 같다.

[표 2.17] 골재의 흡수량(%)

골재의 종류	잔골재	굵은골재
보통골재	3~4	2~4
인공경량골재	4~11	2~9
천연경량골재	7~35	15~50

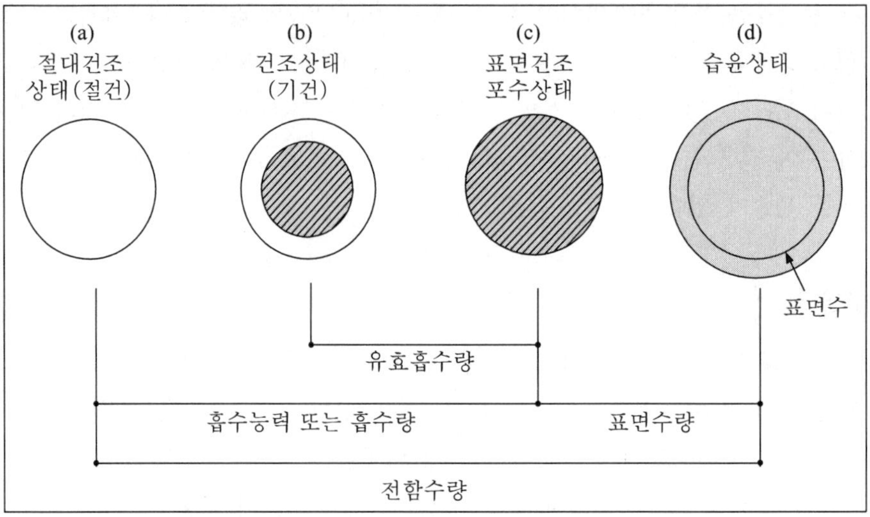

[그림 2.16] 골재의 함수상태

① 절대건조상태(absolute dry condition) : 절건상태라고도 하며, 100℃ 이상의 건조기에서 항량이 될 때까지 골재를 건조시킨 상태를 의미한다.

② 공기 중 건조상태(room dry condition) : 실내의 환경에서 건조시켰을 경우, 골재의 표면과 실내의 일부가 건조된 상태를 의미한다. 기건상태라고도 한다.

③ 표면건조포수상태(saturated surface dry condition) : 표건상태라고도 하며, 골재의 표면에는 수분이 없는 상태이나 내부에는 물이 충만한 상태를 의미한다.

④ 습윤상태(wet condition) : 골재의 내부와 외부에 물이 충만히 차있는 상태를 의미한다.

⑤ 표면수량(surface moisture) : 습윤 상태에서 골재의 표면에 묻어있는 수량을 의미한다. 표면수량(%)은 표면건조포수상태에 대한 골재 중량의 백분율로 나타내며(식 2.5), 습한 조건에 대한 표면수량은 다음 표 2.18과 같다.

$$\text{표면수량} = \frac{\text{습윤상태} - \text{표면건조포수상태}}{\text{표면건조포수상태}} \times 100(\%) \qquad \text{(식 2.5)}$$

[표 2.18] 표면수량(%)

골재상태	표면수량(%)
습한 자갈/쇄석	1.5~2.0
많이 젖은 모래	5.0~8.0
보통 젖은 모래	2.0~4.0
습한 모래	0.5~2.0

⑥ 흡수량(absorption) : 골재가 절대건조상태(절건상태)에서 표면건조포수상태(표건상태)가 되었을 때 흡수되는 물의 양을 나타낸다. 흡수량의 계산은 다음 식 2.6으로 행한다.

$$\text{흡수량} = \frac{\text{표면건조포수상태} - \text{절대건조상태}}{\text{절대건조상태}} \times 100(\%) \qquad (\text{식 } 2.6)$$

보통 잔골재에서 약 2 %, 굵은 골재에서 약 1 % 정도를 나타내고 있다.

(3) 단위용적중량

기건 상태에서 골재의 1 m^3의 중량을 의미하며, 일반적으로 잔골재에서는 1.5~1.8 Ton/m^3 그리고 굵은 골재에서는 1.6~1.7 Ton/m^3 수준을 나타내고 있다. 이는 실적률과 공극률의 산정에 이용된다.

① 실적률(percentage of solid)

골재가 일정 용기 내에 채워졌을 때 골재가 차지하는 용적을 나타낸다. 실적률이 높을수록 입형과 입도가 좋은 골재라고 평가할 수 있으며, 콘크리트의 배합에서 시멘트의 양이 상대적으로 적게 소요됨으로써 경제적인 배합이 가능하다. 실적률의 계산은 다음 식 2.7로 계산한다.

$$\text{실적률} = \frac{\omega}{\rho} \times 100(\%) \qquad (\text{식 } 2.7)$$

여기서, ω : 단위중량, ρ : 비중

② 공극률(percentage of void)

단위 용적중량 중에 공극이 차지는 비율을 의미한다. 즉 공극률과 실적률을 더하게 되면 100이 된다. 공극률이 낮으면 상대적으로 시멘트 페이스트가 적게 소요되므로써 경제적인 콘크리트 배합이 가능하다. 공극률의 계산은 다음 식 2.8에 의한다.

$$\text{공극률} = \left(1 - \frac{\omega}{\rho}\right) \times 100(\%) \qquad (\text{식 } 2.8)$$

여기서, ω : 단위중량, ρ : 비중

[실적률과 공극률의 계산사례]

강자갈의 비중과 단위용적중량이 각각 2.65, 1.7 Ton/m^3

- 실적률 = (1.7/2.65) × 100 = 64 %
- 공극률 = (100 − 64) = 36 %

(4) 입도

입도(grading)란 골재의 크고 작은 입자의 혼합된 정도를 의미한다. 입도가 좋은 경우는 워커빌리티가 우수하고, 일정 공간 내에 공극이 적기 때문에 시멘트 페이스트가 적게 소요되므로 경제적인 콘크리트 배합이 가능하며, 압축강도가 높아지기 때문에 우수한 품질의 콘크리트를 확보할 수 있다. 또한 재료분리의 우려가 적어지고, 건조수축이 적어지므로 내구성이 높아진다.

입도의 결정은 한국산업규격인 굵은 골재 및 잔골재의 체가름 시험방법(KS F 2502, 2010)을 통하여 이루어진다.

체가름 시험은 그림 2.17에 나타난 바와 같은 진동체에 다수의 체를 설치하여 진동을 가한 후 각 체에 남아있는 시료의 양을 계량함으로써 진행된다. 그리고 체가름 시험을 통하여 분석된 골재 시료는 다음 그림 2.18에 표시된다. 잔골재와 굵은 골재 모두 요구되는 영역내부에 통과율이 존재하게 되면 입도가 좋은 골재라고 할 수 있다.

[그림 2.17] 체가름 시험기와 각종 체

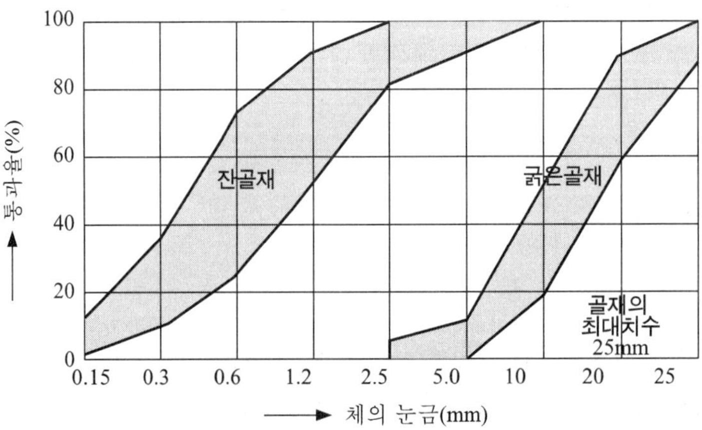

[그림 2.18] 체가름 곡선

조립률이란 입도를 정량적으로 표현한 것으로써 0.15, 0.3, 0.6, 1.2, 2.5, 5, 10, 20, 40(mm)의 9개의 체를 사용하여 체가름 시험을 하였을 때 각 체에 남아있는 누적 잔류률을 100으로 나눈 백분률로 표시한 것이다(표 2.19). 일반적으로 잔골재의 조립률은 2.3~3.1의 정도가 우수한 수준이고, 굵은 골재는 6~8 수준이 우수한 것으로 평가되고 있다.

[표 2.19] 골재의 조립률 계산

체의 치수(mm)	굵은골재		잔골재	
	통과율(%)	누적잔류율(%)	통과율(%)	누적잔류율(%)
40	100	0	–	–
20	75	25	–	–
10	35	65	100	0
5	5	95	95	5
2.5	2	98	90	10
1.2	1	99	70	30
0.6	0	100	45	55
0.3	0	100	20	80
0.15	0	100	6	94
계		682		274
조립률		6.82		2.74

(5) 입형

입형이란 골재의 모양이 둥글거나 모나거나 하는 형태를 의미한다. 입형이 둥근 것일수록 골재 서로간의 마찰이 적기 때문에 워커빌리티가 좋고, 경제적인 콘크리트의 배합이 가능하다. 반대로 골재의 모양이 모가 많이 나있거나 편평한 경우에는 배합하기가 곤란하기 때문에 골재간의 마찰력을 줄이기 위하여 모래를 많이 사용하거나 시멘트를 많이 혼합해야 하는 일이 발생하게 된다. 즉 비경제적인 콘크리트 배합의 우려가 높다.

(6) 알칼리 골재 반응

알칼리 골재반응이란 콘크리트의 알칼리 성질이 골재의 내부에 포함된 실리카질(SiO_2)과 반응하여 콘크리트가 팽창하는 현상을 의미한다. 알칼리 골재 반응을 억제하기 위해서는 알칼리량이 0.6 % 이하인 저알칼리형 시멘트를 사용하거나, 플라이애쉬 그리고 슬래그 분말과 같은 포졸란 성분을 포함한 시멘트를 사용한다.

3. 혼화재료

콘크리트는 시멘트, 자갈, 모래 및 물을 혼합하여 만들어지는 혼합체로써 다양한 특징을 가지고 있다. 그러나 필요에 의해서 장기 강도가 요구되거나 사용되는 물의 양을 줄여야 할 필요가 있을 경우 그리고 조기강도가 요구되는 경우, 철근의 부식방지가 요구되는 경우, 시멘트의 사용량을 줄이는 필요가 있을 경우에는 이러한 특징을 발휘할 수 있는 다른 재료의 혼입을 필요로 한다. 이와 같이 콘크리트의 기본 구성 재료 이외에 특수한 성능을 발휘하기 위하여 투입되는 재료를 혼화재료라고 한다.

혼화재료에는 투입되는 재료의 양에 따라 혼화제(混和劑)와 혼화재(混和材)로 구분한다. 혼화제는 콘크리트, 모르타르의 배합 시 시멘트량의 1 % 이하로써 용적에 계산되지 않는 것이며, 주로 화학약품이 많다. 반면 혼화재는 배합 시 5 % 이상의 용적을 차지하고 경우에 따라서는 50 % 이상을 첨가하는 경우도 있으며, 주로 광물질의 분말이 주를 이룬다.

1) 혼화재료의 작용

(1) 발포작용

발포작용이란 계면활성제를 포함한 용액에 공기를 혼입시켜 인위적으로 기포를 생성하게 하는 작용을 말한다. 생성된 기포에 의하여 모르타르와 콘크리트는 경량화가 가능하고, 기포의 볼 베어링 역할을 인하여 워커빌리티가 개선된다. 발포작용은 AE제 계통의 혼화제에서 발생된다.

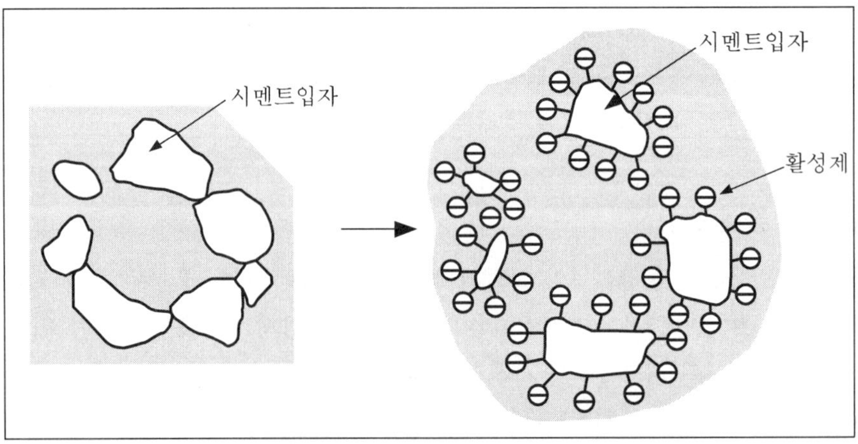

[그림 2.19] 분산작용에 의한 시멘트 입자의 이동과정

(2) 분산작용 : 감수제 계통

응집된 입자를 전기적으로 반발, 분산시켜 시멘트 입자를 서로 분리시킴으로써 유동성을 확보하여 워커빌리티를 크게 개선시킬 수 있는 작용을 말한다. 시멘트 입자가 분산됨으로써 수화작용이 활발하게 일어남으로써 강도증진에도 기여한다. 시멘트 입자의 전기적 분산작용은 그림 2.19에 나타나 있다.

2) 혼화재료의 종류

(1) 혼화제(混和劑)

혼화제는 소량의 첨가로 성능을 개선시킬 목적으로 사용되는 재료이다.

① AE제(Air-entraining admixtures)

AE제는 모르타르나 콘크리트 내부에 미세한 기포(지금 0.025~0.25 mm)를 발생시켜 유동성을 좋게 하는 작용을 한다. 이 기포가 시멘트 입자를 잘 유동하게 함으로써 작업성을 좋게 하고, 특히 고층 건축물의 콘크리트 펌핑작업 시에 재료분리 없이 높은 곳까지 콘크리트의 펌핑 타설에 용이하다. 콘크리트 내부에 발생된 기포는 겨울철 콘크리트의 동결에 대한 위험성을 줄여주는 특징도 가지고 있다. 즉 겨울철 콘크리트 내부 수분 동결에 의한 팽창압력을 기포가 완화시켜주는 특징이 있기 때문이다. AE제는 콘크리트 내부에 기포를 발생시켜 움직이게 하는 특징이 있으므로 공기연행제(空氣連行濟)라고도 한다.

② 감수제, AE감수제(Water-reducting admixtures)

모르타르나 콘크리트의 배합에는 반드시 물이 있어야한다. 물은 콘크리트의 혼합을 위해서도 필요하고, 수화작용을 통하여 강도발생에도 절대적으로 있어야 하며, 타설을 위한 시공연도 확보에도 반드시 있어야만 한다. 그러나 물을 과다 사용하게 되면 시공성 향상은 가능하지만 강도와 내구성 측면에는 바람직하지 않다. 따라서 시공성 향상, 품질개선 및 내구성 증진을 위해서는 사용되는 물의 양을 줄이는 것이 바람직하다. 이와 같은 목적을 달성하기 위하여 사용되는 혼화제가 감수제, AE감수제이다.

감수제는 콘크리트 중의 시멘트 입자를 분산시킴으로써 콘크리트 시공연도를 확보하기 위해 필요한 단위수량을 줄일 수 있다.

AE감수제는 감수제의 작용과 더불어 콘크리트 내부에 기포를 연행함으로써 작업성을 개선시킬 수 있는 혼화제이다. 감수제와 AE감수제에서는 AE제에서 발생되지 않는 응결, 경화시간을 조절할 수 있는 성분을 포함하고 있으므로 응결변화가 없는 것을 표준형, 응결의 지연이 가능한 지연형 그리고 응결이 촉진되는 촉진형이 있으며, 각각의 조건에 맞는 감수제와 AE감수제를 선택할 수 있다.

감수제와 AE감수제는 다음과 특징을 가지고 있다.

- AE제에 비하여 감수제와 AE감수제는 단위수량을 6~10 % 줄일 수 있으며, 단위시멘트량을 6~10 % 정도 감소시킬 수 있다.
- 동결융해에 대한 저항성이 향상된다.
- 건조수축이 감소되고, 수밀성이 향상된다.

③ 고성능감수제, 유동화제(Superplasticizer)

고성능감수제는 시멘트의 분산시키는 작용이 일반 감수제보다 훨씬 우수하다. 따라서 단위수량을 대폭 감소시킬 수 있는 특징이 있으며, 유동화제는 미리 혼합된 상태에서 첨가함으로써 원하는 유동성을 확보하는 것이 주목적인 혼화제이다. 유동화제를 혼입한 콘크리트를 유동화콘크리트라고 한다.

④ 촉진제(Accelerator)

시멘트의 수화반응을 촉진시켜 조기에 콘크리트의 압축강도 확보를 주목적으로 사용하는 혼화제이다. 촉진제로서는 염화칼슘 또는 염화칼슘이 혼입된 감수제가 사용되지만, 염화칼슘 자체가 철근콘크리트내부의 철근 부식을 야기할 수 있기 때문에 적합한 사용량이 필요하다. 염화칼슘의 양은 시멘트 중량에 대해 약 2 % 이하를 사용한다. 최근에는 철근부식의 우려때문에 비염소계의 촉진제 개발이 진행되고 있다.

⑤ 지연제(Retarder)

지연제는 콘크리트 수화반응을 지연시킴으로써 응결과 경화시간을 지연시키고자 하는 목적으로 사용되는 혼화제이다. 지연제는 서중콘크리트의 워커빌리티 저하방지 그리고 여름철의 레디 믹스트 콘크리트의 운반시간 단축 등에 효과가 있다.

⑥ 급결제(Quick-setting agent)

누수방지용 시멘트 페이스트, 지수공사(지수공사) 등에는 급격한 강도 발현이 요구된다. 이러한 경우에 급결제가 사용되며, 시멘트의 응결시간이 수십 초 정도로 빨라진다. 급결제를 사용하면 재령 1~2일의 강도증진은 매우 빠른 반면, 장기강도는 느리다.

⑦ 방청제(Corrosion-inhibiting agent)

일반적으로 콘크리트는 수화반응을 거친 이후는 강한 알칼리성을 띠게 된다. 따라서 콘크리트에 매입된 철근은 부동태피막에 의해서 부식의 염려가 없어지게 된다. 그러나 경년변화에 따른 중성화와 외부로부터 침투된 염화칼슘 등으로 인하여 철근은 부식의 우려가 발생된다. 이러한 경우를 대비하기 위하여 첨가되는 혼화제가 방청제이다. 방청제의 주성분은 아황산소다, 인산염, 염화제1주석 등이 있다. 방청제는 부동태피막을 강화하는 것과 산소를 소모시키거나, 염소이온과의 결합하여 부식을 방지하거나, 콘크리트의 내부를 더욱더 치밀하게 함으로써 부식성 물질의 침투를 방지하는 작용이 있다.

(2) 혼화재(混和材)

시멘트 중량 대비 5 % 이상의 많은 양을 혼입함으로써 소정의 특성을 발휘할 수 있는 재료를 의미하여 광물질이 다수를 차지하고 있다.

① 포졸란(Pozzolan)

이탈리아의 화산재 주생산지로 유명한 포졸리나(Pozzoli) 지방에서 많이 생산된다고 해서 붙여진 이름으로, 실리카질인 이산화규소(SiO_2)를 주성분으로 형성된 재료이다. 실리카질은 시멘트 수화반응의 결과물인 수산화칼슘($Ca(OH)_2$)과 반응하여 불용성 물질을 만들어낸다. 이 불용성 물질은 콘크리트 내부의 미세한 틈을 채워줌으로써 장기 강도 증진에 기여한다.

포졸란을 사용한 콘크리트는 다음과 같은 특징을 가지고 있다.

- 초기강도가 낮고, 장기 강도가 높다.
- 내구성과 수밀성이 좋으며, 화학적 저항성이 높다.
- 많이 사용하는 경우는 콘크리트 중성화의 우려가 있다.

② 플라이애쉬(fly ash)

플라이애쉬는 화력발전소의 열원으로 사용되는 석탄의 재를 집진시설을 이용하여 포집하여 생산한 구형의 부산물이다(그림 2.20).

플라이애쉬를 사용한 콘크리트의 특징은 다음과 같다.

- 입자가 구형이므로 워커빌리티가 개선된다.
- 수화반응결과물과 반응함으로써 초기강도는 낮고 장기강도가 증진된다.
- 콘크리트 공극을 충전함으로써 수밀성과 내구성이 증진된다.
- 수산화칼슘과의 반응으로 저알칼리 시멘트의 효과가 나타난다. 장기적으로는 중성화가 우려가 있을 수 있다.

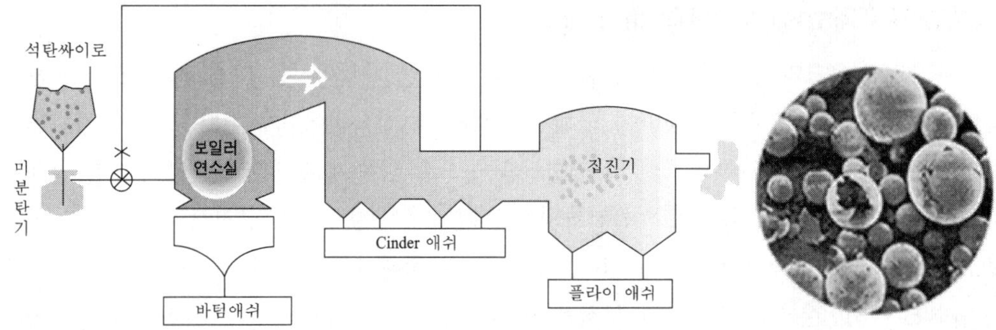

[그림 2.20] 플라이생산과정 및 플라이애쉬 입자

③ 고로슬래그(furnace slag)

철광석에서 강(鋼)을 만드는 과정 중에서 선행되는 제선(製銑)과정의 부산물로 생산되는 것이 고로 슬래그이다. 제선과정이란 강을 만들기 이전인 선철을 만드는 과정으로써, 철광석과 코커스 및 석회석을 고로의 상부로 투입하게 되며, 고로 하부에서는 고온의 열풍을 불어넣어 철광석을 용융시킨다. 이런 과정을 통하여 철광석은 철의 성분과 암석의 기타 성분으로 분해되고, 철 성분은 고로의 맨 하부로 가라앉게 되고, 암석의 기타성분인 이산화규소(SiO_2)와 삼산화제이알루미늄(Al_2O_3) 등이 석회석에 포함된 산화칼슘(CaO)과 반응하여 고로의 위부분에 떠 있게 된다. 고로의 위부분에 떠있는 용융상태의 암석 덩어리를 밖으로 배출하고, 냉각시켜 일정한 크기로 분쇄한 것이 고로슬래그(slag)이다.

슬래그를 냉각시키는 방법에 따라 표 2.20과 같은 용도로 사용되게 된다.

[표 2.20] 고로 슬래그의 용도

종 류	용 도
서냉 슬래그	도로 포장용, 콘크리트용 골재
급냉 슬래그	고로시멘트용

고로 슬래그를 사용한 경우의 장점은 다음과 같다.

- 수화반응결과물과 반응함으로써 장기강도가 높다.
- 수화발열속도가 늦어지고, 수밀성이 증진된다.
- 수밀성이 증대되고, 내해수성과 내화학약품성이 증진된다.
- 알칼리골재반응의 억제효과가 발생된다.

④ **실리카흄(Silica fume)**

실리카 흄은 페로실리콘이나 실리콘 금속 등의 규소합금을 전기로에서 생산할 때 발생되는 폐가스를 집진하여 얻어지는 부산물이다. 입형은 구형이며 초미립자이다(그림 2.21). 분발도는 시멘트의 50~60배 정도인 20 m^2/g이므로 배합 시에는 많은 물이 필요로 하게 된다. 따라서 실리카흄을 이용한 고강도 콘크리트를 만들기 위해서는 고성능 감수제의 사용이 필요하게 된다.

[그림 2.21] 실리카흄의 형태

실리카 흄을 사용했을 경우의 장점은 다음과 같다.

- 시멘트 중량의 5~15 %를 치환하면 치밀한 구조가 됨으로써 고강도의 콘크리트 생산이 가능하다.
- 장기강도가 높고, 수밀성과 내구성이 증진된다.
- 알칼리 골재반응이 억제되고, 내화학약품성이 높아진다.

4. 콘크리트

콘크리트는 시멘트, 자갈, 모래 및 물을 혼합하여 경화됨으로써 소정의 압축강도를 발휘하는 구조재료이다. 현재 콘크리트는 고층 건축물, 중저층 건축물 등을 포함하는 모든 구조물의 기본 재료로 활용되고 있으며, 재료 확보와 시공 그리고 유지관리 측면에서 매우 우수한 재료이다.

시멘트와 물에 의한 혼합체를 시멘트 페이스트(cement paste)라고 하고, 시멘트와 모래의 혼합체를 모르타르(mortar)라고 하며, 이 두 가지 모두 콘크리트의 일종이다.

콘크리트의 장점은 높은 압축강도를 가지고 있으므로 구조체의 압축력을 받는 부재에 적합하다. 그러므로 기둥과 벽체 등의 압축부재에 직접적인 사용이 가능하고, 보부재와 바닥슬래브와 같은 휨부재의 압축응력 부분에도 사용이 가능하다. 따라서 건축물의 모든 부분에 사용이 가능함을 알 수 있다.

콘크리트는 물과의 혼합체이므로 페이스트 상태로 타설되고, 압축강도의 평가는 일정한 크기의 시험체를 제작하여 이루어진다(그림 2.22).

[그림 2.22] 굳지 않은 콘크리트와 콘크리트 공시체 제작

콘크리트의 성질은 경화되기 전의 굳지 않은 콘크리트와 경화 후인 경화 콘크리트로 구별된다.

1) 굳지 않은 콘크리트의 성질

굳지 않은 콘크리트는 수화반응의 과정을 거치면서 일정한 강도를 나타낼 때까지를 의미한다. 이때에는 시공하기까지의 작업성에 큰 비중을 둔다. 굳지 않은 콘크리트의 성질에는 타설의 용이성을 평가할 수 있는 반죽질기(consistency), 워커빌리티(workability), 슬럼프(slump), 블리딩(bleeding), 재료분리 등이 포함된다.

(1) 반죽질기(consistency)와 워크빌리티(workablity)

시멘트와 물 그리고 골재 등으로 구성되는 콘크리트는 타설 직후까지 반죽 상태를 유지하고 있으며, 반죽의 질고 무른 상태를 반죽질기라고 한다. 즉 반죽질기는 물의 함유상태에 비례한다. 반죽질기의 정도(程度)는 슬럼프 시험으로 이루어진다.

워커빌리티는 반죽질기에 따라서 콘크리트 타설과정에서의 작업 용이성과 재료분리에 저항하는 능력을 의미한다. 워커빌리티는 콘크리트의 반죽질기에 좌우되지만, 묽은 콘크리트라고 반드시 워커빌리티가 좋다고 할 수는 없다. 묽은 콘크리트는 상대적으로 재료분리가 발생될 가능성이 높기 때문이다. 따라서 좋은 워커빌리티를 확보하기 위해서는 적당한 반죽질기를 유지할 필요가 있다. 워커빌리티를 정량적으로 평가하는 방법은 현재 없지만, 슬럼프 시험에 의한 결과가 일반적으로 적용되고 있다.

기타 워커빌리티에 관련된 사항은 성형성(plasticity)와 펌핑성(pumpabilty)이 있다. 성형성은 콘크리트를 일정한 형태의 거푸집에 쉽게 다져 넣을 수 있고, 거푸집 해체 이후 재료 분리 없이 일정한 형태를 유지할 수 있는 성질을 의미한다. 그리고 펌핑성은 펌프카와 연결 배관에 의해서 고소 운반, 타설될 때 콘크리트의 재료분리가 발생되지 않고, 점성을 유지한 채로 타설되는 성질을 의미한다.

① 슬럼프(slump)

콘크리트의 반죽질기와 워커빌리티를 측정하는 방법으로 사용되는 슬럼프 시험은 한국산업규격 콘크리트의 슬럼프 시험방법(KS F 2402, 2012)에 규정되어 있으며, 콘크리트의 배합과 현장에서의 콘크리트 품질확인을 목적으로 많이 사용되고 있다(그림 2.23).

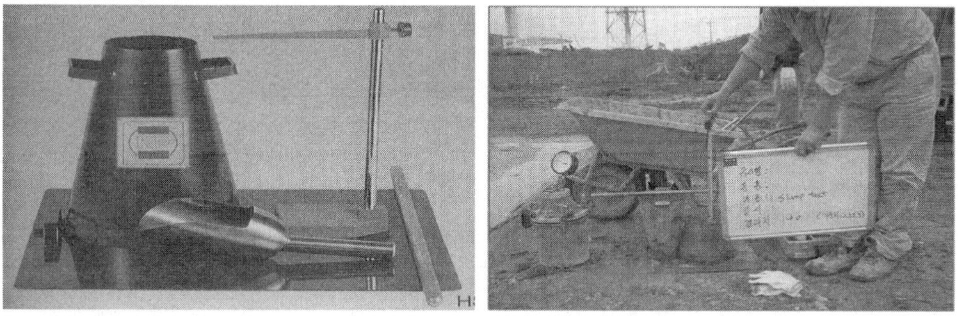

[그림 2.23] 슬럼프 시험기기와 시험광경

슬럼프 시험방법을 간단히 설명하면 다음과 같다.

- 평판을 편평한 바닥에 수평이 되게 놓고 슬럼프 콘을 수직되게 설치하고, 양발로 슬럼프 콘을 고정시킨다. 그리고 슬럼프 콘을 들어 올릴 때까지 움직이지 않는다.
- 콘크리트 시료를 슬럼프 콘의 1/3 높이가 되게(1층) 투입하고, 다짐봉으로 25회씩 균등하게 다진다. 이 때 다짐봉이 바닥에 닿지 않도록 주의한다.
- 콘크리트 시료를 슬럼프 콘의 2/3지점까지 되도록 투입하고, 다짐봉으로 25회 균등하게 다진다.

- 마지막으로 콘크리트 시료를 콘의 맨 윗부분까지 닿도록 투입하고, 다짐봉으로 25회 균등하게 다진 후 흙손 등으로 상부를 마무리한다.
- 슬럼프 콘을 수직으로 일정하게 들어 올려서 내부의 콘크리트가 하부로 흘러내릴 수 있도록 한다.
- 슬럼프 측정자 등을 이용하여 흘러내린 콘크리트의 높이를 측정한다. 이때 흘러내린 콘크리트의 높이(cm)가 슬럼프가 된다.

건축물 각 부재별 슬럼프의 표준값은 다음 표 2.21과 같다.

[표 2.21] 부재별 표준 슬럼프값

(단위 : cm)

장 소	진동다짐이 아닐 때	진동다짐일 때
기초·바닥판·보	15~18	5~10
기둥·벽	18~21	10~15

② 공기량(amount of air)

콘크리트 내부에 포함된 공기량은 콘크리트의 반죽질기와 워커빌리티에 영향을 준다. 일반 콘크리트의 내부에는 약 1~2 %의 공기량이 포함되어있고, AE콘크리트는 4 % 정도의 공기량을 포함한다. 일반적으로 공기량 1 % 증가는 슬럼프 2.5 cm의 증가를 유발한다. 공기량이 콘크리트 내부에 표준이상으로 존재할 경우에는 압축강도가 상대적으로 감소하게 됨으로 콘크리트의 품질에는 악영향을 미치게 된다. 따라서 콘크리트 내부의 공기량의 측정은 콘크리트의 반죽질기와 워크빌리티에 중요한 요소로 평가되고 있으며, 콘크리트의 배합설계과정과 현장 콘크리트의 품질 확인을 위해서는 공기량 측정이 필수적이다.

콘크리트 내부의 콘크리트 측정을 위해서는 워싱턴 에어미터(그림 2.24)가 사용되고 있으며, 그 측정방법은 슬럼프 측정방법과 유사하다. 즉 워싱턴 에어미터의 1/3높이마다 측정시료를 채워놓고 25회씩 다짐봉으로 일정하게 다져놓은 후, 워싱턴 에어미터의 뚜껑을 닫고, 계기판의 붉은 지점까지 압력을 높인다. 그리고 일시적으로 내부의 공기를 빼면 콘크리트 내부에 갇혀 있는 공기량이 워싱턴 에어미터의 계기판에 표시된다.

[그림 2.24] 워싱턴 에어미터

(2) 재료분리

굳지 않는 상태에서 콘크리트가 타설된 후 일정 시일이 경과된 이후에 강도가 발현되고 28일 이후에는 소정의 압축강도가 발현된다. 그러나 굳지 않은 상태의 콘크리트가 경화되기 전까지 이동과 타설과정 그리고 양생 과정을 통하여 각 재료의 비중 차이로 인하여 각 재료 간의 위치이동을 발생될 수 있다. 이를 재료분리라고 한다(그림 2.25).

[그림 2.25] 골재의 재료분리 현상

콘크리트 타설 이후 거푸집을 탈형하였을 때, 골재만 모여 있는 경우가 나타나게 되면 재료분리가 발생된 것으로 평가할 수 있으며, 이 경우에는 콘크리트의 압축강도가 제대로 발현되지 못하였기 때문에 구조적 결함이 발생될 수 있다. 따라서 콘크리트 자체의 내력성도 떨어지게 되며, 방수 그리고 미관을 손상시키게 된다.

콘크리트의 재료분리는 다양한 조건하에서 발생될 수 있으며, 일반적으로는 배합설계의 부적확성, 각 재료혼합의 불충분성, 각 재료의 혼합이후 이동시간의 과다, 다지기의 불충분 등 다양하다. 따라서 콘크리트의 타설 시에는 재료의 혼입, 운반 및 타설 전 공정에 거쳐서 세심한 주의를 하여야 한다.

① 블리딩(bleeding)

블리딩은 콘크리트 타설 이후 콘크리트 내부에 있던 수분이 모세관 현상으로 표면으로 떠오르는 현상을 말한다. 블리딩도 재료분리의 일종으로 블리딩이 많이 발생되면 콘크리트 내부에 공극이 다수 발생되어 내구성과 강도 측면에 불리하다.

블리딩을 방지하기 위해서 단위수량을 줄이고, 입도가 좋은 골재를 사용하여야 한다.

② 레이턴스(laitance)

콘크리트 내부의 불순물이 블리딩 현상으로 물과 함께 콘크리트 표면에 떠오른 이후, 침전된 물질을 말한다. 레이턴스 그자체로는 강도가 없다. 따라서 레이턴스 제거 없이 이어치기 등을 하게 되면 부착력이 약화될 수 있다.

(3) 초기균열

콘크리트 타설 이후 응결이 종료되기 전까지 발생되는 균열을 초기균열이라고 하며, 통상적으로 타설 1일 이내의 균열을 의미한다. 초기균열은 타설 후의 건조수축, 침하균열, 거푸집의 변형, 진동 등으로 발생될 수 있다.

건조수축은 콘크리트 타설 이후 급격한 수분 증발이 발생하였을 경우, 표면 수축에 의한 인장력이 콘크리트의 인장응력을 초과하게 되면 발생된다. 따라서 건조수축을 방지하기 위해서는 콘크리트 타설 초기에 급격한 수분 증발을 방지하기 위한 조치가 요구되고, 건조수축균열이 발생되었을 경우에는 쇠흙손 등으로 표면 마무리를 해주어야 한다.

침하균열은 콘크리트 표면 가까이에 있는 철근 또는 큰 골재 등이 콘크리트의 침하를 방해하면서 발생된다(그림 2.26). 침하균열이 발생되었을 때는 쇠흙손 등으로 표면 마무리를 해주면 회복된다.

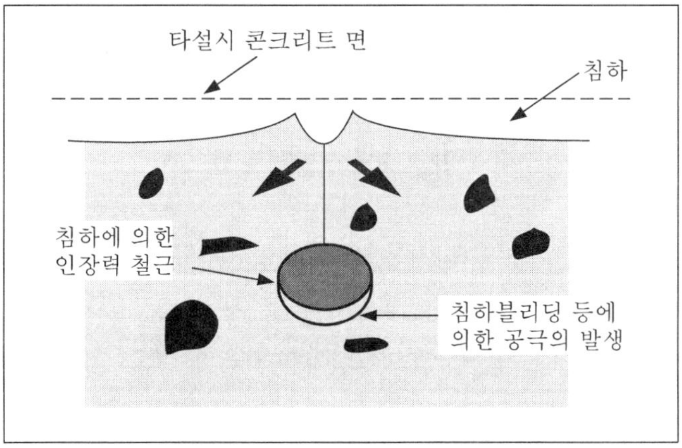

[그림 2.26] 침하균열 발생 메커니즘

2) 경화 콘크리트의 성질

콘크리트가 구조재료로써 사용되기 위한 각종 성질은 수화반응 이후인 강도 발현 이후 시기에 형성된다. 경화 콘크리트의 성질에는 하중에 견디기 위한 압축강도를 비롯한 각종 강도(强度), 탄성과 소성, 내구성, 중량 등이 포함된다.

(1) 강도(strength)

강도는 외부로부터 작용하는 힘에 견디는 저항의 능력을 의미하고, 압축방향의 힘에 저항하는 압축강도와 인장방향에 저항하는 인장강도, 휨에 저항하는 휨강도, 전단력에 저항하는 전단강도 그리고 콘크리트와 철근 등의 결합력을 평가하는 부착강도 등이 있다.

① 압축강도(compressive strength)

콘크리트의 강도는 일반적으로 압축강도를 의미한다. 이는 콘크리트의 압축강도가 인장강도와 전단강도에 비해서 훨씬 크기 때문이다. 콘크리트의 압축강도는 한국산업규격 콘크리트의 압축강도 시험(KS F 2405, 2010)에 따라 평가되며, 콘크리트의 압축강도는 재령 28일의 공시체를 만능재료시험기를 이용하여 측정한다(그림 2.27).

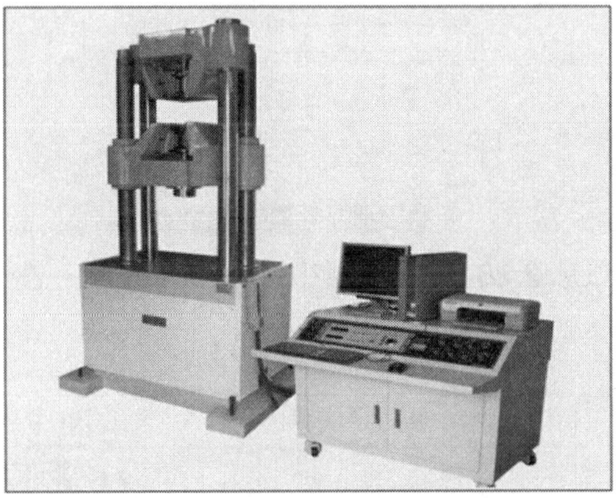

[그림 2.27] 만능재료시험기

압축강도는 계산은 공시체에 작용되는 최대하중을 해당 공시체의 단면적으로 나눈 값으로 이루어진다(식 2.9).

$$\sigma_c = \frac{P}{A} \qquad \text{(식 2.9)}$$

여기서, σ_c : 콘크리트의 압축강도(kgf/cm^2)

P : 최대하중(kgf)

A : 공시체의 단면적(cm^2)

콘크리트의 압축강도에 영향을 미치는 요소는 다음과 같다.

- 재료의 품질(시멘트, 골재(그림 2.28))
- 배합(물시멘트비, 단위시멘트량 등)
- 시공방법(비빔과 다짐)
- 양생방법(습식, 건식, 증기양생 등 그림 2.29)
- 시험방법(재하속도(그림 2.30), 공시체의 크기 등)

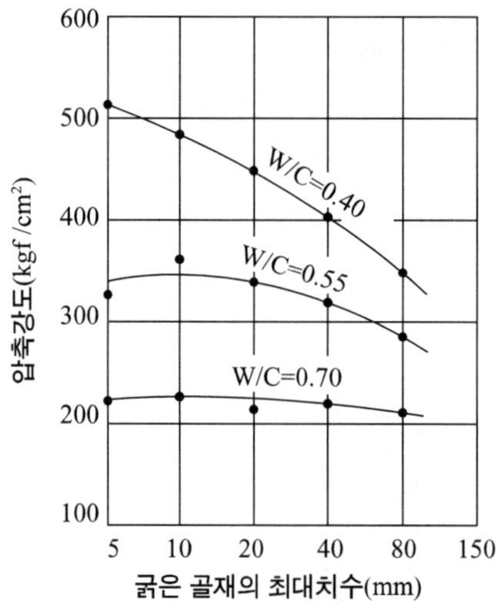

[그림 2.28] 굵은 골재가 압축강도에 미치는 영향

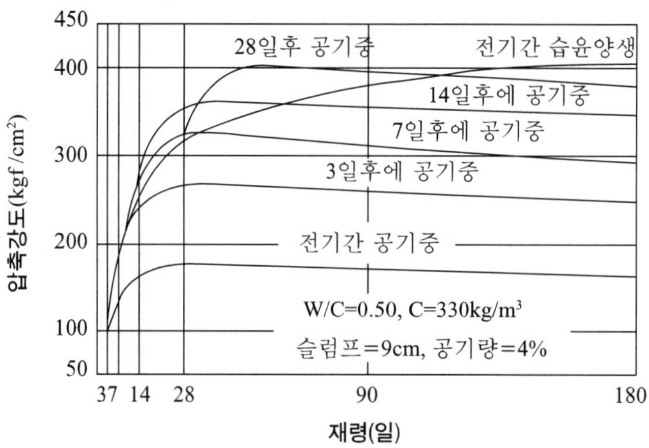

[그림 2.29] 양생방법에 따른 압축강도 변화

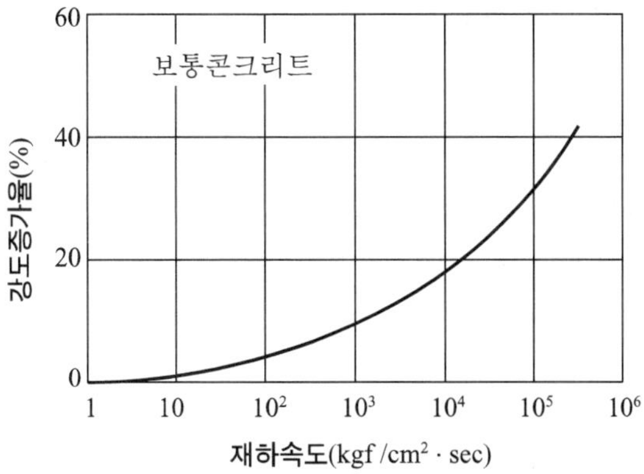

[그림 2.30] 재하속도에 따른 압축강도

② 인장강도(tensile strength)

콘크리트의 인장강도는 압축강도에 비해서 약 1/10 수준이다. 따라서 구조부재의 해석에서는 콘크리트의 인장강도가 0이라고 가정하고 단면을 설계한다.

콘크리트의 인장강도 시험은 콘크리트의 쪼갬 인장강도 시험(KS F 2423, 2011)에 의해서 수행되며 원주형 공시체를 옆으로 뉘여 놓고 압축방향으로 시험한다(그림 2.31).

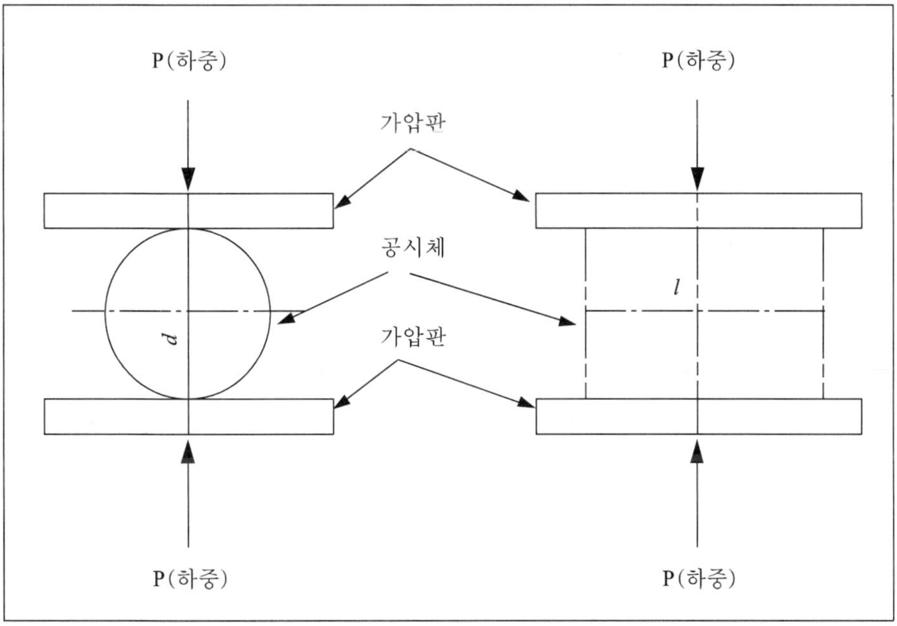

[그림 2.31] 콘크리트 인장강도 시험

콘크리트 인장강도는 다음 식 2.10으로 계산한다.

$$\sigma_t = \frac{2P}{\pi d\ell} \qquad \text{(식 2.10)}$$

여기서, σ_t = 콘크리트 인장강도(kgf/cm²)

P = 최대하중(kgf)

d = 공시체 지름(cm)

ℓ = 공시체 길이(cm)

③ 휨강도(bending stress)

콘크리트의 휨강도는 일정한 길이를 가진 장방향 보 형태의 공시체를 제작한 후 중앙 집중하중 또는 3등분점 재하를 통하여 최대모멘트(최대하중×작용거리)를 도출하고, 이를 공시체의 단면계수로 나누어 계산한다(식 2.11).

$$\sigma_b = \frac{M}{Z} = \frac{P\ell}{\frac{bh^2}{6}} \qquad \text{(식 2.11)}$$

여기서, σ_b = 콘크리트 휨강도(kgf/cm²)

M = 모멘트(kg · m)

Z = 단면계수(cm³)

P = 최대하중(kgf)

b = 공시체 폭(cm)

h = 공시체 높이(cm)

ℓ = 지점과 재하점간의 거리(cm)

④ 전단강도(shear stress)

콘크리트의 전단강도의 도출은 장방향 보의 시험체를 제작한 후 시험체에 직접 전단력이 작용하도록 시험 설계를 한 후 최대하중을 도출하고, 이를 보의 단면적으로 나누어서 계산한다(식 2.12).

$$\sigma_s = \frac{P}{A} \qquad \text{(식 2.12)}$$

여기서, σ_s : 콘크리트의 전단강도(kgf/cm²)

P : 최대하중(kgf)

A : 공시체의 단면적(cm²)

⑤ 부착강도

부착강도는 콘크리트와 다른 재료와의 결합력 능력을 평가하는 단위이며, 대부분 철근과의 부착력 크기가 관건이 된다. 콘크리트 압축강도에 대한 이형철근과 원형철근의 부착강도 크기는 다음 그림 2.32와 같다. 이형철근은 표면에 마디와 리브가 형성되어 있어 원형철근보다 콘크리트와의 부착력이 크다.

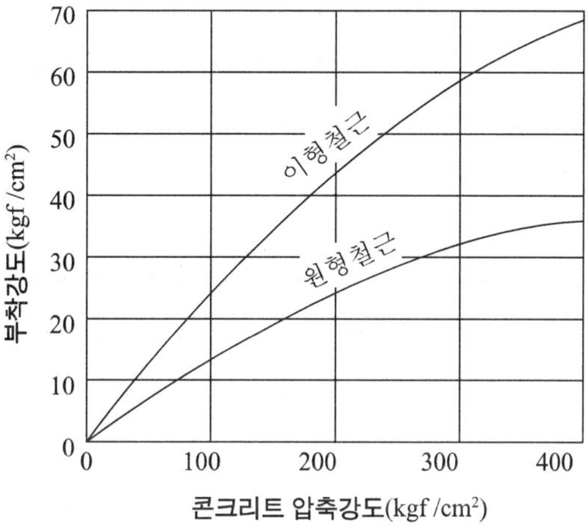

[그림 2.32] 콘크리트 압축강도와 부착강도와의 관계

(2) 탄성(elasticity)과 소성(plasticity)

어떤 물체에 외부로부터 힘이 작용하였을 때 그 물체는 응력과 변형이 발생된다. 응력은 물체 내부에서 외부로부터의 힘에 저항하기 위해 발생되는 저항을 의미하고, 응력의 크기는 작용하는 힘을 물체의 단면적으로 나누어 계산한다(식 2.13). 변형은 물체의 원래 길이에서 변화된 길이에 대한 비율을 의미한다(식 2.14).

$$\sigma = \frac{P}{A} \qquad \text{(식 2.13)}$$

여기서, σ : 응력 (kgf/cm^2)

P : 최대하중(kgf)

A : 공시체의 단면적(cm^2)

$$\epsilon = \frac{\Delta \ell}{\ell} \qquad \text{(식 2.14)}$$

여기서, ϵ : 변형(%)

$\Delta \ell$: 늘어난 길이(cm)

ℓ : 공시체의 원래 길이(cm)

이와 같은 모든 물체는 외부로부터의 힘에 응력과 변형이 발생되는데, 작용하는 힘을 제거했을 때 물체의 변형이 "0"이 되는, 즉 초기 상태로 되돌아가는 성질을 탄성이라고 하고, 물체의 변형이 남아있는 성질을 소성이라고 한다.

① 응력-변형 곡선

콘크리트는 시멘트와 골재 등의 여러 재료가 복합적으로 작용하여 응력이 발생되므로 초기부터 탄성체가 되지 못하고 소성의 형태를 띠게 된다. 즉 만능재료시험기를 이용하여 압축강도 시험을 하게 되면 처음부터 곡선의 형태를 띠게 된다는 것이다(그림 2.33).

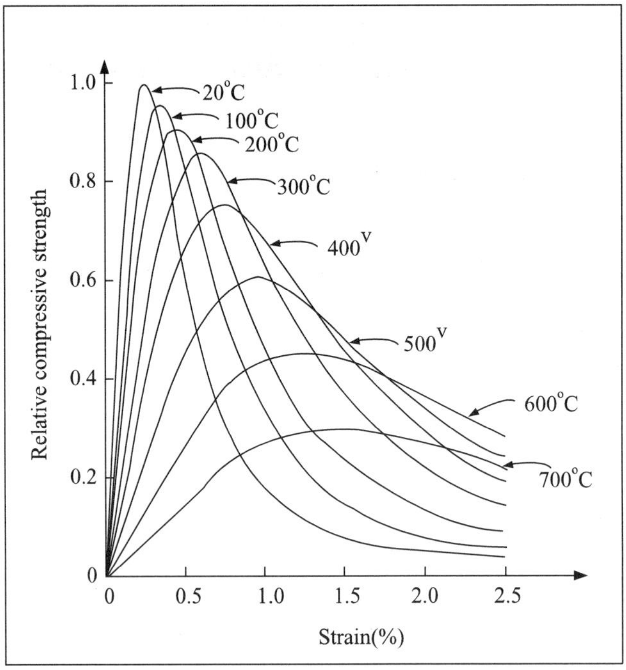

[그림 2.33] 콘크리트 응력-변형도 곡선

② 탄성계수(elastic modulus)

탄성계수는 응력과 변형의 기울기를 의미한다. 즉 어떤 물체에 힘이 작용하였을 경우, 변형되기 어려운 정도를 나타낸다.

콘크리트의 구조계산에 적용되는 탄성계수는 할선탄성계수(secant modulus)를 사용하고 있다. 콘크리트는 재료 그 자체가 탄성체가 아니기 때문에 가장 탄성구간에 근접되는 곡선을 직선으로 간주하여 탄성계수를 구한다. 따라서 원점과 응력－변형도 곡선에서의 임의의 점까지의 한 점을 설정하여 그 두 점을 연결한 직선의 기울기를 할선탄성계수로 설정한다(식 2.15).

$$E_c = \frac{\sigma_p}{\epsilon_p} \qquad \text{(식 2.15)}$$

여기서, E_c : 할선탄성계수

σ_p : 응력－변형도 곡선상의 임의점 P에서의 응력(kgf/cm^2)

ϵ_p : 응력－변형도 곡선상의 임의점 P에서의 변형

콘크리트의 탄성계수는 일반적으로 (1.0~4.0) kgf/cm^{2}의 범위에 있고, 철근콘크리트 규준에서는 식 2.16을 사용하고 있다.

$$E = 2.1 \times 10^5 X(\rho/2.3)^{1.5} \sqrt{F_c/200}\ (\mathrm{kgf/cm^2}) \qquad \text{(식 2.16)}$$

여기서, E : 탄성계수

ρ : 밀도

F_c : 콘크리트의 압축강도

③ 프와송비(poisson's ratio)

각종 구조재료의 특성상 하중이 작용하는 방향으로도 변형이 발생되고, 또한 하중 작용의 직각방향으로도 변형이 발생되게 된다. 이와 같은 특성은 각 재료마다 달리 나타나게 되는데 이를 프와송비라고 한다(식 2.17). 프와송비의 역수를 프와송 수(m)라고 한다.

구조용 강재는

$$\nu = \frac{\epsilon_t}{\epsilon_a} \qquad \text{(식 2.17)}$$

여기서, ν = 포와송 비

ϵ_a = 축방향 변형량

ϵ_t = 축방향의 직각 방향 변형량

프와송 수의 각 변형량의 크기는 다음 그림 2.34와 같고, 축방향 변형량의 크기는 다음 식 2.18과 같고, 축방향의 직각 방향에 대한 변형량의 크기는 식 2.19와 같다.

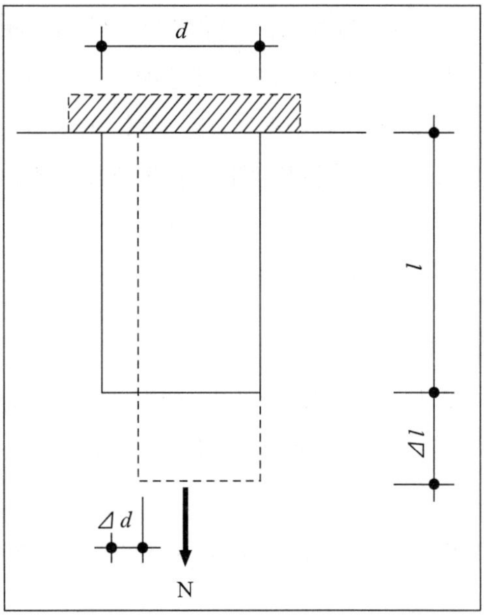

[그림 2.34] 각 변형량의 크기

$$\epsilon_a = \frac{\Delta\ell}{\ell} \qquad \text{(식 2.18)}$$

여기서, ℓ = 초기의 길이
$\Delta\ell$ = 변형된 길이

$$\epsilon_t = \frac{\Delta d}{d} \qquad \text{(식 2.19)}$$

여기서, d = 초기의 길이
Δd = 변형된 길이

콘크리트의 압축시험을 할 경우의 프와송비는 1/5~1/7 수준이고, 강재의 인장시험에서는 1/3 정도를 나타낸다.

④ 내구성(durability)

콘크리트 경화 이후의 다양한 기후조건의 변화와 시간경과에 따라서 콘크리트는 점차 그 내력적 성능을 잃게 된다. 이러한 성능저하를 내구성 저하라고 표현한다. 콘크리트의 내구성에 영향을 미치는 요소로는 동결융해, 중성화, 화학약품, 해수의 영향 등을 들 수 있다.

가. 동결융해

콘크리트의 내부에는 수화작용을 거친 이후 내부의 미세한 공극(pore)에는 많은 자유수가 함유되어 있다. 이러한 수분은 콘크리트 구조물의 주변 환경 변화에 따라 얼거나 녹는 등 기후조건에 직접적으로 영향을 받게 된다. 자유수가 얼게 되면 부피가 늘어남에 따라 주변에는 균열이 발생된다. 이 균열 자체로 인하여 콘크리트의 강도저하가 발생되고, 균열로 인하여 외부로부터의 수분 침투가 가능해져 철근의 부식 발생과 시간 경과에 따른 부식의 확대로 인하여 균열 발생 등 구조물 전체 안정성에 악영향을 미치게 된다.

동결융해를 방지하기 위해서는 AE제 사용함으로써 팽창에 의한 압력을 최소화하고, 콘크리트 타설 시에는 수분을 최대한 억제하는 배합설계를 강구한다.

나. 중성화

콘크리트가 공기 중에 노출됨에 따라, 수화반응 결과물인 수산화칼슘($Ca(OH)_2$)이 공기 중의 이산화탄소와 결합하여 탄산칼슘이 만들어진다. 이 과정에 의하여 콘크리트 자체의 알칼리 성질이 점차적으로 중성으로 변해져 가며, 이 과정을 콘크리트의 중성화라고 한다. 물론 중성화 과정은 장기간에 거쳐서 일어나는 현상으로 육안으로는 확인하기가 어렵다.

중성화가 진행되면 알칼리 성분이었던 콘크리트가 점차적으로 중성으로 변화되기 때문에 부동태피막이 점차적으로 사라져 버린다. 따라서 부동태 피막에 의해서 부식으로부터 보호를 받던 철근에 녹이 발생할 수 있다.

중성화를 방지하기 위해서는 수밀성이 높은 콘크리트를 타설하여 외부와의 차단을 유지하거나, 철근의 피복두께를 증가시킨다.

중성화의 판단은 페놀프탈레인 용액 1 %의 에탄올 용액을 해당 부위에 뿌려서 색깔의 변화로 판단하게 되며, 중성화가 진행되지 않은 부분은 선홍색을 띠게 된다.

다. 화학약품

산, 알칼리, 염류 등에 콘크리트가 노출되면 수화반응의 결과물과 이차 반응을 일으켜 부식, 팽창 그리고 균열발생 등 구조적으로 불리한 현상이 발생된다. 따라서 이러한 물질이 콘크리트와 결합되지 않도록 주의한다.

라. 해수작용

염분은 콘크리트 내부에 구조적 역할을 하는 철근에 부식을 발생시킴으로써 구조적 성능 저하를 유발시킨다. 따라서 해양환경에 노출되는 콘크리트의 경우는 해수에 강한 슬래그시멘트를 사용하여 수밀한 콘크리트를 타설하거나, 철근의 피복두께를 증가시켜 부식의 우려를 감소시켜야 한다.

⑤ 중량(weight)

콘크리트의 중량은 사용되는 골재의 종류에 주로 좌우되지만, 굵은 골재의 최대치수, 배합 및 현장의 습윤상태에 따라서도 달라질 수 있다. 일반적으로 보통 콘크리트의 중량은 기건비중으로 2.3 t/m^3 정도이고, 경량콘크리트는 2.0 t/m^3 이하의 수준이다. 보통 콘크리트보다 무거운 콘크리트는 중량콘크리트라고 하고, 보통콘크리트보다 가벼운 콘크리트를 경량콘크리트라고 부른다.

3. 각종 콘크리트의 종류

1) 무근콘크리트(normal nonreinforced concrete)

철근 등의 구조용 보강재가 포함되지 않은 콘크리트를 의미하며, 주로 버림콘크리트, 밑창 콘크리트용 및 아스팔트 방수의 누름 콘크리트용으로 사용된다(그림 2.35).

[그림 2.35] 무근콘크리트

2) 철망보강콘크리트(wire reinforced concrete)

와이어매쉬가 콘크리트에 보강되어 있어 주로 큰 하중이 작용하지 않는 도로포장 등에 사용된다(그림 2.36).

[그림 2.36] 철망보강콘크리트

3) 철근콘크리트(reinforced concrete)

콘크리트는 압축력에 강한 특성을 가지고 있으나, 인장력은 거의 부담하지 못한다. 따라서 구조물에 적용하는 것은 많은 제약이 따를 수밖에 없다. 압축력을 주로 부담하는 기둥과 벽체도 인장력이 동시에 작용하기 때문에 콘크리트 단독으로 사용할 수 없다. 또한 콘크리트 자체는 매우 취성이 강하기 때문에 외력을 받으면 쉽게 부서지는 특성이 있으므로 구조부재에 단독으로 사용하는 것이 매우 불안전하다.

따라서 인장력이 부족한 단점을 보완할 수 있는 재료와의 결합은 필수적이다. 이와 같은 특성을 보완할 수 있는 재료가 철근이다. 철근은 인장력에도 강한 특성이 있으며, 연성재질이므로 파괴 시에도 피난의 시간을 부여해 줄 수 있어 가장 합당한 보완재료로 부각되었으며, 현재까지 건축물의 주요 재료로 사용되고 있다. 철근과 콘크리트는 동일한 열팽창계수와 높은 부착력 등의 장점으로 아주 우수한 건축재료로 활용되고 있다(그림 2.37).

[그림 2.37] 철근콘크리트 구조

4) 철골철근콘크리트(steel reinforced concrete)

대형스팬과 대형공간이 요구되는 건축물에는 철근콘크리트만으로 외력을 부담할 수는 없다. 따라서 H형강 같은 구조용 강재 단면을 사용하고, 그 주변에 철근과 콘크리트로 피복함으로써 새로운 합성부재를 만들 수 있으며, 이 부재가 철골철근콘크리트이다. 철골철근콘크리트는 철골과 철근 그리고 콘크리트의 합성작용이 이루어지므로 높은 하중 지지력을 유지할 수 있고, 구조용 강재단면과 철근의 내화피복을 콘크리트가 부담함으로써 경제성과 시공성이 우수하다(그림 2.38).

[그림 2.38] 철골철근콘크리트 구조

5) 레디믹스트콘크리트(ready mixed concrete)

일반적으로 레미콘이라 불리는 콘크리트로써 미리 혼합되어져 있다는 의미를 가지고 있다. 즉 기계적인 힘으로 시멘트와 자갈, 모래 그리고 혼화재료와 물을 계량해서 믹서트럭에 적재하여 요구되는 장소로 운반되는 콘크리트이다.

필요한 레디믹스트 콘크리트를 주문하기 위해서는 요구되는 콘크리트의 슬럼프값과 굵은 골재 최대치수 그리고 콘크리트 압축강도인 호칭강도를 알아야 한다. 레디믹스트 콘크리트의 종류는 다음 표 2.22와 같다.

[표 2.22] 레디믹스트콘크리트의 종류

콘크리트의 종류	굵은골재 최대치수 (cm)	슬럼프 (cm)	호칭강도(kgf/cm^2)						
			180	210	240	270	300	350	400
보통콘크리트	20	8,12	○	○	○	○	○	○	○
		15,18	○	○	○	○	○	○	○
		21		○	○	○	○		
	40	5,8,12,18	○	○	○	○	○		
경량콘크리트	15,20	8,12,15, 18,21		○	○	○	○		

콘크리트를 짧은 시간에 대량으로 생산하기 위해서는 혼합기인 배처플랜트(batch plant)를 중심으로 시멘트와 모래, 자갈 등을 보관할 수 있는 사일로와 적재함 그리고 이를 배처플랜트로 운송하는 콘베어벨트가 필요하다(그림 2.39)

[그림 2.39] 레디믹스트콘크리트 공장

6) 한중콘크리트(cold weather concrete)

동절기에 콘크리트가 동결될 우려가 있을 경우에 타설되는 콘크리트이다. 즉 타설 후 4주까지 예상되는 하루의 평균기온이 4℃ 이하일 때 사용된다. 각종 재료는 60℃ 이하의 온도로 가열 후 사용을 하며(단, 시멘트는 가열하지 않는다), 물시멘트비는 60 % 이하로 하고, 타설한 콘크리트가 0℃ 이하로 내려가지 않도록 보양을 철저히 한다.

7) 서중콘크리트(hot weather concrete)

여름철 하루의 평균 예상온도가 25℃를 초과하여 슬럼프의 급격한 감소 등으로 콘크리트 타설이 어려운 환경에서 사용되는 콘크리트이다. 외부온도가 높을 경우에는 증발에 의한 단위수량의 감소, 급격한 응결발생 등으로 압축강도의 우려된다. 따라서 물과 골재의 사용온도는 가급적 낮은 온도로 유지하고 AE감수제 등을 사용하며 단위 시멘트량이 적은 배합을 사용하도록 한다.

8) 수밀콘크리트(water tight concrete)

콘크리트 자체의 밀도를 높여서 물의 침투를 방지할 수 있는 콘크리트이다. 수밀콘크리트 제조방법은 다음과 같다.

- 사용하는 굵은 골재의 최대치수를 가급적 최대로 하고, 실적률을 최대로 함으로써 공극을 최소화시킨다.
- 소요강도를 확보하는 범위 내에서 단위수량과 물시멘트비를 최대한 낮춘다.

9) 수중콘크리트

물속과 슬러리월 공사와 같이 안정액속에서 만들어지는 제자리 콘크리트 말뚝과 철근콘크리트 지중벽 등에 사용되는 콘크리트이다. 수중콘크리트 시공은 다음과 같은 내용이 포함된다.

- 다짐이 불가능하기 때문에 높은 유동성이 확보되어야 하고, 재료분리가 발생되지 않아야 하므로 단위시멘트량은 370 kg/cm^3 이상으로 한다.
- 타설은 트레미관을 이용하여 수중에서 타설하고, 타설 전에 슬라임을 제거한다.
- 1회에 부어넣기를 완성할 수 있도록 계획한다.

10) 경량콘크리트(light weight concrete)

구조체의 중량을 감소시킬 목적으로 만들어지는 콘크리트이다. 비중은 2.0 t/m^3이다. 경량콘크리트는 주로 비중이 낮은 다공질의 경량골재 콘크리트와 콘크리트의 시멘트 페이스트 내에 기포를 형성하여 경량화시킨 경량기포 콘크리트로 대별된다. 경량기포 콘크리트는 바닥 난방용으로 주로 사용된다.

11) 중량콘크리트(heavy weight concrete)

중량콘크리트는 중정석, 자철광 등과 같은 중량골재를 사용하여 만든 콘크리트이며 주로 방사선 차폐용으로 사용된다.

12) 고강도콘크리트(high strength concrete)

최근 건축물은 고층화 및 대형화 추세에 있으며, 이를 해결하는 방안으로써 고강도가 요구되고 있다. 고강도콘크리트는 설계기준강도가 40 MPa를 초과하는 것을 말한다. 최근에는 초고층 건축물에 적용하기 위하여 100 MPa 이상의 강도를 발휘하는 초고강도콘크리트의 개발되고 있다. 고강도콘크리트의 장점과 단점은 다음과 같다.

[장점]　• 고강도화에 의한 부재단면의 감소 및 단면감소에 의한 내부 실내공간의 증대
• 건물 자중감소에 의한 지반공사 비용 감소
• 고성능 감수제 이용에 따른 시공성 증대

[단점]　• 품질관리 애로
• 취성파괴의 우려
• 화재에 취약

13) 유동화콘크리트

미리 배합된 콘크리트에 유동화제를 첨가하고, 이를 섞어 비빔으로써 슬럼프를 증대시킨 콘크리트를 말한다. 유동화방법에는 크게 세 가지가 있다. 첫째는 레미콘 공장에서 유동화제를 첨가하여 교반, 유동화하는 방법과 두 번째는 레미콘 공장에서 유동화제를 첨가 현장에서 교반시켜 유동화하는 방법 그리고 마지막으로 현장에서 레미콘 차량에 유동화제를 첨가, 교반하여 유동화하는 방법이 있으며, 이 방법이 현장에서 주로 사용되는 방법이다(그림 2.40).

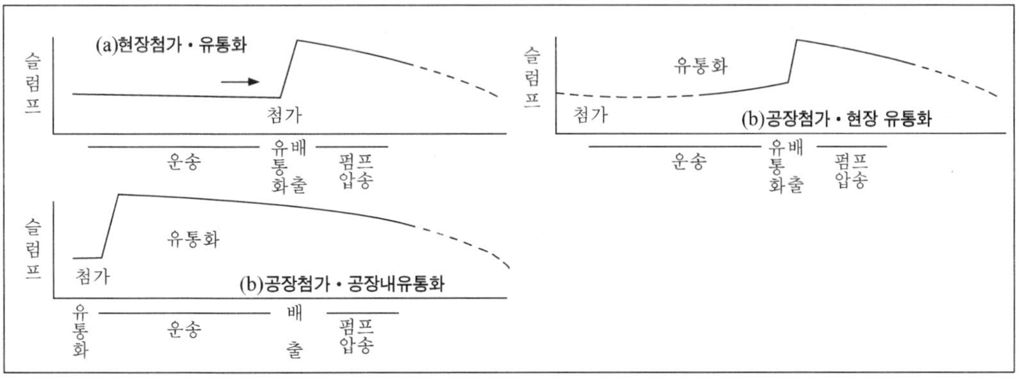

[그림 2.40] 유동화 콘크리트 제조방법

유동화콘크리트의 슬럼프는 다음 표 2.23과 같다.

[표 2.23] 유동화콘크리트의 슬럼프

콘크리트의 종류	베이스 콘크리트	유동화 콘크리트
보통콘크리트	15 이하	21 이하
경량콘크리트	18 이하	21 이하

14) 프리스트레스트 콘크리트(prestressed concrete)

철근콘크리트의 일종으로써 철근대신에 강도가 높은 강선(strand)을 사용하고, 강선에 미리 인장을 가함으로써 부재에 압축력이 가해지도록 만들어놓은 콘크리트이다.

프리스트레스트 콘크리트 제조방법은 두 가지가 있으며, 첫째는 강선에 미리 인장력을 가한 이후에 콘크리트를 타설하고, 양생이 종료된 이후에 가해진 인장력을 해지함으로써 제조된 부재에 압축력이 작용하도록 한다. 이를 프리텐션방법(pretensioning method)이라고 한다. 두 번째는 포스트텐션방법(post tensioning method)이라고 하는데, 이는 PC강선의 삽입구를 미리 설치한 이후에 콘크리트를 타설, 양생한다. 그리고 PC강선을 삽입구에 설치하고 인장력을 가하고 그라우팅으로 마감한 이후에 인장력을 해제하여 해당 부재에 압축력을 생성하도록 하는 방법이다. 프리스트레스트 콘크리트는 주로 교량이나 큰 보의 제작에 사용된다.

15) 매스콘크리트(mass concrete)

매스콘크리트는 부재단면의 최소치수가 80 cm 이상이고, 수화열로 인한 콘크리트 내부의 최고온도와 외기온도와의 차이가 25℃ 이상으로 예상되는 콘크리트를 의미한다. 콘크리트 내부에는 수화반응의 결과로 온도가 높고, 외부는 외기와 노출됨으로써 온도가 낮다. 따라서 매스콘크리트는 콘크리트 자체의 중심부와 외부는 높은 온도 차이가 발생되므로 팽창으로 인한 균열이 발생된다.

매스콘크리트의 균열방지를 위한 대책은 다음과 같은 조건이 있다.

- 내부 온도상승을 작게 하고, 또한 급격한 온도변화가 생기지 않도록 한다.
- 시멘트는 수화열이 적은 것을 사용한다.
- 단위시멘트량을 줄이고, 슬럼프를 작게 한다(15 cm 이하).
- AE감수제 지연형 또는 감수제 지연형을 사용한다.
- 내부온도가 최고 온도에 도달한 후는 보온으로 내부와 표면의 온도 차가 커지지 않도록 양생한다.

16) 섬유보강 콘크리트(fiber reinforced concrete: FRC)

콘크리트는 인장력이 약하고, 균열발생이 쉽다. 따라서 이러한 약점을 보완하기 위하여 다양한 섬유재료를 첨가하여 인성을 증진시킨 것이 섬유보강 콘크리트이다.

(1) 강섬유보강 콘크리트(steel fiber reinforced concrete)

콘크리트의 인장강도, 충격강도의 증진을 목적으로 직경 0.3~0.6 mm, 길이 20~60 mm 정도의 강섬유를 용적백분율 1~2 %로 혼입한 콘크리트이다(그림 2.41). 화재 시에는 강섬유의 온도가 높아짐에 의한 구조체의 성능이 저하되므로 이를 방지하기 위하여 내화피복이 요구된다.

[그림 2.41] 강섬유

(2) 유리섬유보강 콘크리트(glass fiber reinforced concrete)

유리섬유를 콘크리트에 혼입하여 인장강도와 균열의 단점을 보완한 콘크리트이다. 최근에는 고강도콘크리트의 화재 시 구조체의 폭렬방지용으로 사용되고 있다. 폭렬방지용으로 사용되는 유리섬유의 양은 시멘트량의 0.15~0.3 %가 적합하다고 알려져 있으며, 유리섬유에 의한 콘크리트의 폭렬방지과정은 다음과 같다.

- 화재발생 → 콘크리트 고온화 → 유리섬유 녹음 → 공극 다수 발생 → 콘크리트 내부에서 발생된 수증기의 외부 유출 용이

4. 콘크리트의 배합

소요 콘크리트의 압축강도와 워커빌리티 확보를 목적으로 시멘트와 물 그리고 자갈 등을 일정한 비율로 혼합하는 과정을 콘크리트의 배합설계하며, 각각의 비율은 배합비(mixing proportion)라고 한다. 배합비는 다음과 같은 종류가 있다.

- 시멘트를 1로 했을 경우의 잔골재나 굵은 골재의 비율(예로써 1 : 2 : 4)
- 시멘트 1포대에 대한 잔골재 및 굵은 골재의 비율
- 콘크리트의 단위용적(1 m^3)에 소요하는 시멘트, 잔골재, 굵은 골재, 물의 양

콘크리트의 배합방법에는 용적배합과 중량배합이 있다. 용적배합은 콘크리트 1 m^3의 제조에 소요되는 각 재료량을 각 재료의 공극이 없는 절대용적으로 표시한 배합이다. 중량배합은 콘크리트 1 m^3의 제조에 소요되는 각 재료의 양을 중량으로 표시한 배합이다. 따라서 중량배합은 절대용적에 비중을 곱하여 계산하면 된다.

배합에 포함되는 사항은 다음과 같다.

- 물시멘트비 : 시멘트에 대한 물의 중량 백분율로 나타낸다.
- 잔골재율 : 잔골재와 굵은 골재의 절대용적의 합에 대한 잔골재의 절대용적에 대한 백분율로서 콘크리트의 워커빌리티에 영향을 주는 요소이다.
- 단위수량 : 타입 직후의 1 m^3 콘크리트 내에 포함된 전 수량(水量)을 의미한다. 즉 시멘트 페이스트에 포함된 수량이며, 콘크리트 유동성과 경화한 콘크리트의 제 성질에 밀접한 영향을 준다.
- 부(富)배합 : 시멘트량이 기준 시멘트량에 비해서 비교적 많은 배합을 나타낸다.
- 빈(貧)배합 : 시멘트량이 기준 시멘트량에 비해서 비교적 적은 배합을 나타낸다.

(1) 배합설계

배합비를 정하는 과정을 배합설계라고 하며, 배합설계의 목표는 소요강도와 워커빌리티 그리고 내구성의 확보 및 경제적인 배합이 가능하도록 하는 것이다. 배합설계의 목표를 달성하기 위한 방법으로써는 첫째 소요강도와 내구성에 적합한 물시멘트비(w/c)를 정해야 하고, 원하는 워커빌리티가 확보되는 범위 내에서 가능한 단위수량과 잔골재율을 최소화되도록 해야 한다. 여기서 물시멘트비는 시멘트 양에 대한 물의 중량비를 의미하고, 잔골재율은 전체 골재량 중에 잔골재가 차지하는 비율을 나타낸다.

다음은 건축공사표준시방서에 의한 배합설계 방법을 나타낸다.

① 배합강도(F) 결정

콘크리트의 배합강도는 배합설계되고 난 이후 콘크리트의 타설이 이루어질 때까지의 기후조건과 콘크리트의 편차 등을 고려하여 설계기준강도가 발현될 수 있도록 결정된 강도값이며, 다음과 같이 결정된다. 여기서 설계기준강도(F_c)는 구조계산에서 기준으로 설정된 콘크

리트의 압축강도이며, 150, 180, 210, 240 kgf/cm² 등으로 사용되고 있다.

배합설계는 다음 두 식을 만족하는 값으로 결정한다. 즉 큰 값으로 결정한다.

$$F \geq F_c + T + 1.73\sigma \ (\text{kgf/cm}^2)$$ (식 2.20)

$$F \geq 0.8(F_c + T) + 3\sigma \ (\text{kgf/cm}^2)$$ (식 2.21)

여기서, F : 콘크리트의 배합강도

F_c : 설계기준강도(kgf/cm²)

T : 기온에 의한 콘크리트 강도 보정치(kgf/cm²)

σ : 콘크리트 강도의 표준편차

가. 콘크리트 강도의 표준편차 구하는 방법

가) 레디믹스트 콘크리트를 사용하는 경우

실제로 사용할 콘크리트와 유사한 조건의 콘크리트에 대하여 그 공장의 실적을 근거로 표준편차를 구한다.

나) 공사현장 비빔 콘크리트를 사용하는 경우

공사초기에 그 공사현장의 표준편차(σ)값을 구하지 못한 경우에는 35 kgf/cm²로 한다. 다만 그 공사현장의 표준편차 추정값이 얻어진 경우는 그 값에 따른다.

나. 재령 28일까지의 예상 기온에 대한 강도 보정치

예상 기온에 대한 강도의 보정치는 표 2.24에 의해서 실시한다.

[표 2.24] 기온에 대한 강도 보정치

시멘트의 종류	콘크리트 부어넣기로부터 28일까지의 예상 평균기온				
조강포틀랜드시멘트	18 이상	15 이상 18 미만	7 이상 15 미만	4 이상 7 미만	2 이상 4 미만
보통포틀랜드시멘트 플라이애쉬시멘트 A종 고로슬래그시멘트 특급	18 이상	15 이상 18 미만	9 이상 15 미만	5 이상 9 미만	3 이상 5 미만
플라이애쉬시멘트 B종	18 이상	15 이상 18 미만	10 이상 15 미만	7 이상 10 미만	5 이상 7 미만
고로슬래그시멘트 1급	18 이상	16 이상 18 미만	14 이상 16 미만	12 이상 14 미만	10 이상 12 미만
콘크리트 강도의 기온에 따른 보정값 T(kgf/cm²)	0	15	30	45	60

② 시멘트강도(K)값의 결정

시멘트의 28일 압축강도는 KS 표준시험과 신뢰할 수 있는 자료로부터 구할 수 있다. 또한 다음의 표 2.25와 같이 추정식을 사용하여 시멘트의 단기강도에서 28일 강도를 추정하여 사용할 수 있다.

[표 2.25] 시멘트 압축강도 추정식(kgf/cm^2)

시멘트의 종류	7일 압축강도 K_7으로부터 28일 압축강도 K_{28}을 추정하는 경우	3일 압축강도 K_3 및 7일 압축강도 K_7으로부터 28일 압축강도 K_{28}을 추정하는 경우
조강포틀랜드시멘트	$K_{28}=0.6K_7+240$	$K_{28}=0.65K_7-0.25K_7+280$
보통포틀랜드시멘트 고로시멘트 A종 플라이애쉬시멘트 A종 실리카시멘트 A종	$K_{28}=K_7+150$	$K_{28}+1.2K_7-0.4K_3+160$

③ 물시멘트비(w/c)의 결정

물시멘트비는 소요강도와 내구성을 고려하여 결정하여야 하며, 비율이 서로 다른 2개 이상의 w/c로 콘크리트의 공시체를 제작하여 강도시험을 한 후 소요강도가 확보되는 w/c값을 정한다. 강도 시험의 여건이 불충분할 경우에는 다음의 식 2.22를 이용한다.

$$w/c = \frac{61}{\left(\frac{F}{K} + 0.34\right)} \qquad \text{(식 2.22)}$$

여기서, F = 배합강도
K = 시멘트강도

물시멘트비의 최대값은 다음 표 2.26과 같다.

[표 2.26] 시멘트종류에 따른 물시멘트비의 최대값

시멘트의 종류	물시멘트비의 최대값(%)
포틀랜드시멘트 고로슬래그시멘트 특급 포틀랜드포졸란시멘트 A종 플라이애쉬시멘트 A종	65
고로슬래그시멘트 1급 포틀랜드포졸란시멘트 B종 플라이애쉬시멘트 B종	60

④ 단위수량의 결정

건축공사 표준시방서에 의하면 단위수량은 소요되는 콘크리트의 품질이 확보되는 범위 내에서 가능한 작게 시험비빔에 의해서 정하는 것으로 되어있다.

자갈의 최대치수, 모래의 조립률 그리고 물시멘트와 슬럼프에 따라서 사용되는 단위수량이 결정되는데 이는 표 2.27에 제시되어있다.

[표 2.27] 단위수량

물시멘트비	자갈최대치수(mm) / 모래의 조립률 / 슬럼프(cm)	25			20		
		3.3 (5 mm)	2.8 (2.5 mm)	2.2 (1.2 mm)	3.3 (5 mm)	2.8 (2.5 mm)	2.2 (1.2 mm)
40	8	170	171	176	172	173	180
	12	181	182	186	183	187	190
	15	192	193	195	194	197	202
	18	201	205	208	205	209	212
45	8	165	163	173	168	171	176
	12	176	179	183	179	183	186
	15	185	188	191	187	192	195
	18	196	199	201	201	203	205
50	8	162	167	171	165	170	174
	12	172	176	180	175	178	182
	15	180	183	186	184	187	190
	18	191	194	197	195	197	195
55	8	161	166	170	164	169	173
	12	171	174	178	173	177	180
	15	177	184	184	181	184	188
	18	188	194	194	192	195	198
60	8	161	165	169	163	168	172
	12	169	173	176	172	175	179
	15	176	179	182	180	183	185
	18	186	189	192	190	193	196

⑤ 단위 시멘트량의 결정

물시멘트비와 단위수량에 따라서 단위 시멘트량은 결정된다(식 2.23).

$$C = \frac{(W \times 100)}{X}\ (\text{kg/m}^3) \qquad \text{(식 2.23)}$$

여기서, C = 시멘트량(kg/m^3)

W = 단위수량(kg/m^3)

X = 물시멘트비(%)

시멘트량의 최대 양은 다음 표 2.28과 같다.

[표 2.28] 단위시멘트량의 최소량

콘크리트의 품질등급	콘크리트	경량콘크리트
고급	270	300(1종 및 2종)
보통	250	300(1종 및 2종) 320(3종 및 4종)

⑥ 공기량

AE제, AE감수제 및 고성능 AE감수제를 사용한 콘크리트의 공기량은 4 % 이상, 6 % 이하로 제한한다.

⑦ 골재량

단위수량, 단위 시멘트량, 공기량이 정해지면 다음의 식 2.24로부터 골재량을 산정한다.

$$V_{s+g} = 1000 - V_w - V_c - V_a \ (\ell/\mathrm{m}^3) \quad \text{(식 2.24)}$$

여기서, V_{s+g} = 골재량(ℓ/m^3)

V_w = 단위수량(ℓ/m^3)

V_c = 단위시멘트량(ℓ/m^3)

V_a = 단위공기량(ℓ/m^3)

잔골재율(S/A)에 따라서 모래와 자갈을 양을 결정하는 방법은 다음 식 2.25~26과 같다. 일반적으로 잔골재율은 35~50 % 수준이다.

$$V_s = V_{s+g} \times (S/A) \times 1/100 \ (\ell/\mathrm{m}^3) \quad \text{(식 2.25)}$$

$$V_g = V_{s+g} - V_s \ (\ell/\mathrm{m}^3) \quad \text{(식 2.26)}$$

이와 같이 골재의 용적이 결정되면 각각의 비중을 곱하여 모래, 자갈의 중량을 구하게 된다.

⑧ 배합의 표시

소요강도와 워커빌리티의 확보가 가능하다고 판단되는 콘크리트 각 재료의 단위량이 결정되면 시험 비빔의 실시하여 소요 성능이 확보되는 지를 확인한 이후에 필요에 따라서 수정을 행한다. 이와 같은 소요 성능의 확보가 가능하다고 판단될 경우에 각 재료의 단위량을 계획배합이라고 하며 다음 표 2.29와 같이 표현한다.

[표 2.29] 계획배합의 표시방법

배합강도 (kgf/cm²)	슬럼프 (cm)	공기량 (%)	물시멘트비 (%)	굵은 골재의 최대 치수 (mm)	잔골재율 (%)	단위수량 (kg/m³)	절대용적(l/m³)				중량(kg/m³)				화학혼화제의 사용량 (ml/cm³) (kg/m³)
							시멘트	잔골재	굵은골재	혼화재	시멘트	잔골재	굵은골재	혼화재	

⑨ 콘크리트 배합의 조정

배합의 조건에 따라 각 재료의 단위량이 결정되었지만, 이것은 골재의 절건상태 또는 표건상태로 계산되었기 때문에 현장배합을 할 경우에는 골재의 함수상태에 따른 보정을 해야만 한다. 현장 배합이란 계획 배합된 콘크리트의 특성이 확보되도록 공사현장에서 재료의 상태 및 계량방법에 따라 정히는 배합을 의미한다.

골재가 표건상태이고, 레디믹스트 콘크리트인 경우에 대해서 함수상태에 따른 보정 방법은 다음 식 2.27~29에 따라 보정한다.

$$\text{굵은 골재 : } G' = V_g \times \left(1 + \frac{\delta_g}{100}\right) \qquad \text{(식 2.27)}$$

$$\text{잔골재 : } S' = V_s \times \left(1 + \frac{\delta_s}{100}\right) \qquad \text{(식 2.28)}$$

$$\text{수량 : } W' = W - \left[V_g \times \left(1 + \frac{\delta_g}{100}\right) + V_s \times \left(1 + \frac{\delta_s}{100}\right)\right] \qquad \text{(식 2.29)}$$

여기서,
G' : 보정 후의 굵은 골재량(kg/m³)
S' : 보정 후의 잔골재량(kg/m³)
W' : 보정 후의 수량(kg/m³)
W : 단위수량(kg/m³)

V_g : 굵은 골재의 절대용적(ℓ/m^3)

V_s : 잔골재의 절대용적(ℓ/m^3)

δ_g : 굵은골재의 표면수율(%)

δ_s : 잔골재의 표면수율(%)

⑩ 콘크리트 배합설계 사례

배합설계를 위한 조건이 다음과 같을 경우 콘크리트 배합에 소요되는 각 단위 재료량의 산출하시오

- 콘크리트의 종류 : 콘크리트의 소요량 1 m^3
- 구조체 콘크리트의 강도관리의 재령 : 28일(기본 시방의 콘크리트)
- 설계기준강도 F_c=240 kgf/cm^2
- 소요슬럼프 18 cm
- 타설 후 재령 28일까지의 예상 평균기온 : 17℃
- 강도의 표준편차(σ)=25 kgf/cm^2
- 보통 포틀랜드시멘트(강도 370 kgf/cm^2, 비중 3.15)
- AE감수제 사용(연행 공기의 4 %) : 단위 시멘트량의 0.3 %
- 골재의 조건은 표 2.30과 같다.

[표 2.30] 골재의 조건

	최대치수 (mm)	흡수율 (%)	표면수율 (%)	절건비중	조립율	단위 용적중량 (kg/m^3)
잔골재	5	2.21	1.18	2.52	3.3	–
굵은골재	20	1.42	0.85	2.60	–	1.650

가. 배합강도의 결정

$$F \geq F_c + T + 1.73\sigma = 240 + 15 + 43 = 298(\text{kgf/cm}^2)$$

$$F \geq 0.8(F_c + T) + 3\sigma = 0.8(240 + 15) + 75 = 279(\text{kgf/cm}^2)$$

따라서 두 조건을 만족시키는 값인 F=298 kgf/cm^2을 배합강도를 결정한다.

나. 물시멘트비 x(%) 결정

$$w/c = \frac{61}{\left(\frac{F}{K}+0.34\right)} = \frac{61}{\left(\frac{298}{370}+0.34\right)} = 53(\%)$$

다. 단위수량 결정

단위수량은 소요의 성능이 얻어지는 범위에서 가능한 작은 값이 되도록 시험배합에서 결정하고, 실험적 경험식에 의하여 도출한다(표 2.31). 해당되는 중간값은 직선적 보간에 의해서 계산한다. AE감수제를 적용할 경우에는 약 12 %의 단위수량 저감이 가능하다. 따라서 단위수량은 W = 193 × 0.88 = 170 kg/m^{3}이다.

[표 2.31] 경험에 의한 단위수량 도출표

물시멘트비	자갈최대치수(mm) / 모래의 조립률 / 슬럼프(cm)	25: 3.3 (5 mm)	25: 2.8 (2.5 mm)	25: 2.2 (1.2 mm)	20: 3.3 (5 mm)	20: 2.8 (2.5 mm)	20: 2.2 (1.2 mm)
40	8	170	171	176	172	173	180
	12	181	182	186	183	187	190
	15	192	193	195	194	197	202
	18	201	205	208	205	209	212
45	8	165	163	173	168	171	176
	12	176	179	183	179	183	186
	15	185	188	191	187	192	195
	18	196	199	201	201	203	205
50	8	162	167	171	165	170	174
	12	172	176	180	175	178	182
	15	180	183	186	184	187	190
	18	191	194	197	195	197	195
53	보간 18				→ 193		
55	8	161	166	170	164	169	173
	12	171	174	178	173	177	180
	15	177	184	184	181	184	188
	18	188	194	194	192	195	198
60	8	161	165	169	163	168	172
	12	169	173	176	172	175	179
	15	176	179	182	180	183	185
	18	186	189	192	190	193	196

라. 단위 시멘트량(C)의 중량 및 절대용적 V_c를 구한다.

$$C=\frac{(W\times 100)}{X}=(170\times 100)/53=321\ (\mathrm{kg})$$

$$V_c=321/3.15=102\ (\mathrm{m}^3)$$

마. 단위 굵은 골재량 G 및 절대용적 V_g를 구한다.

다음 표 2.32에서 단위 굵은 골재의 부피용적은 0.580 $\mathrm{m^3/m^3}$이다.

[표 2.32] 굵은골재의 용적산정 표

물 시멘트비	자갈최대치수(mm) / 모래의 조립률 / 슬럼프(cm)	25			20		
		3.3 (5 mm)	2.8 (2.5 mm)	2.2 (1.2 mm)	3.3 (5 mm)	2.8 (2.5 mm)	2.2 (1.2 mm)
40~60	8~15 이하	0.64	0.69	0.74	0.62	0.67	0.72
	18	0.59	0.64	0.69	0.58	0.63	0.68
65	8~15 이하	0.53	0.68	0.73	0.61	0.65	0.71
	18	0.58	0.63	0.68	0.57	0.62	0.67

AE감수제 사용에 의한 굵은 골재의 사용량을 보정한다(표 2.33). 그러므로 굵은 골재의 사용량 $G=(0.580+0.030)\times 1{,}650$(단위용적중량)$=1007(\mathrm{kgf/m^3})$

따라서 $V_g=1007/2.6=387\ (\ell/\mathrm{m}^3)$

[표 2.33] AE사용에 의한 굵은 골재의 사용량 보정표

굵은 골재의 최대치수가 25 mm를 넘는 경우의 보정량(굵은골재의 최대치수 25 mm인 것에 있어서의 표준치에 대해)		화학혼화제를 이용하는 경우의 보정치		
굵은골재의 최대치수(mm)	40	AE제	감수제	AE감수제
단위 굵은골재 부피 용기 외 보정량	10 % 증가	보정 없음	0.020 $\mathrm{m^3}$ 증가	0.003 $\mathrm{m^3}$ 증가

바. 잔골재의 양(S)과 절대용적(V_s)을 구한다.

$$V_s=1000-V_w-V_c-V_g-V_a=1000-(170+102+387+40)=301\ (\ell/\mathrm{m}^3)$$

$$S/A = \frac{V_s}{V_s + V_g} \times 100 = 43.7\%$$

사. AE감수제 사용량 결정

$$(0.3/100) \times C = (0.3/100) \times 321 = 0.96\ (\mathrm{kg/m^3})$$

아. 계획배합표 작성

소요강도와 워커빌리티의 확보가 가능함을 시험배합을 통하여 확인한 이후 다음 표 2.34와 같은 계획배합표를 작성한다.

[표 2.34] 계획배합표

배합강도 (kgf/cm^2)	슬럼프 (cm)	공기량 (%)	물시멘트비 (%)	굵은골재의 최대치수 (mm)	잔골재율 (%)	단위수량 (kg/m^3)	절대용적(l/m^3)				중량(kg/m^3)				화학혼화제의 사용량 (ml/cm^3) (kg/m^3)
							시멘트	잔골재	굵은골재	혼화재	시멘트	잔골재	굵은골재	혼화재	
298	18	4	53	20	43.7	170	102	301	387	–	321	759	1007	–	0.96

자. 현장배합

• 보정 후의 굵은골재량

$$G' = V_g \times \left(1 + \frac{\delta_g}{100}\right) = 1007 \times \left(1 + \frac{0.85}{100}\right) = 1016\ \mathrm{kg/m^3}$$

• 잔골재 양

$$S' = V_s \times \left(1 + \frac{\delta_s}{100}\right) = 759\left(1 + \frac{1.18}{100}\right) = 768\ \mathrm{kg/m^3}$$

• 수량

$$W' = W - \left[V_g \times \left(\frac{\delta_g}{100}\right) + V_s \times \left(\frac{\delta_s}{100}\right)\right]$$
$$= 170 - \left[1007 \times \left(\frac{0.85}{100}\right) + 759 \times \left(\frac{1.18}{100}\right)\right] = 152.48\ \mathrm{kg/m^3}$$

차. 현장 배합표 작성

현장에서의 골재의 함수량에 따라 보정된 배합은 다음 표 2.35와 같다.

[표 2.35] 현장 배합표

물(kg)	시멘트(kg)	잔골재(kg)	굵은골재(kg)	혼화제(kg)
152	321	768	1,016	0.96

표 2.36은 콘크리트의 배합에 사용되는 절대용적과 중량에 의한 배합표의 한 사례이다.

[표 2.36] 배합표

물시멘트비 (%)	슬럼프 (cm)	잔골재율 (%)	단위수량 (kg/m^3)	절대용적(l/m^3)			중량(kg/m^3)			단위굵은골재의 겉보기용적 (m^3/m^3)
				시멘트	모래	부순돌	시멘트	모래	부순돌	
40	8	45.6	172	137	297	354	430	772	920	0.620
	12	44.0	183	145	278	354	458	723	920	0.620
	15	42.2	194	154	258	354	485	671	920	0.620
	18	44.1	205	163	261	331	513	679	861	0.580
	21	46.1	222	176	259	303	555	673	788	0.530
45	8	47.5	168	118	320	354	373	832	920	0.620
	12	46	179	126	301	354	398	783	920	0.620
	15	44.5	189	133	284	354	420	738	920	0.620
	18	46.5	200	141	288	331	444	749	861	0.580
	21	48.8	216	152	289	303	480	751	788	0.530
50	8	48.7	165	105	336	354	330	874	920	0.620
	12	47.5	175	111	320	354	350	832	920	0.620
	15	46.3	184	117	305	354	368	793	920	0.620
	18	48.4	193	124	310	331	390	806	861	0.580
	21	50.9	210	133	314	303	420	816	788	0.530
55	8	49.5	164	95	347	354	298	902	920	0.620
	12	48.5	173	100	333	354	315	866	920	0.620
	15	47.6	181	104	321	354	329	835	920	0.620
	18	49.6	192	111	326	331	349	848	861	0.580
	21	52.2	207	119	331	303	376	861	788	0.530

물 시멘트비 (%)	슬럼프 (cm)	잔골 재율 (%)	단위 수량 (kg/m³)	절대용적(l/m³)			중량(kg/m³)			단위굵은골재의 겉보기용적 (m³/m³)
				시멘트	모래	부순돌	시멘트	모래	부순돌	
60	8	50.1	164	87	355	354	273	923	920	0.620
	12	49.2	172	91	343	354	287	892	920	0.620
	15	48.3	180	95	331	354	300	861	920	0.620
	18	50.5	190	101	338	331	317	879	861	0.580
	21	53.1	205	109	343	303	342	892	788	0.530
65	8	51.1	163	80	364	348	251	964	905	0.610
	12	50.7	171	83	358	348	263	931	905	0.610
	15	49.9	179	87	346	348	275	900	905	0.610
	18	51.8	190	93	351	326	292	913	848	0.570
	21	54.7	205	100	358	297	315	931	772	0.520
70	15	51.0	179	81	357	343	256	928	892	0.600
	18	53.2	190	86	364	320	271	946	832	0.560
	21	55.9	205	93	370	292	293	962	759	0.510

5. 화재 시의 콘크리트 거동

콘크리트는 다양한 재료의 혼합체로 구성되어 있으므로 화재와 같은 고열상태가 되었을 때는 각각 재료의 고온 시 특성과 이에 수반되는 연속적인 반응의 결과로 거동하게 된다. 특히 경화된 콘크리트는 수화반응과 시공연도에 사용되는 수분이 아직 콘크리트 내부의 공극에 잔존하는 상태이므로 100℃ 이상으로 가열되면 내부에서 수증기로 변화되어 부피팽창이 발생된다. 따라서 콘크리트 내부에는 미세한 균열이 서서히 진전되다가 일정 압력 이상 발전하게 되면 폭렬과 같은 일시적인 폭발로 이어져 구조적 붕괴와 같은 위험한 상태로 발전하게 된다.

골재의 경우, 다양한 광물질이 내포되어 있으므로 각 광물의 열팽창계수 또한 매우 중요한 역할을 하게 된다. 특히 우리나라에 널리 분포되어 레디믹스트 콘크리트에 많이 사용되고 있는 화강암의 경우는 석영, 운모 및 장석으로 구성되어 있다. 이 중 석영의 경우는 약 500℃에서 급격한 팽창이 발생됨으로써 균열이 발생되어 궁극적으로는 골재의 파괴에 도달된다.

콘크리트 구조체의 화재 시 구조적 거동을 계산하기 위해서는 열적 특성과 기계적 특성이 요구된다. 열적 특성에는 열전도율, 비열 및 밀도가 포함되고, 기계적 특성에는 콘크리트의 압축강도, 탄성계수, 전단탄성계수, 인장강도 및 열팽창계수 등이 포함된다. 보다 상세한 구조계산을 위해서는 공극율, 함수율, 포아송비 그리고 크리프 계수 등이 포함될 수 있다. 일반적으로 구조계산에 요구되는 재료의 모든 특성을 정해진 시험규격으로 평가하는 것은 상실한 매우 어려운 경우가 많다.

콘크리트 구조체의 화재 시 거동평가를 위해서는 콘크리트의 압축강도의 크기에 따라서 일반강도와 고강도로 구분하는데, 우리나라에서는 50 MPa을 기준으로 나누고 있지만 미국의 기술표준국(NIST)에서는 83 Mpa을 기준으로 설정하고 있다.

(1) 일반강도 콘크리트의 고온 시 재료특성

① 열특성값

비정상열전도해석에서는 열전도율(λ, W/m · K), 비열(C_p, J/kg · K) 그리고 밀도(ρ, kg/m^3)를 필요로 한다. 콘크리트의 열전도율은 일반적으로 소형 시험체로 실시한다. 대형 시험체로 시험을 할 경우 수분이동에 의한 영향을 받아 성능치가 다르게 도출될 우려가 있기 때문이다. 따라서 콘크리트의 열전도율은 콘크리트 구조체의 열전도 해석에만 사용되어야 한다.

가. 열전도율

콘크리트의 열전도율은 콘크리트 밀도와 골재의 형태에 따라 좌우된다. 유러코드(EC 2)에서는 골재의 종류에 따라 열전도율을 다음과 같이 제시하고 있다.

• 일반보통골재를 사용한 보통콘크리트 : 1.3 W/m · K

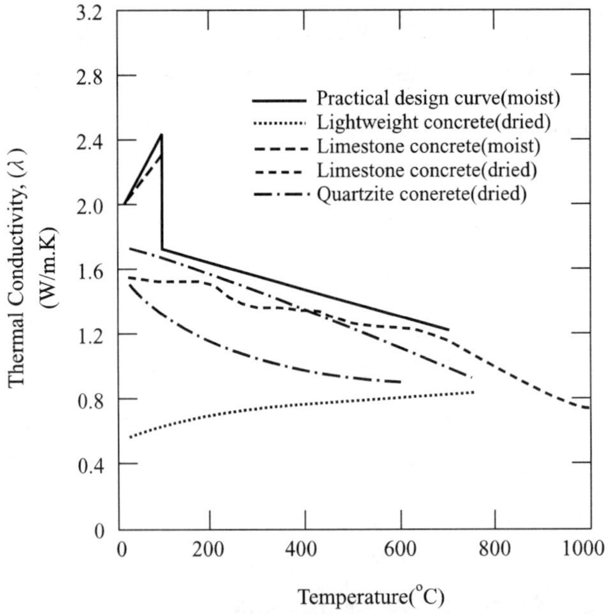

[그림 2.42] 각종 콘크리트의 열전도율 특성

• 경량골재를 사용한 보통콘크리트 : 0.5 W/m · K

보다 정확한 온도해석을 하기 위해서는 온도변화에 따른 열전도율이 요구될 수 있으며, 하마쉬(Harmathy)는 그림 2.42와 같은 열전도율을 제시하였다. 그림에서와 같이 일반 보통골재를 사용한 콘크리트가 경량골재를 사용한 콘크리트보다 열전도율이 높게 나타났다. 이는 경량 콘크리트가 일반 콘크리트보다 열에 견딜 수 있는 정도가 높음을 나타낸다.

나. 비열

유러코드 2에서는 일반적인 해석을 위해서 다음과 같은 비열값을 제시하고 있으나, 온도변화에 따른 비열은 그림 2.43에 제시되어있다.

• 보통 중량콘크리트 : 2.6MJ/m^3 · K

• 경량콘크리트 : 1.5MJ/m^3 · K

다. 밀도

통상적인 화재에 있어서 콘크리트의 밀도는 변화되지 않는 것으로 가정한다. 그러나 실제의 경우, 콘크리트의 온도 증가에 따라서 내부에 갇혀있던 수분의 증발과 열방출 등에 유발되는 질량손실로 인하여 감소하는 것으로 알려져 있다. 미국에서는 화재 시 구조거동을 평가하기 위해서는 경량콘크리트인 경우는 1,760 kg/m^3, 일반콘크리트는 2,330 kg/m^3으로 산정한다.

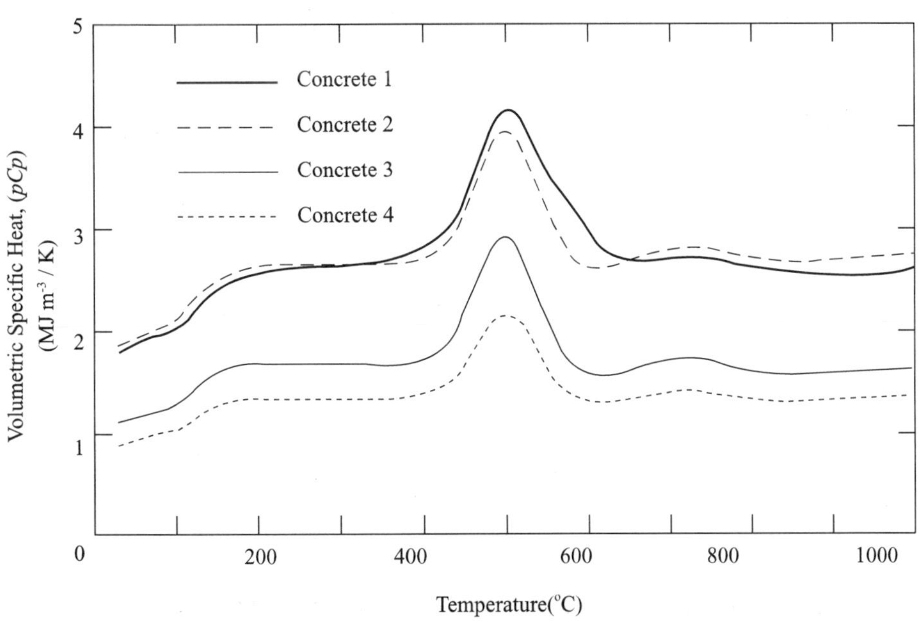

[그림 2.43] 일반콘크리트(1,2)와 경량콘크리트의 비열(Harmathy)

② 기계적 특성

콘크리트 구조물의 화재 시 구조거동을 평가하기 위해서는 온도에 따른 콘크리트의 압축강도, 탄성계수, 전단탄성계수 및 열팽창계수가 필요하다.

가. 압축강도

콘크리트의 압축강도는 재령 28에서의 압축강도를 의미하고, 고온에서의 압축강도는 점차적으로 그 강도가 줄어든다(그림 2.44). 그림에서 응력-변형의 초기 직선적 상태를 탄성계수이며 온도가 올라갈수록 그 경사는 점차적으로 감소하는 경향을 보이고 있다. 그림 4의 가운데 제시된 응력-변형은 일반골재콘크리트의 고온 시 특성을 보여주고 있으며, 세 번째는 경량골재콘크리트의 고온에서의 응력-변형 특성이다. 그림에서 나타난바와 같이 경량골재를 사용한 콘크리트의 고온에서의 응력-변형특성이 일반골재콘크리트보다 우수한 것으로 나타나 있다.

규산질, 탄산 및 팽창 혈암을 사용한 골재의 일반콘크리트의 고온 시 압축강도를 계산하기 위한 식이 리(Lie)에 의해서 제안되었다. 본 식 2.30~31은 고온 시 콘크리트의 압축강도 추정값의 안전 측이므로 고온 시 일반콘크리트의 압축강도 추정식으로 사용되고 있다.

$$T \le 450℃ \qquad f_{c,T} = f_{c,0} \qquad \text{(식 2.30)}$$

$$T > 450℃ \qquad f_{c,T} = f_{c,0}\left[2.011 - 2.353\frac{T-20}{1000}\right] \qquad \text{(식 2.31)}$$

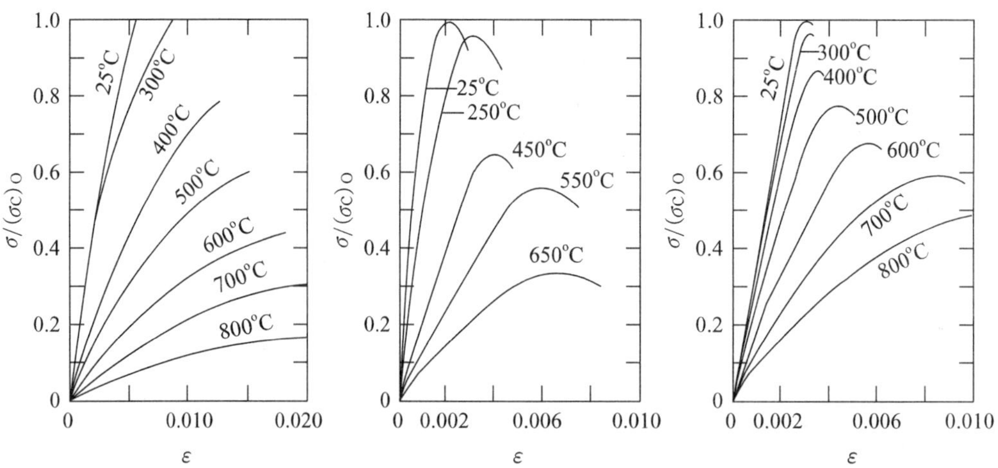

[그림 2.44] 일반콘크리트와 경량콘크리트의 고온에서의 응력-변형도 곡선

여기서, T = 온도(℃)

$f_{c,T}$ = 온도 T에서의 압축강도

$f_{c,0}$ = 상온에서의 압축강도

나. 탄성계수

고온영역에서의 경량콘크리트와 일반콘크리트에 대한 탄성계수 변화는 그림 2.45에 제시되어 있다. 본 그림에서도 고온영역에서 경량콘크리트의 탄성계수 저감율이 일반콘크리트의 저감율보다 낮은 것으로 나타났다. 따라서 구조적인 측면에서 경량골재를 사용한 경량콘크리트가 화재와 같은 고온영역에서 우수한 성능을 나타낼 것으로 판단된다.

다. 전단탄성계수(shear modulus)

고온에서의 경량콘크리트와 일반콘크리트의 전단탄성계수는 그림 2.46과 같다. 그림에서와 같이 경량콘크리트는 약 500℃까지 전단탄성계수가 일반콘크리트보다 우수하지만 이후의 구간에서는 반대의 경향을 보이고 있다. 따라서 경량콘크리트가 구조적인 역할을 수행할 수 있는 500℃ 구간까지는 전단변형에 더 강한 특성을 가지고 있음을 확인할 수 있다.

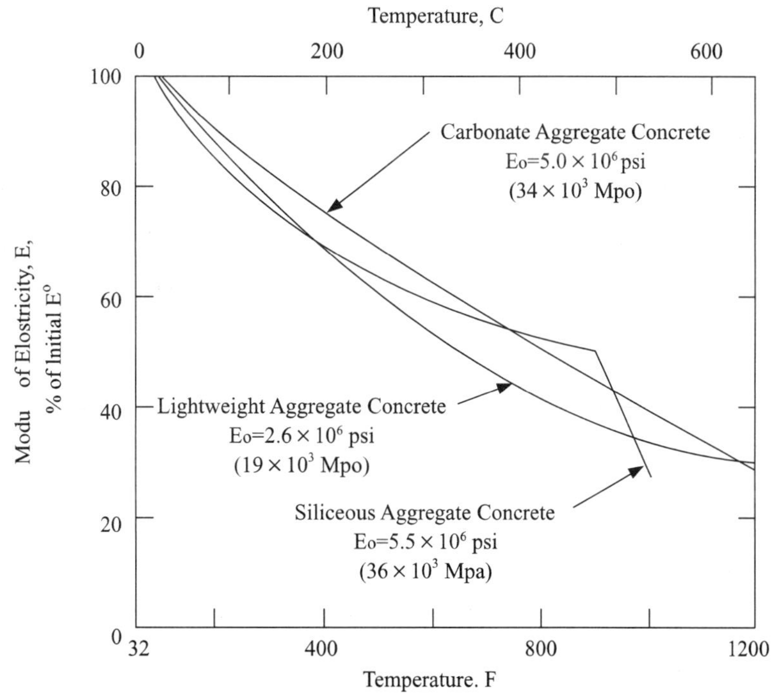

[그림 2.45] 고온영역에서의 경량콘크리트와 일반콘크리트의 탄성계수 저감율

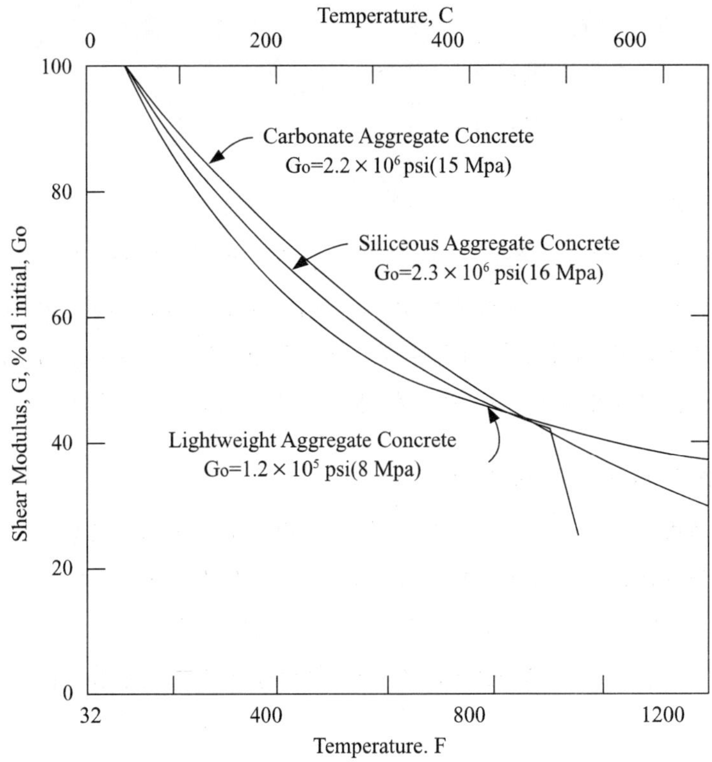

[그림 2.46] 고온에서의 전단탄성계수

라. 인장강도

콘크리트의 인장강도는 압축강도의 약 1/10 수준으로 매우 작은 수준이다. 미국의 콘크리트 학회에서는 압축강도에 의한 인장강도는 다음 식 2.32로 환산하나, 구조계산을 수행할 때에는 이 값을 0으로 산정한다. 따라서 고온영역에서의 인장강도는 구조계산에 적용되지 않는다.

$$f_t = 620\sqrt{f_c'} \qquad \text{(식 2.32)}$$

여기서, f_t = 콘크리트 인장강도(Pa)

f_c' =콘크리트 압축강도(Pa)

마. 열팽창계수

콘크리트의 열팽창계수가 고온 시 구조계산에 적용되는 이유는 열에 의해서 유발되는 힘과 부재의 휘는 정도를 계산하기 위함이다. 다양한 골재를 적용한 콘크리트의 고온 영역에서의 열팽창계수는 그림 2.47과 같다.

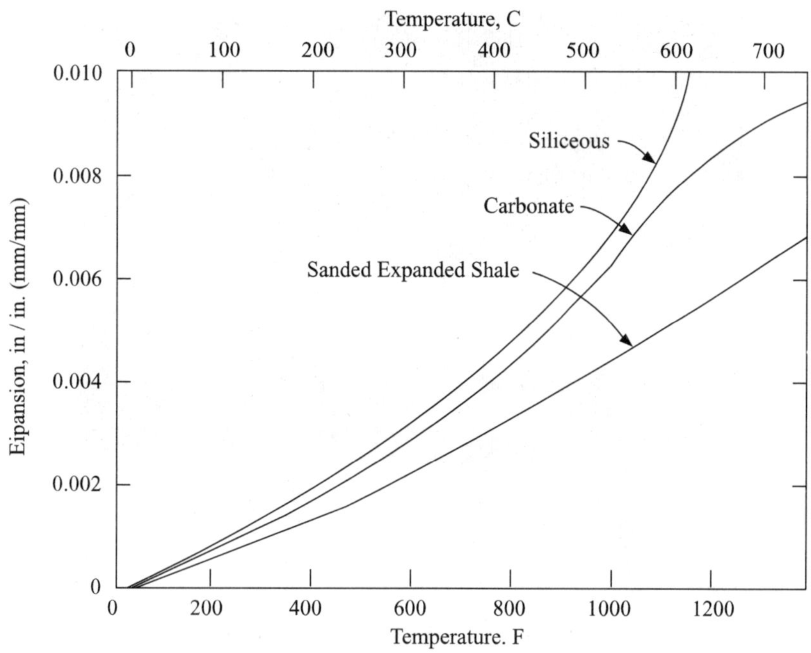

[그림 2.47] 고온영역에서의 열팽창계수

(나) 고강도 콘크리트의 고온 시 재료특성

구조단면의 축소와 시공기간의 단축 등의 효과가 가능한 고강도 콘크리트는 건축물의 장대화 및 실내공간의 유효성 증대로 이어져 최근 초고층 건축물에 많이 적용되고 있다. 그러나 고강도콘크리트는 내부의 조직이 매우 치밀하여 화재와 같은 고열환경에서는 일시적인 단면 탈락현상인 폭렬 발생 등으로 구조적 붕괴를 유발할 수 있을 정도로 매우 위험할 수 있다. 따라서 고온 시의 재료특성 평가와 구조내력 평가는 매우 중요하다고 판단된다. 영국에서는 그림 2.48과 같은 실제 규모의 철근콘크리트 구조체를 시공하여 풀 스케일 전소시험을 수행하고 있으며, 그림 2.49는 고강도콘크리트 기둥의 화재 위험성을 평가하기 위한 시험의 종료 상황을 보여주고 있다.

[그림 2.48] Cardington 내화시험동

[그림 2.49] 고강도콘크리트 기둥의 내화시험

① **열특성값**

1996년의 밴 그렘(Van Geem)의 연구결과 그리고 1994년 브라그(Brug)와 오스트(Ost) 등의 연구결과에서 고강도콘크리트의 고온 시 열 특성값은 일반콘크리트의 고온 시 열특성값과 거의 동일한 특성값을 가지고 있는 것으로 제시되었다. 따라서 고강도콘크리트의 열 특성값은 일반콘크리트의 열특성을 사용할 수 있다.

② **기계적 특성**

가. 압축강도

고강도콘크리트의 고온 시 압축강도는 일반콘크리트와 동일하게 고온에서는 작용하는 하중과 온도의 변화에 따라 압축강도가 저하된다. 2007년 팬(Phan)은 고강도콘크리트의 고온에서의 압축강도 저감율을 그림 2.50과 같이 제안하고, 구조계산을 위한 설계 모델은 그림 2.51과 같이 제안하였으며, 각 온도영역에 따른 압축강도는 식 2.33~37과 같다.

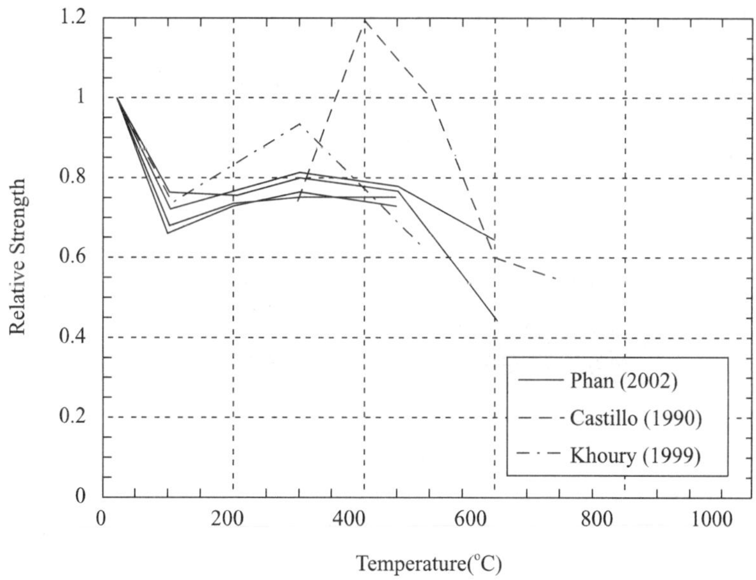

[그림 2.50] 고온에서의 고강도콘크리트의 응력 감소율

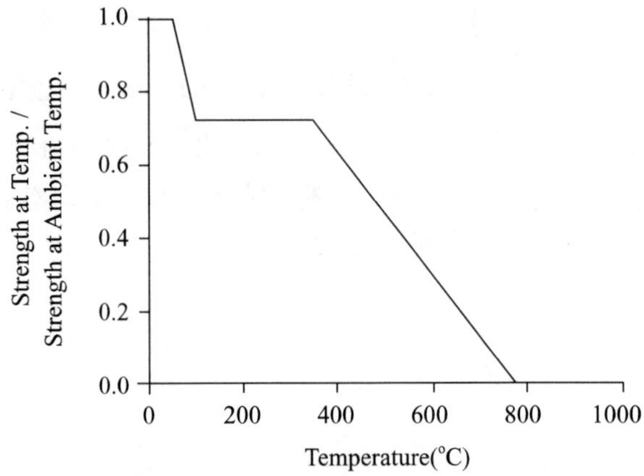

[그림 2.51] 고온영역에서의 구조계산용 고강도콘크리트 압축강도 저감율

$T \leq 50℃$	$f_c = f_{c,20}$	(식 2.33)
$50℃ < T \leq 100℃$	$f_c = f_{c,20}[1.28 - 0.0056T]$	(식 2.34)
$100℃ < T \leq 350℃$	$f_c = 0.72f_{c,20}$	(식 2.35)
$350℃ < T \leq 778℃$	$f_c = f_{c,20}[1.31 - 0.00168T]$	(식 2.36)
$T > 778℃$	$f_c = 0$	(식 2.37)

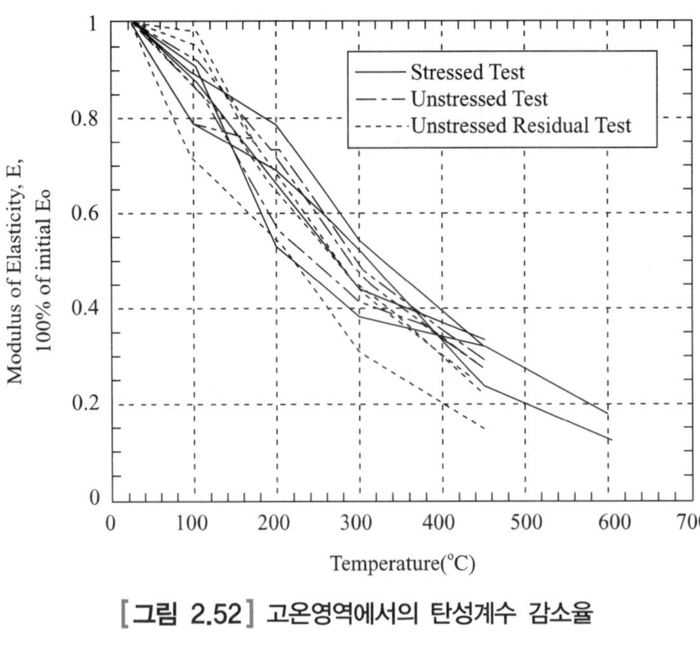

[그림 2.52] 고온영역에서의 탄성계수 감소율

나. 탄성계수

석회석 골재를 사용한 고강도콘크리트의 고온영역에서의 탄성계수 저감율은 그림 2.52와 같다. 그림에서는 세 가지 하중조건의 변화에 따른 탄성계수를 측정하였지만 오차범위가 작고, 또한 그 경향은 일반콘크리트의 탄성계수저감율과 거의 동일하기 때문에 화재 시의 구조계산을 위한 탄성계수 저감율은 일반콘크리트의 탄성계수 저감율을 적용한다.

(3) 콘크리트 구조체의 화재 사례

① 윈저타워(Windsor tower)

화재로 인하여 일부 구조물이 붕괴된 사례는 2005년 스페인 마드리드에서 발생된 윈저타워이다(그림 2.53). 본 건물은 1970년대 시공된 사무실 용도의 건물로서 전체 32층(지상 29층, 지하 3층)이고, 철근콘크리트 구조이다. 세부적인 구조형식은 내부 RC코아로 구성되고 외부에는 철골기둥으로 지지되는 이중 구조이며, 와플슬래브(waffle slab)로 구성되어 있다. 화재발생 당시 본 건물은 3년 계획으로 내화피복공사가 진행 중이었으며, 17층까지는 외부 철골기둥에 내화피복이 완료되었으나, 그 상부 층은 공사가 진행 중이었다. 또한 내화피복공사에서 중요한 부분은 각 층의 슬래브와 외부 커튼월과의 연결부위에 대한 충전내화(fire stopping)공사가 중요하지만 이 부분은 완성되지 못한 상태였다.

화재는 2005년 2월에 발생하였고, 21층에서 발생되어 두 개층 위로 전파되었으며, 약 18~20시간 지속되었다. 구조물의 붕괴는 화재 발생 시 2시간 30분 후에 발생되었다. 따라서 철근콘크리트 구조물인 윈저타워 일부 붕괴로 인하여 내화피복공사의 중요성이 새롭게 인식되었으며, 특히 슬래브와 외부 커튼월과의 충전내화 공사의 중요성이 부각되었다.

[그림 2.53] 윈즈타워 일부 붕괴 (스페인 마드리드)

제2절 강재

철은 철기시대부터 농사와 전쟁 등 인류의 문명발달과정에 크게 작용하였고, 철기류를 잘 다루는 민족이 강성한 국가를 건설하는 원동력이었기 때문에 각 민족들은 철의 생산과 활용에 많은 노력을 기울였다. 이러한 철기류는 구조물이나 주거용으로 사용되기에는 많은 시간이 경과된 이후이다.

철을 사용한 최초의 구조물은 1779년 개통된 영국의 아이언 브리지(Iron Bridge)이다(그림 2.54). 이 다리는 주철로 시공되었으며 스팬 30.6미터, 높이 13,7미터의 아치형 다리이다.

[그림 2.54] 아이언브리지(영국)

그리고 현대 구조물의 기념비적인 사건은 프랑스의 혁명 100주년 기념으로 만들어진 1889년 파리 박람회의 상징물인 에펠탑(Eiffel Tower)이다(그림 2.55). 본 에펠탑에는 약 7천 톤의 주철이 사용되었으며, 그 높이는 약 330미터이다. 구스타브 에펠이 본 구조물을 설계하였을 당시에는 많은 사람들이 파리 시내에 어울리지 않는 구조물이라고 평가하였으나, 에펠탑 시공과정을 통하여 주철의 대량생산과 그리고 공사기간이 매우 빠른 점 그리고 주철에 의한 구조물의 곡선미 등을 종합적으로 평가함으로써 현재는 가장 아름다운 구조물로써 파리를 대표하는 구조물로 인식되고 있으며, 현대의 고층 구조물과 건축물의 주요 구조재료로서 사용되는 촉매역할을 하였다.

[그림 2.55] 에펠탑(프랑스)

이후 대표적인 초고층 건축물인 미국 뉴욕의 엠파이어 스테이트 빌딩(Empire state building)이 1931년이 건설되었으며, 1970년 시카고에 존헨콕 센터(John hancock center)(그림 2.56) 그리고 1973년 뉴욕의 세계무역센터(World trade center)가 건설되었다. 이후 강재는 대표적인 고층 건축물의 주요 재료로 인식되었으며, 우리나라는 1980년대 여의도에 시공된 63빌딩이 강재를 적용한 대표적 고층 건축물이며, 이후 많은 건축물이 구조용 강재로 시공되고 있다.

[그림 2.56] 엠파이어 스테이트 빌딩과 존헨콕센터

1. 강의 제조

1) 제선(製銑)

철강제품의 생산과정은 선철을 생산하는 제선과정 그리고 강철을 생산하는 제강과정 그리고 연속주조와 압연과정으로 이루어진다. 제선과정과 제강과정은 철광석에서 직접적으로 강을 생산하는 1차적 공정이라고 할 수 있고, 연속주조와 압연과정은 일정한 형태와 요구 성능이 발휘되도록 강재를 정련하는 2차적 공정이라고 볼 수 있다.

철강제품의 주요 생산과정은 그림 2.57과 같다.

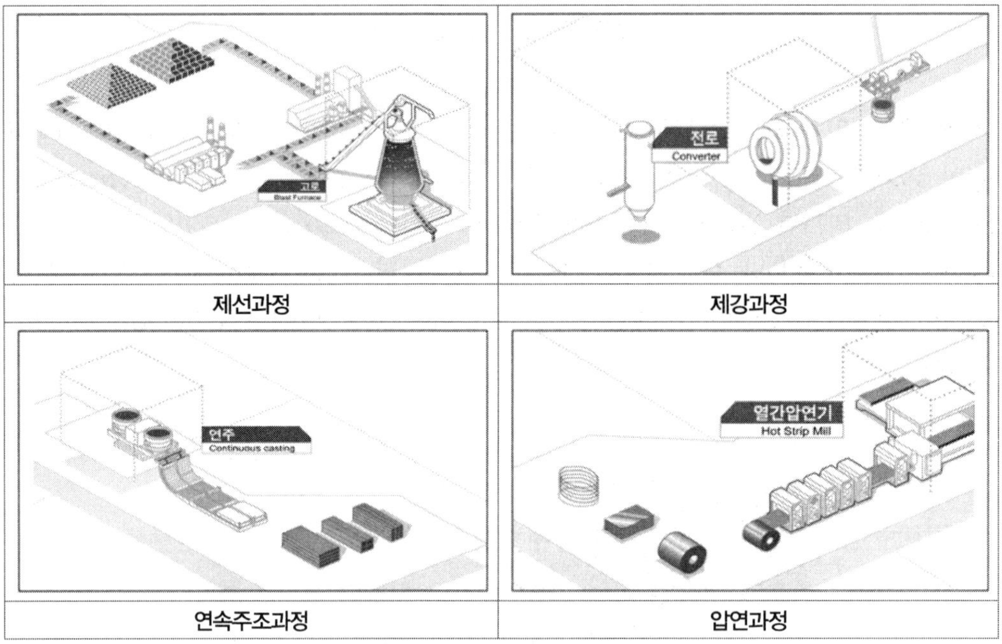

[그림 2.57] 철강제품 생산과정

선철(pig iron)은 용광로에서 철광석을 녹여서 생산되는 첫 번째 철강제품이다. 제선이란 천연 철광석을 용광로 속에서 코크스를 이용하여 환원시켜 철을 얻는 과정이다.

제선공정은 철광석과 코크스 그리고 석회석을 일정한 크기로 나누는 소결과정과 고온의 열풍을 불어주는 열풍로 등으로 구성된다. 여기서 석회석은 철광석이 환원된 이후 철광석의 이산화규소(SiO_2)성분과 결합하여 슬래그를 형성하는데 기여한다(식 2.38).

$$CaO + SiO_2 \rightarrow CaSiO_3 \quad \text{(식 2.38)}$$

철광석이 환원된 이후에는 선철과 슬래그로 분리되며, 각각의 비중차로 인하여 선철은 용광로의 맨 아랫부분에서 배출되고, 슬래그는 다소 높은 곳에서 외부로 배출된다(그림 2.58).

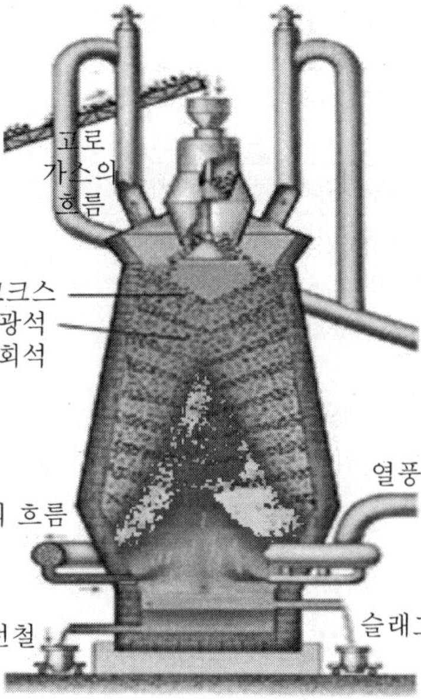

[그림 2.58] 제선과정

2) 제강(製鋼)

선철은 다량의 탄소와 불순물이 포함하고 있으므로 매우 단단한 반면 잘 부러지는 특성을 가지고 있다. 외부 하중이 지속적으로 작용하거나 반복적인 작용을 하는 구조물에는 단단하면서 유연한 성질한 필요로 하게 된다. 따라서 탄소량을 1.7 % 정도로 낮추고 불순물(인, 황, 규소, 망간) 등을 제거해야 하는 제강법이 필요하게 되었다.

대량생산이 가능한 제강기술이 확립된 것은 19세기 후반으로 베세머(Bessemer)와 톰슨(Thomas)의 전로와 윌리엄 지멘스(William Siemens)의 평로, 전기로가 발명되면서부터이다. 제강법에는 전로법, 평로법, 전기로법이 있으며, 현재는 전로법과 전기로 제강법이 주로 사용되고 있으며, 평로법 이용은 점차 감소하고 있다.

전로와 평로는 일반용 강을 만들 때 사용되고 있으며, 전기와 도가니 등은 특수강 제조에 사용된다.

각종 제강법의 특성은 다음 표 2.37과 같다.

[표 2.37] 각종 제강법의 특성

종류 구분	제강방법	특 성
전로법	전로에 선철을 넣고, 산소를 불어넣어 철 이외의 불순물을 태워서 제거시킨다. 베세머(Basser)제강법이라고 한다.	인과 황의 함유량이 많고, 평로보다 건설비와 제강비가 저렴하다.
평로법	평로 속에 선철과 고철, 철광석, 석회석 등을 넣고, 가열된 가스로 불순물을 태워서 제거시킨다. 지멘스(Siemens)제강법이라고 한다.	원료나 제품이 조정이 자유롭고, 품질이 우수하다.
전기로법	전기로 원료를 용융시키는 방법이다.	합금강의 제조에 용이하다.
도가니법	점토와 흑연으로 만든 도가니를 사용하는 제강법이다.	대량생산에 적합하지 않다.

강은 화학성분에 따라서 탄소강(carbon steel)과 합금강(alloy steel)으로 구분된다. 탄소강은 일반강(ordinary steel)이라 불리고, 합금강은 특수강(special steel)이라고도 한다.

(1) 탄소강

탄소강은 탄소의 함유량에 따라서 경도가 달라지며 다음 표 2.38과 같이 구분한다.

[표 2.38] 일반강의 종류

구분	탄소량(%)	주용도	인장강도 (kg/mm^2)	신축률 (%)	담금질 효과
극연강	0.12 이하	박판·못·철선·리벳·셋시 등	30~42	30	없음
연강	0.12~0.20	건설용 및 조선용 형강, 철근 등	34~45	25	없음
반연강	0.20~0.30	레일·차량·기계용 형강 등	44~55	24	적음
반경강	0.30~0.40	보울트·강널말뚝 등	50~60	22	약간 있음
경강	0.40~0.50	공구·샤프트·스프링·피아노선 등	60~70	17	양호
최경강	0.50 이상	스프링·칼날·공구 등	70~85	12	양호

(2) 합금강

탄소강이 지니지 못한 물리, 화학적 성질을 얻기 위하여 만든 고급강을 합금강이라고 하며, 특수강이라고도 한다. 합금강에는 보통 탄소강에 특수원소(니켈, 망간, 크롬, 코발트, 몰리브덴, 규소, 구리, 알루미늄, 니오비윰) 등을 첨가함으로써 해당 원소의 특성을 발휘하는 강을 만들 수 있다(표 2.39).

합금의 목적에 따라 구조용 합금강과 내식성 기타 특수목적을 가진 특수용 합금강으로 구분한다. 구조용 합금강에는 인장강도와 항복강도의 비율이 일정하도록 제조된 건축구조용 강재가 있고, 특수용 합금강에는 내식, 내산 등의 목적에 따라 그 종류가 매우 다양하나, 크롬과 니켈로 조성된 스테인리스강이 대표적인 강종이다. 각 원소의 특징은 다음 표 2.39와 같다.

[표 2.39] 각 원소의 특성

원소명	특 성
Ni	인성증가, 저온 충격 저항 증가
Cr	내마모성, 내식성 증가
Mo	뜨임 취성 방지
Mn	고온 강도 증가, 경도 증가
Si	전기 특성 양호, 내열성 양호
V, Ti, Zr	결정립도 조성

2. 강의 조직과 변태

강의 원자배열은 일정 온도에서 면심입방격자와 체심입방격자의 결정구조 형태로 변화되며, 이를 동소변태(同素變態)라 한다(그림 2.59). 즉 동소변태는 금속의 경우, 일정온도에 따라 그 결정구조가 변화되는 현상을 의미한다. 순철의 경우, 상온에서 알파철(alpha)이라고 하고, 체심입방격자를 나타내나, 910℃에서는 면심입방격자인 감마(gamma)철로 변태하고, 1,400℃에서는 다시 체심입방격자인 시그마(sigma)철로 되며, 1,535℃에서는 용융되어 액체로 변한다.

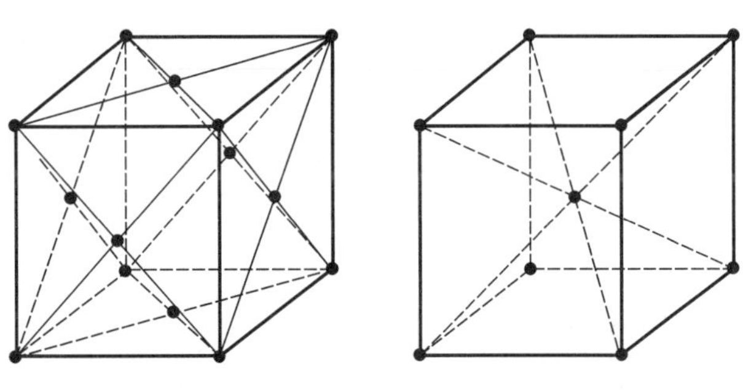

[그림 2.59] 강의 원자배열구조

철강재료에는 철(Fe) 외에 5대 원소(C, Si, Mn, P, S)가 첨가되는데, 특히 탄소(C)의 양에 따라 그 특성이 크게 좌우된다. 따라서 철강재료를 이해하기 위해서는 철-탄소의 상태도(Fe-C)(그림 2.60)와 이에 따른 상(조직)의 특성을 알아야 한다.

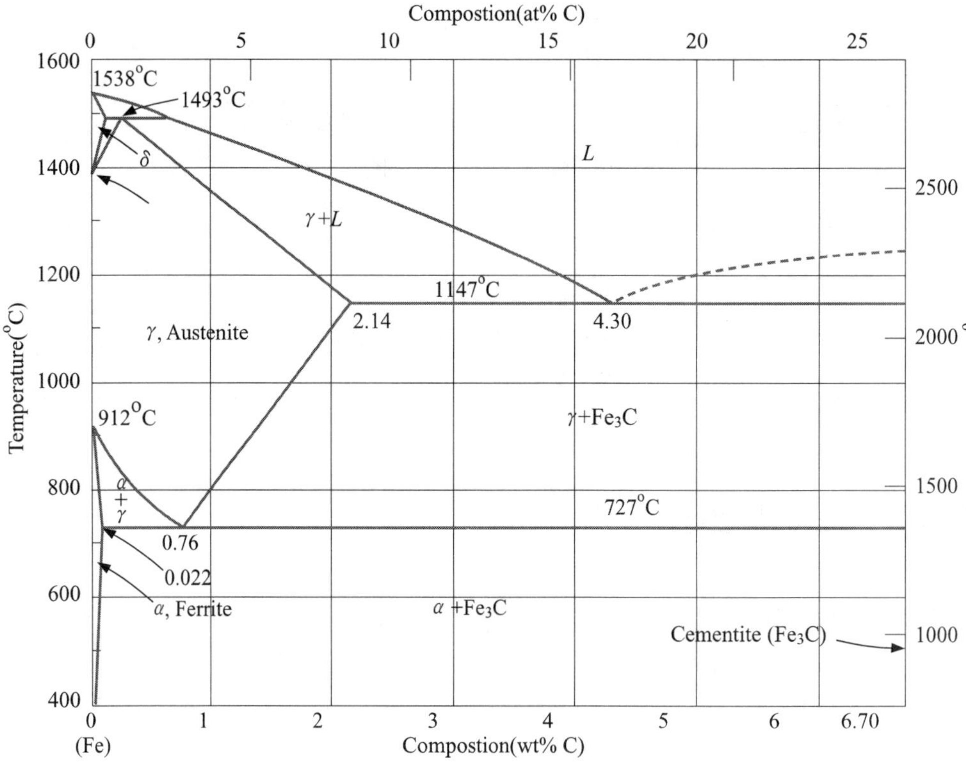

[그림 2.60] 철-탄소의 상태도

철-탄소 상태도 상태도에서는 오스테나이트(γ상), 페라이트(α상), 시멘타이트(Fe_3C) 등의 단독적인 상과, 페라이트와 시멘타이트의 혼합물인 퍼얼라이트도 나타난다. 이러한 평형상외에도 열처리, 용접 등의 냉각조건에 따라서는 비평형상태의 경화상인 마르텐사이트나 베이나이트 등이 나타나기도 한다. 철강재료의 성질은 이들 각 상의 양 또는 혼합분포양식에 의해 결정된다.

① 오스테나이트(Austenite)와 페라이트(Ferrite)

오스테나이트는 면심입방구조를 가지며, 일반 탄소강에서는 고온에서만 안정하게 존재할 수 있는 상이다. 또한 오스테나이트는 탄소를 다량으로 포함하고 있으며, 인성이 높은 것이 특징이다. 그러나 스테인리스강과 같은 특수강을 제외한 탄소강에서 오스테나이트 조직은

723℃ 이상에서만 존재하는 상이다.

페라이트는 일반 탄소강에서 가장 흔하게 존재하는 상으로써 탄소를 거의 포함하지 않는다. 특징으로써 조직은 연하며, 마모에는 약하나 인성이 비교적 높다. 그림 2.61은 용접구조용 압연강판에 일반적으로 나타나는 페라이트와 퍼얼라이트의 층상조직이다.

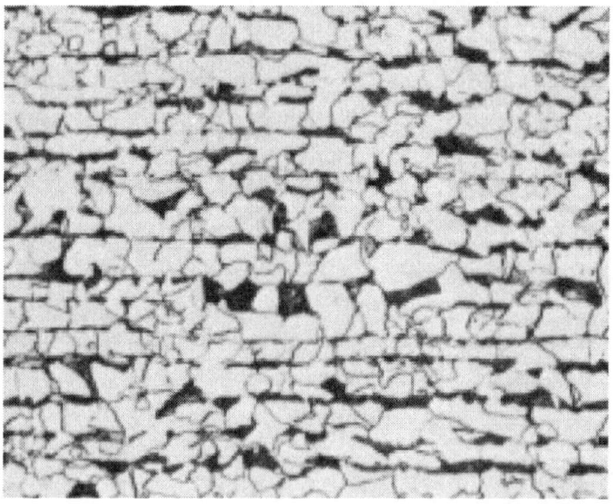

[그림 2.61] 페리아트와 펄라이트의 층상 혼합조직
(그림에서 흰색은 페라이트이고 검은색은 퍼얼라이트이다)

② 시멘타이트(Cementite)

탄화철인 시멘타이트는 탄소 6.68중량%에서 브리넬경도 600~650 정도로 생성된다. 시멘타이트의 결정구조는 단순한 사방격자이며 단위격자 내에 철원자 14개와 탄소원자 4개를 가지고 Fe_3C를 이루고 있다. 탄소강 및 합금강의 기계적 성질은 페라이트 또는 오스테나이트 조직 중에 존재하는 시멘타이트의 양과 분포상태에 따라 좌우된다.

강 중의 시멘타이트는 압연과 단조에 의해서 분쇄되어 균일하게 분산되므로 동일한 탄소 농도의 강이라도 강의 기계적 성질이 향상될 수 있고, 열처리에 의해서도 이들 화합물을 미세 또는 균일하게 분포시켜 재질을 개량할 수 있다.

③ 퍼얼라이트(Pearlite)

퍼얼라이트는 페라이트와 시멘타이트가 층상으로 혼합된 조직이다(그림 2.62). 퍼얼라이트의 기계적 성질은 페라이트와 시멘타이트의 중간 정도이며 시멘타이트보다는 연하고 인성이 강하고, 페라이트보다는 단단하고 강한 특성이 있다.

열 처리시 오스테나이트 상태에서 냉각속도를 빠르게 하면 페라이트와 시멘타이트의 층상 조직이 미세해지므로 더 향상된 기계적 특성을 얻을 수 있다.

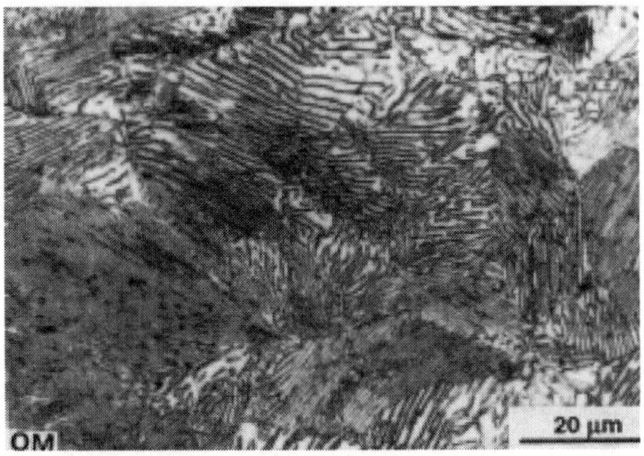

[그림 2.62] 퍼얼라이트 층상조직

④ **마르텐사이트(Martensite)**

탄소강은 오스테나이트상태에서 평형냉각(서냉)에 의해서는 페라이트와 시멘타이트의 얇은 판들이 나란히 있는 층상구조의 퍼얼라이트가 생성되나, 비평형냉각(급냉)시에는 무확산 변태과정을 거쳐 마르텐사이트라는 조직이 만들어 진다(그림 2.63). 마르텐사이트는 철-탄소의 상태도에는 나타나지 않는 준안정조직이지만 상온에서 존재하며 매우 단단하고 강한 것이 특징이다.

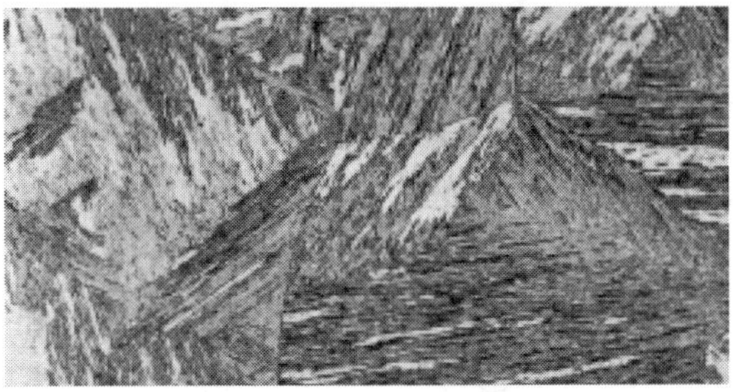

[그림 2.63] 저탄소강의 마르텐사이트 조직

3. 강의 열처리

강은 고온에서 저온화되면 기계적 성질이 변화된다. 이러한 성질을 이용하여 소정의 성질을 얻기 위해 냉각과 가열을 조합, 반복하는 조작하는 것을 열처리라고 한다. 열처리의 방법에는 풀림, 불림, 담금질 및 뜨임질 등이 있다.

① 풀림(annealing)

강을 적당한 온도(800~1,000℃)로 일정한 시간동안 가열한 후에 노(爐) 안에서 천천히 냉각시키는 열처리 방법을 말한다.

② 불림(normalizing)

강괴를 800~1,000℃로 가열하여 그 온도에서 수십 분간 보존한 후에 공기 중에서 서서히 냉각하면 조직이 정상화되고 부서지기 쉬운 것이 강하게 되는 열처리 방법이다.

③ 담금질(quenching or hardening)

강을 오스테나이트 상태의 고온에서 물 또는 기름 속에 투입하여 급랭함으로써 마르텐사이트 조직을 가진 상당히 단단한 조직을 얻는데 목적이 있는 열처리 방법이다.

④ 뜨임질(tempering)

담금질을 한 강을 다시 200~600℃로 수십 분 가열한 후에 공기 중에서 냉각하는 처리를 말하며, 뜨임질의 목적은 경도를 감속시키고 내부응력을 제거하며 연성과 인성을 크게 하기 위함이다.

4. 강의 일반적 성질

1) 물리적 성질

강은 탄소 함유량에 따라서 기계적, 물리적 성질 등이 좌우된다. 일반적으로 비중, 열팽창계수, 열전도율 등은 탄소함유량이 증가할수록 감소되며, 비열은 탄소함유량이 증가할수록 증가되는 특성을 보인다.

강의 물리적 성질은 다음 표 2.40과 같다.

[표 2.40] 강의 물리적 성질

비중	융점 (℃)	비열 (cal/g·℃)	열전도율 (cal/cm·sec·℃)	선팽창계수 (상온)
7,789~7,876	1,425~1,528	0.102~0.108	0.087~0.134	1.4E05~1.5E05

2) 기계적 성질

강을 기계적인 힘을 가하여 변형을 시키면 비례구간, 응력과 변형과의 관계, 항복점, 인장강도 등과 같은 특징을 나타낸다(그림 2.64).

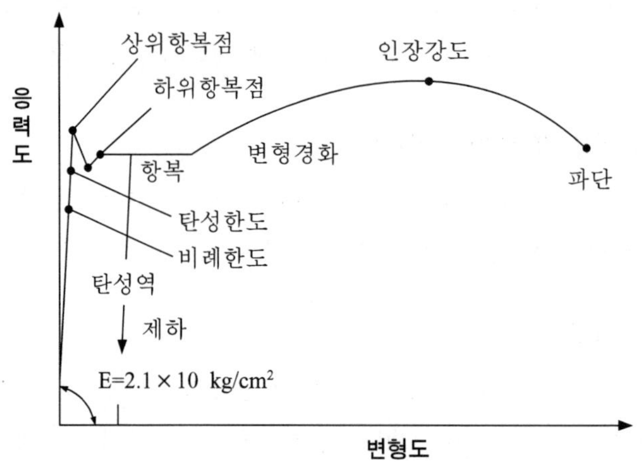

(a) 항복점이 명백한 강재

[그림 2.64] 항복점이 명확한 강재의 응력도-변형도 관계

(1) 인장강도

강재의 인장시편을 준비한 후, 만능재료시험기(UTM) 등을 이용하여 재료의 시험편을 인장을 한 후, 최대하중을 재료의 단면적으로 나눈 값이 인장강도이다(식 2.39).

$$\sigma = \frac{P}{A}\ (\mathrm{kgf/cm^2}) \qquad \text{(식 2.39)}$$

여기서, σ = 인장강도($\mathrm{kgf/cm^2}$)

P = 최대하중(kgf)

A = 최대의 단면적($\mathrm{cm^2}$)

(2) 항복점

하중을 더 이상 증가시키지 않아도 변형이 생기기 시작할 때의 응력을 항복응력이라 한다. 만약 하중의 재하 속도를 빠르게 하면 상항복응력에 도달하게 되고, 재하 속도를 늦추면 하항복점 직접 도달하게 된다. 그러나 상항복 응력상태는 불안정한 상태이기 때문에 구조 계산에 사용되는 항복점은 안전측을 고려한 하항복점이다.

(3) 0.2 % 변형도

고강도강과 스테인리스강의 경우는 뚜렷한 항복점을 나타내지 않고, 연속적인 항복의 특성을 보인다. 따라서 이러한 강재의 경우에 있어서 항복점을 구하는 방법은 탄성구간의 최대구간이 변형도 0.2 %에 있어서 증명된 항복점을 찾는 것이다(그림 2.65).

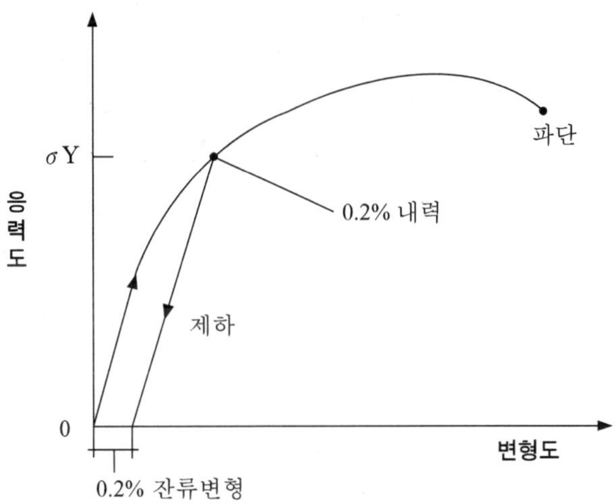

(b) 항복점이 명백하지 않은 강재

[그림 2.65] 항복점이 명확하지 않은 강재의 응력도-변형도 관계

(4) 충격강도

강재의 취성파괴에 대한 저항을 측정하기 위한 시험이다. 강재의 취성파괴는 축응력상태, 낮은 온도 및 빠른 하중재하속도 등에 의하여 발생한다.

힘이 가해지는 방법에 따라 인장강도, 압축, 휨, 비틀기 등의 여러 가지 충격시험이 있으며, 주로 충격휨시험으로는 샤르피(Charpy) 충격시험과 아이자드(Izod) 충격시험이 사용된다. 충격강도는 파괴에 도달할 때의 에너지를 파괴 시 단면적으로 나눈 값으로 한다.

(5) 피로강도

반복하중을 지속적으로 받는 구조물의 파괴는 정적인 파괴하중보다 낮은 하중에서도 예고 없는 파괴가 발생될 수 있다. 따라서 주기적 진동을 받는 크레인 구조물과 다리에 적용되는 강재의 피로강도 확인은 매우 중요하다. 피로강도는 일정한 주기를 반복적으로 작용시켜 평가하는 시험이므로 많은 시간이 소요된다.

(6) 인성 및 소성 이력곡선

그림 2.66은 하중이 작용하여 피로한도까지 이르는 동안의 응력과 변형의 관계를 1 사이클에 대해서 나타낸 그림이다. 여기서 전변형도의 크기 $\Delta\epsilon$은 전소성 변형율의 크기 $\Delta\epsilon_p$와 전탄성 변형율의 크기 $\Delta\epsilon_e$ 합이다. 그림에서 볼 수 있는 것처럼 하중을 가할 때의 응력－변형도 곡선의 기울기는 하중 제거 시의 응력-변형도 곡선의 기울기와 일치하지 않는다. 하중재하 시와 하중 제거 시의 응력－변형도 곡선은 고리를 형성한다. 이는 진동 시 재료가 갖는 감쇄효과 때문인 것으로 알려져 있으며, 이 고리를(그림에서 OAB)를 탄성이력곡선이라 한다.

만약에 인장하중을 항복강도까지 재하시켰다가 반대방향으로 압축하중을 가한다면 그림에서 볼 수 있듯이 압축 항복강도는 인장 항복강도보다 훨씬 작은 값으로 나타나게 된다. 이러한 현상을 바우싱거효과(Baushinger effect)라고 한다. 그 후 같은 방향으로 계속하여 변형이 생기게 되면 응력－변형도 곡선은 본래의 응력－변형도 곡선으로 복귀하게 된다. 이러한 고리를 소성이력곡선이라고 한다.

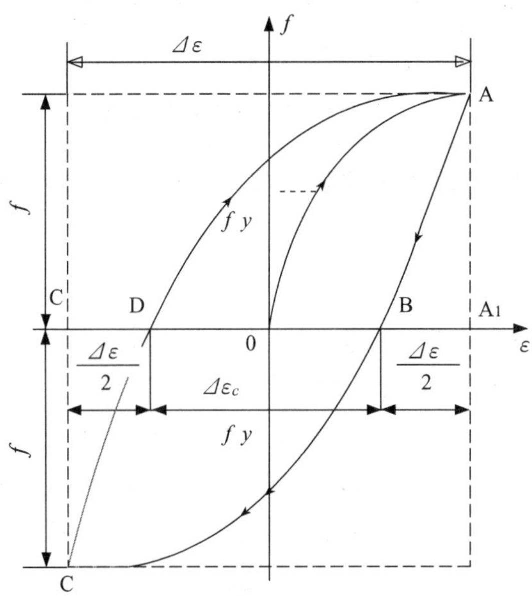

[그림 2.66] 응력의 이력곡선

3) 화학적 성질

강재는 공기 중의 산소와 수분과의 결합을 통하여 산화되며, 그 결과로 녹이 발생하게 된다. 녹 발생은 강재의 내부로 확산되어 강재의 내력을 저하시키게 된다. 이러한 성능저하를 방지하기 위하여 망간과 니켈, 크롬 등을 혼입하는 특수강이 필요하게 되었으며, 스테인리스강과 내후성강 등이 대표적인 특수강으로 개발되었다.

5. 구조용 강재

1) 구조용 강재의 규격

구조용 강재는 제강과정을 거쳐(평로, 전로 등) 만들어진 강괴(ingot)를 필요한 형태로 압연성형한 압연강재(rolled steel)가 사용되고, 종류로는 형강, 강관, 봉강 등이 있다. 일반적으로 형강은 구조용으로 사용되고, 봉강은 보울트, 리벳, 철근 등의 제조에 사용된다.

구조용 강재는 한국산업규격 KS D 3503(일반구조용 압연강재, 2008), KS D 3504(철근콘크리트용 봉강, 2011), KS D3515(용접 구조용 압연강재, 2008), 및 KS D 3529(용접구조용 내후성 열간 압연강재, 2008)의 규격에 적합한 것이라야 한다.

일반 구조용 강재는 0.12~0.2 % 정도의 탄소를 함유하는 연강(mild steel)과 반 연강(semi mild steel)로 구분된다. 연강은 제강과 가공이 용이하고, 큰 강도와 연성을 갖는다. 표 2.41은 주요 구조용 강재에 사용되는 관련 규격에 관한 것이다.

[표 2.41] 구조용 강재의 규격(( )안은 종래규격)

번 호	명 칭	강 종
KS D 3503	일반 구조용 압연 강재	SS 400(SS41)
KS D 3515	용접 구조용 압연 강재	SMS 400(SWS 41)A, B, C SMS 490(SWS 50)A, B, C SMS 490(SWS 50)YA, YB SMS 520(SWS 53)B, C SMS 570(SWS 58)
KS D 3529	용접 구조용 내후성 열간 압연 강재	SMS 400(SWS 41)AW, AP SMS 400(SWS 41)BW, BP SMS 400(SWS 41)CW, CP
KS D 4108	용접 구조용 원심력 주강관	SCW 490(SCW 50)－CF

2) 구조용 강재의 종류와 형상

건축 구조물에 사용되는 구조용 강재는 크게 철근과 구조용 강재로 구분된다.

(1) 철근

철근은 철근콘크리트 구조물에서 콘크리트의 단점인 인장력을 부담하는 역할을 하는 것으로써 열간성형 후 제조된 봉강을 사용하여 생산된다.

철근의 제반 사항은 한국산업규격 철근콘크리트용 봉강에 규정되어 있으며, 다음과 같은 종류가 있다.

- 원형철근(round steel bar)
- 이형철근(deformed steel bar)
- 고강도철근(high tensile bar)
- 피아노선(piano wire, piano string)
- 용접철망(welded steel wire fabrics)
- 철선, 강선(steel wire)

① 원형철근, 이형철근

건설공사에 사용되는 철근으로써 이형철근은 철근의 단면에 마디와 리브(rib)를 형성한 것이며, 콘크리트와의 부착력 증가가 주목적이다(그림 2.67). 반면 원형철근은 철근의 단면에 돌기와 마디가 없는 단면으로써 최근에도 거의 사용되지 않고 있다.

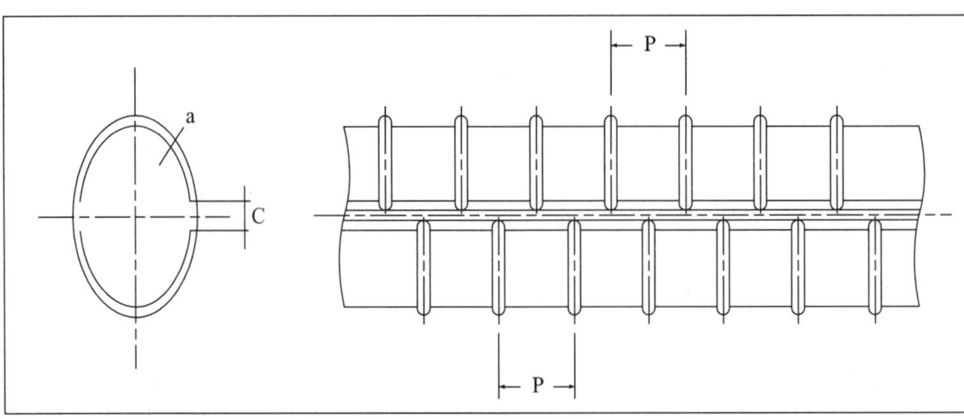

[그림 2.67] 이형철근의 단면과 표면

이형철근의 단위중량과 공칭직경 등은 다음 표 2.42와 같다. 이형철근은 단면에 형성된 마디와 돌기 때문에 정확한 직경을 산출하기 어렵다. 따라서 이형철근의 경우는 공칭지름을 사용하게 되며, 이형철근의 공칭지름 결정과정은 다음과 같다.

- 임의의 이형철근 단위 미터 당 무게를 산출하며, 이에 가장 근접되는 원형철근의 지름을 결정한다.
- 이형철근에 가장 근접되는 원형철근의 지름을 공칭지름으로 산정하고, 공칭 단면적으로 산정한다.

[표 2.42] 이형철근의 제원

호칭명	단위중량 (kg/m)	공칭지름 (d)(mm)	공칭단면적 (s)(cm^2)	공칭둘레 (l)(cm)	마디 및 리브의 치수		
					마디간격의 평균 최대치(mm)	마디높이의 평균 최소(mm)	양쪽 리브의 합계(mm)
D6	0.249	6.35	0.3167	2.0	4.4	0.3	5.0
D10	0.560	9.53	0.7133	3.0	6.7	0.4	7.5
D13	0.995	12.7	1.267	4.0	8.9	0.5	10.0
D16	1.56	15.9	1.986	5.0	11.1	0.7	12.5
D19	2.25	19.1	2.865	6.0	13.4	1.0	15.0
D22	3.04	22.2	3.871	7.0	15.5	1.1	17.5
D25	3.98	25.4	5.067	8.0	17.8	1.3	20.0
D29	5.04	28.6	6.424	9.0	20.0	1.4	22.5
D32	6.23	31.8	7.942	10.0	22.3	1.6	25.0
D35	7.51	24.9	9.566	11.0	24.4	1.7	27.5
D38	8.5	38.1	11.40	12.0	26.7	1.9	30.0
D41	10.5	41.3	13.40	13.0	28.9	2.1	32.5

이형철근의 인장강도와 항복점 등의 기계적 특성은 다음 표 2.43과 같다. 표에서 SD는 이형철근(Steel Deformed)을 표시한다.

[표 2.43] 이형철근의 기계적 특성

종류	항복점 또는 항복강도 (N/mm^2)	인장강도	인장시험편	연신율(%)	비고
SD 300	300 이상	440 이상	2호에 준한 것	16 이상	일반용
			3호에 준한 것	18 이상	
SD 350	350 이상	490 이상	2호에 준한 것	18 이상	
			3호에 준한 것	20 이상	

종류	항복점 또는 항복강도 (N/mm^2)	인장강도	인장시험편	연신율(%)	비고
SD 400	400 이상	560 이상	2호에 준한 것	16 이상	
			3호에 준한 것	18 이상	
SD 500	500 이상	620 이상	2호에 준한 것	12 이상	
			3호에 준한 것	14 이상	
SD 600	600 이상	710 이상	2호에 준한 것	10 이상	
			3호에 준한 것		
SD 700	700 이상	800 이상	2호에 준한 것	10 이상	
			3호에 준한 것		
SD 400W	400 이상	560 이상	2호에 준한 것	16 이상	용접용
			3호에 준한 것	18 이상	
SD 500W	500 이상	620 이상	2호에 준한 것	12 이상	
			3호에 준한 것	14 이상	

② 고강도 철근

보통 철근보다 강도가 높은 철근을 의미하며, 제조 시 탄소강에 니켈, 망간, 규소 등을 소량, 첨가하여 열간 및 냉간 가공 과정을 거친다.

③ 용접철망

지름 2.6~8.0 mm의 보통철선을 가로 세로의 직각으로 배열시켜 그 교차된 점을 전기저항 용접한 것으로 주로 콘크리트 보강용으로 넓은 바닥판 및 도로 포장 등에 사용된다. 그물눈의 치수는 50, 75, 100, 125, 150, 175, 200, 250, 300 mm로 하고 철망의 가로 세로선의 인장강도는 50 (kgf/mm^2) 이상이어야 한다.

(2) 구조용 강재

① 강봉

강봉의 단면형태는 원형, 4각형, 6각형, 8각형이 있다. 주로 철근이나 또는 리벳, 볼트의 재료로 사용된다.

② 강판

강판은 두께에 따라서 구분한다. 두께 3 mm 이하를 박판이라 하고, 두께 3~6 mm를 중판이라고 하며, 두께 6 mm 이상을 후판이라고 한다.

③ 형강

형강은 단면형상에 따라서 ㄱ형강(angles), H형강, I형강, ㄷ형강(channel)과 T형강이 있다(그림 2.68). 구조용 형강의 크기 표현은 웨브의 높이×플랜지의 길이×웨브의 두께×플랜지의 두께 순으로 표현한다(표 2.44).

L형강은 두 변이 직각으로 된 압연형강으로서, 두 변의 길이가 같은 등변 r형강과 두 변의 길이가 서로 다른 부등변 ㄱ형강이 있다. 건축구조용으로 가장 많이 사용되는 H형강은 두 개의 수평재인 플랜지(flange)와 한 개의 수직재인 웨브(web)로 구성된 압연형강재로서 플랜지의 외부와 내부가 일정한 두께를 유지하여 단면성능이 우수하다.

I형강은 H형강과 같이 플랜지(flange)와 웨브(web)로 구성되어 있으나, 플랜지의 두께가 내부에서 외부로 일정하게 줄어든 단면형태이다.

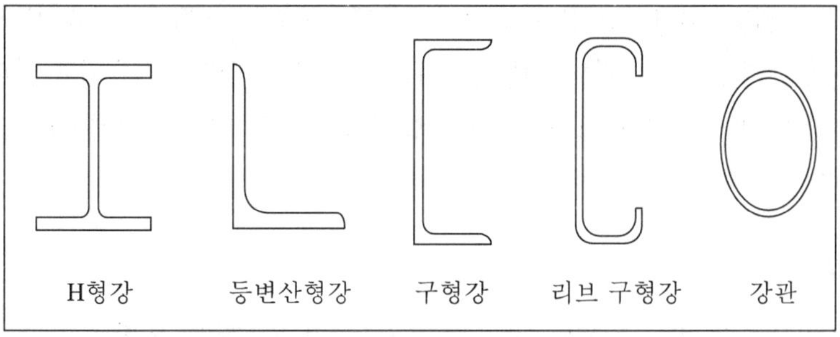

[그림 2.68] 구조용 형강의 단면

[표 2.44] 구조용 형강의 크기 표기

	(A×B×t)	(A×B×t)
등변 ㄱ 형강	20×20×3(40×40×5)	250×250×35(150×120×15)
부등변 ㄱ 형강	75×50×5(90×75×9)	150×100×15
I 형강	125×75×5.5×9.5	600×190×16×35
ㄷ 형강	100×50×5×7.5	380×100×13×20
H 형강	100×100×6×8	400×400×21×21
H 형강	150×100×6×9	600×300×14×23
H 형강	100×50×4×6	900×300×18×34
T 형강	6×125×12×6	62×400×12×32

④ 경량형강

경량형강은 두께가 1.6~4.5 mm 정도의 얇은 강판을 상온에서 여러 가지 단면형상으로 제작한 것이다. 대표적인 경량형강의 단면형상으로는 경 ㄷ형강, 경 Z형강, 경 L형강, 경 L형강, 리브 ㄷ형강, 리브 Z형강, 리브 ㄴ 형강 등이 있다. 최근에는 스틸하우스 용으로 구조체를 만들기 위한 두께 1.0 mm 전후의 경량형강인 스틸 스터드(steel stud)와 러너(runner)가 많이 생산되고 있다.

경량형강은 단위중량에 비하여 단면2차모멘트가 커서 휨재로서의 경제성이 있으나, 단면이 얇아 국부좌굴에 약한 단점을 가지고 있다.

⑤ 강관

강관은 제조방법에 따라서 냉간 또는 열간압연에 의해서 제조된 강관과 강판을 용접하여 만든 용접강관이 있다. 일반 구조용 탄소강관은 건축 구조물, 철탑, 비계 등에 사용되며, 단면이 큰 경우에는 최근에는 강관내부에 콘크리트를 충전한 단면이 적용되고 있다. 콘크리트가 충전된 강관의 단면은 콘크리트와 강관의 합성효과를 인하여 구조성능과 동시에 내화성능이 우수하다.

⑥ 강널말뚝

흙막이용으로 지중에 박는 강널말뚝은 건축 구조체가 완성되면 인발하여 다른 곳으로 전용하는 것으로 다음 그림 2.69와 같은 종류가 있다.

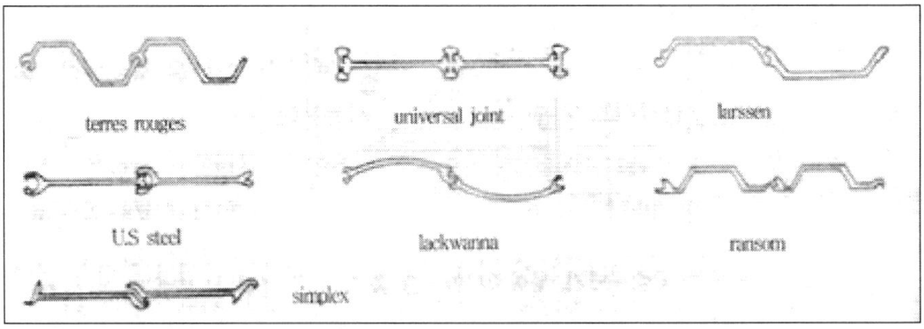

[그림 2.69] 강널말뚝의 종류

3) 부식과 방식

강재는 공기 중의 산소와 수분과 반응하여 녹이 발생됨으로써 부피 팽창과 더불어 주변 구조물에 균열을 유발시켜, 궁극적으로 구조적 성능저하 및 내구성 약화로 이어진다. 따라서 강재에서의 부식 과정과 방식 방법의 습득은 강구조물의 성능유지 및 유지관리에 있어서 매우 중요한 부분을 차지하고 있다.

(1) 부식

2종의 서로 다른 금속을 전해질 용액 중에 넣으면 전위차가 발생되고, 그 중 이온화 경향이 큰 것이 용해되어 부식된다. 철의 경우, 철(Fe)이 전자를 잃어(산화) Fe+이 되어 물의 OH−와 결합하여 수산화철이 되면서 지속적인 부식 발생이 발생된다.

대기 중에 존재하는 습기나 산소를 포함하는 수중에서 물의 분해에 의하여 발생되는 수산화이온과 철이온의 작용으로 표면에 수산화제일철($Fe(OH)_2$)이 생기고, 이것이 다시 산화하여 수산화제2철($Fe(OH)_3$)로 된다. 이 과정에서 빨간 녹이 발생된다.

건축분야에 사용되는 금속 중에서 이온화 경향이 큰 것부터의 순서는 다음과 같다.

- Mg(마그네슘), Al(알루미늄), Zn(아연), Fe(철), Ni(니켈), Sn(주석), H(수소), Cu(구리), Ag(은), Au(금)

(2) 방식

방식은 부식을 방지하기 위한 방법을 강구하는 것으로써 방식 재료를 사용하는 대책과 사용방법에 관한 대책으로 구분된다.

① 방식재료 도포방법

- 철강재 표면을 내식성이 강한 아연, 크롬, 구리, 니켈 등으로 도금
- 페인트, 합성수지 등으로 도막
- 인산염 용액에 금속을 담가서 표면에 인산염 피막
- SiO_2주성분의 유약을 바르는 법랑마감
- 모르타르 또는 콘크리트로 피복

② 부식방지를 위한 사용상 대책

- 가능한 이종 금속을 인접 또는 접촉시켜 사용하지 않는다.

- 균질한 것을 선택하고 사용 시 큰 변형을 주지 않도록 한다.
- 큰 변형이 발생된 것은 수정한 후(풀림(annealing)) 사용한다.
- 부분적으로 녹이 나면 즉시 제거한다.

6. 비철금속

철 이외의 금속을 비철금속이라고 하며 동, 동합금, 알루미늄 및 알루미늄합금, 니켈 및 니켈 합금, 아연, 주석 등이 있다. 비철금속은 역학적 특성에 있어서는 철강제품보다 떨어지기 때문에 구조용으로 사용하는 것은 매우 제한적이나 내식성, 열전도율, 전성, 연성, 경량성 및 가공성이 우수하기 때문에 장식 또는 부속 철물용으로 많이 사용되고 있다.

1) 동과 그 합금

(1) 동(Cu)

표면이 미려하고 내식성이 우수하기 때문에 지붕, 장식철물, 창호철물에 사용된다. 설비재료로는 냉난방, 배수 등에도 사용된다. 기타 동이 다른 금속보다 우수한 점은 다음과 같다.

- 전연성이 풍부하므로 가공하기 쉽다.
- 열과 전기의 전도율이 은의 다음으로 우수하다.
- 색상이 미려하다.
- 내부식성이 우수하다.

동의 각종 물리적 성질은 표 2.45와 같다.

[표 2.45] 동의 물리적 성질

성 질	수 치	성 질	수 치
원자량	63.54	비열(20℃, cal/g℃)	0.029
결정 구조	면심입방격자	선팽창계수(cm × 10^{-4})	16.5 × 10^{-6}
밀도(20℃, g/cm^3)	8.89	고유 저항(20℃)	1.71 μ · Ω · cm
끓는 점(℃)	2,595	전도율	약 101 %(IACS)
녹는 점(℃)	1,0.83	주조수축률(%)	1.42

(2) 황동(Yellow copper)

동과 아연을 주성분으로 하며(주로 동 70 %, 아연 30 %), 가공과 내식성이 우수하여 계단 논슬립, 창문의 레일, 장식 철물 및 나사, 볼트, 너트에 사용된다.

(3) 청동(bronze)

동과 주석을 주성분으로 한다. 주석은 보통 4~12 % 함유된다.

2) 알루미늄과 그 합금

(1) 알루미늄

1827년 발견되었으며, 보크사이트 광석에서 생산된다. 철에 비해서 가볍고, 전도성 및 반사율이 우수하며, 대기 중에서 표면에 자연산화피막을 형성하므로 내식성이 우수한다. 또한 연질이므로 가공성이 뛰어나 새시, 창문, 문짝 등의 창호재 및 커튼월, 지붕재, 가구재 등에 널리 사용된다. 산과 알칼리 등에 부식되므로 콘크리트, 모르타르 등에 직접 접하거나 흙속에 매몰된 경우에는 부식되므로 유의해야 한다. 알루미늄의 물리적 특징은 다음 표 2.46과 같다.

[표 2.46] 알루미늄의 물리적 성질

성 질	수 치	성 질	수 치
원자량	26.98	융해열(cal/g)	94.5
밀도(20℃, g/cm^3)	2.699	선팽창계수(20℃, cm×10^{-4})	5.99
융점(℃)	660	열전도도(20℃, cal/cm^2, cm/sec/℃)	0.53
비점(℃)	2.450	전기전도도(%, Cu에 비해서)	69.94
비열(20℃, g/℃)	0.125	전기저항온도계수	0.00429

[장점]
- 은백색의 광택을 가지며 광선 및 열의 반사율이 높다.
- 경량이며(철의 1/3) 강도가 비교적 높다.
- 압연, 인발 등의 가공성이 좋다.
- 독성이 없고, 내구성이 좋다.

[단점] • 열팽창계수가 크다(철의 2배).
• 연질이므로 손상받기 쉽다.
• 해수(海水)와 산, 알칼리에 약하다.

(2) 알루미늄 합금

알루미늄의 순도를 높이면 내식성과 전성과 연성은 커지나 연질이고 강도가 적기 때문에 용도에 따라서 적합하지 않을 수 있다. 따라서 구리, 망간, 마그네슘, 아연 등의 원소를 알루미늄에 첨가함으로써 내식성, 내열성 및 고강도의 알루미늄 합금을 제조하게 된다. 알루미늄 합금의 용도는 다음과 같다.

• 마감재료(지붕, 외벽, 내벽, 천장, 간막이 등)
• 창호재료(도어, 새시, 셔터 등)
• 계단재료(계단, 손잡이, 논슬립 등)
• 차광재료(블라인드, 루버 등)

7. 화재 시 강재의 성질

화재와 같은 고온상태에서 강재는 내력적 특성과 열적 특성 모두 변화하게 된다. 따라서 강재를 구조재료로 사용한 강구조 건축물에서의 화재 발생은 기둥과 보 등의 구조부재의 팽창, 신축 그리고 처짐 발생 등의 구조적 문제점을 유발시켜, 궁극적으로 붕괴로 이어질 수도 있다(그림 2.70~71). 따라서 고온에서의 구조적 붕괴를 방지하기 위하여 내화설계가 필수적으로 요구되고 있다. 내화설계에는 법규정과 시방서에 따른 시방적 내화설계방법과 건축물의 화재조건에 따라 화재안전성을 확보하는 성능적 내화설계(또는 공학적 내화설계) 등 두 가지 방법으로 대별된다.

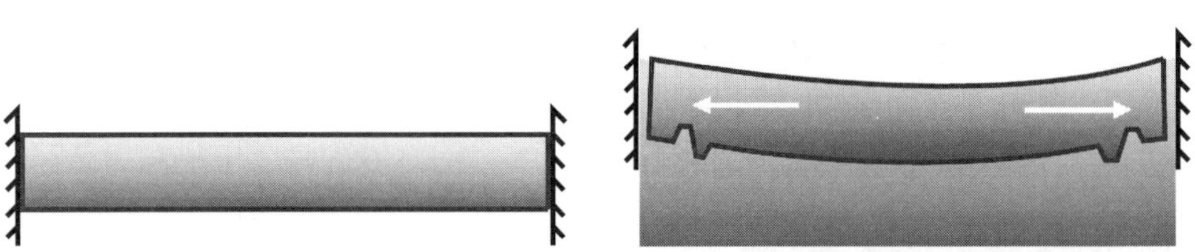

(a) 보부재 (b) 화재로 인한 팽창발생

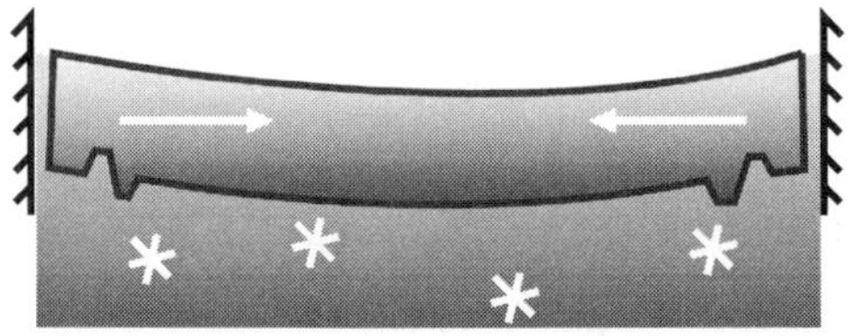

(c) 냉각에 의한 수축발생

(d) 보부재의 좌굴발생

[그림 2.70] 화재 시 팽창과 수축에 의한 보부재의 좌굴발생과정

[그림 2.71] 강구조물의 변형

현재 우리나라에서 시행되고 있는 시방적 내화설계 방법은 가열로를 통한 내화시험방법과 건축법규에 제시된 타입의 적용 등으로 이루어지고 있으며, 성능적 내화설계방법은 대상 건축물의 화재 위험성 평가와 구조체의 화재 시 거동평가를 통하여 안전성을 평가하는 방법이다. 따라서 성능적 내화설계를 수행하기 위해서는 반드시 강재의 고온 시 특성인 기계적 특성과 열적 특성의 자료가 요구된다. 강재의 고온 특성 자료는 유럽(Eurocode 3, Part 1.2)과 뉴질랜드(SNZ 3404) 등의 자료가 대표적으로 활용되고 있다.

1) 유럽의 강재 고온특성

(1) 기계적 특성

2~50 K/분 크기인 가열속도에 대해서, 고온에서의 강재의 강도 및 변형은 그림 2.72의 응력-변형 관계로부터 도출되며, 고온에서 응력 감소비율은 표 2.47과 같다.

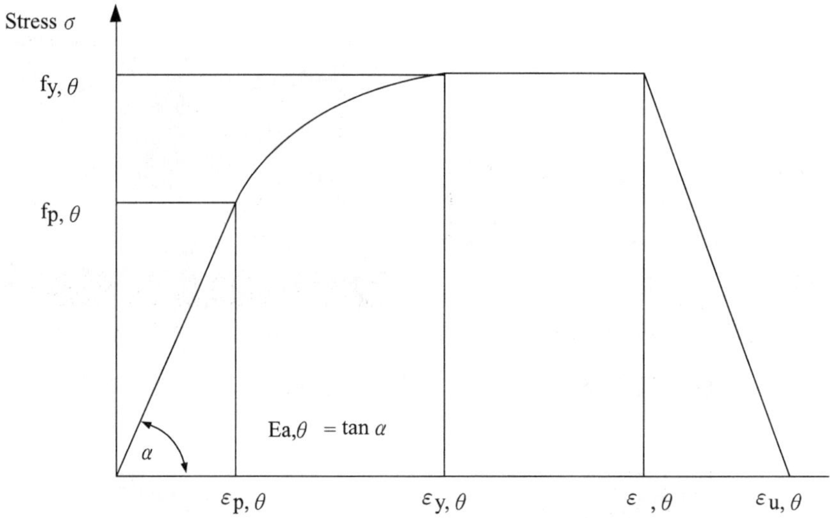

[그림 2.72] 고온에서의 강재에 대한 응력-변형관계

[표 2.47] 고온에서 강재의 응력-변형관계의 감소계수

강재온도 θ_a	f_y, E_a수치에 대한 온도 θ_a에서 감소계수			
	유효항복강도에 대한 감소계수 $k_{y,\theta}=f_{y,\theta}/f_y$	변형계수를 만족하는 수정계수 $k_{x,\theta}=f_{x,\theta}/f_y$	비례한계에 대한 감소계수 $k_{p,\theta}=f_{p,\theta}/f_y$	탄성영역구배에 대한 감소계수 $k_{E\theta}=E_{a,\theta}/E_a$
20℃	1.000	1.000	1.000	1.000
100℃	1.000	1.000	1.000	1.000
200℃	1.000	0.992	0.807	0.900
300℃	1.000	0.845	0.613	0.800
400℃	1.000	0.770	0.420	0.700
500℃	0.780	0.615	0.360	0.600
600℃	0.470	0.354	0.180	0.310
700℃	0.230	0.167	0.075	0.130
800℃	0.110	0.087	0.050	0.090
900℃	0.060	0.051	0.0375	0.0675
1000℃	0.040	0.034	0.0250	0.0450
1100℃	0.020	0.017	0.0125	0.0225
1200℃	0.000	0.000	0.000	0.000

유의 강재온도의 중간값은 직선보간이 가능하다.

항복강도, 비례한도 그리고 탄성계수의 고온에서의 감소특성은 그림 2.73과 같다.

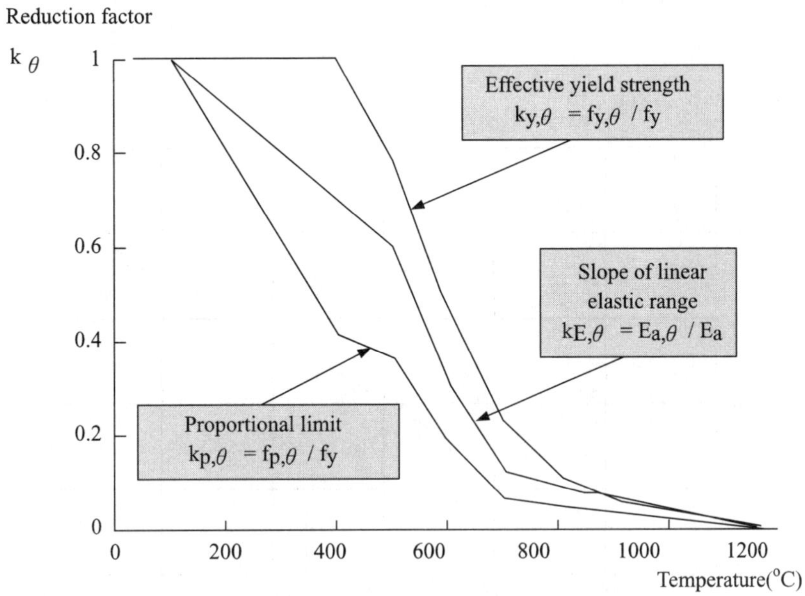

[그림 2.73] 강재의 응력-변형관계의 감소계수

(2) 단위질량

(가) 강재의 단위질량(ρ_{α})는 강재온도와는 무관하며, 일반적으로 강재의 단위질량은 7850 kg/m^{3}을 사용한다.

(2) 열특성

① 열팽창

온도변화에 따른 강재의 열팽창은 다음 그림 2.74와 같다.
강재의 열팽창($\Delta l/l$)은 다음 식 2.40~42로 결정된다.

• $20℃ \le \theta_a < 750℃$ 구간에 대해서

$$\Delta l/l = 1.2\times10^{-5}\theta_a + 0.4\times10^{-8}\theta_a^2 - 2416\times10^{-4} \quad \text{(식 2.40)}$$

• $750℃ \le \theta_a \le 860℃$에 대해서

$$\Delta l/l = 1.1\times10^{-2} \quad \text{(식 2.41)}$$

• $860℃ < \theta_a \leq 1{,}200℃$에 대해서

$$\Delta l/l = 2 \times 10^{-5}\theta_a - 6.2 \times 10^{-3} \qquad \text{(식 2.42)}$$

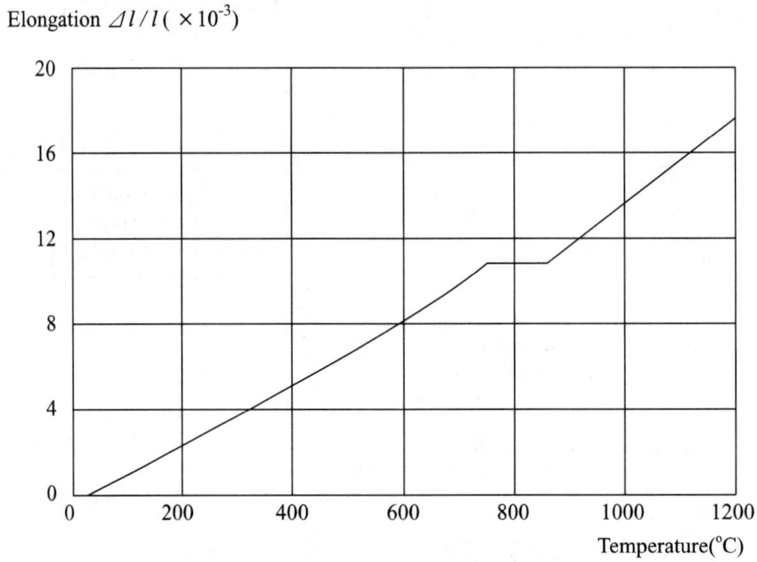

[그림 2.74] 고온에서의 강재 열팽창

열팽창을 선형구간으로 고려해서 계산할 경우에는 다음 식 2.43을 사용한다.

$$\Delta l/l = 14 \times 10^{-6}(\theta_a - 20) \qquad \text{(식 2.43)}$$

여기서, l : 20℃에서의 길이(cm)

Δl : 온도에 의해서 늘어난 길이(cm)

θ_a : 강재의 온도(℃)

② 비열

온도변화에 따른 강재의 비열은 다음 그림 2.75와 같다.

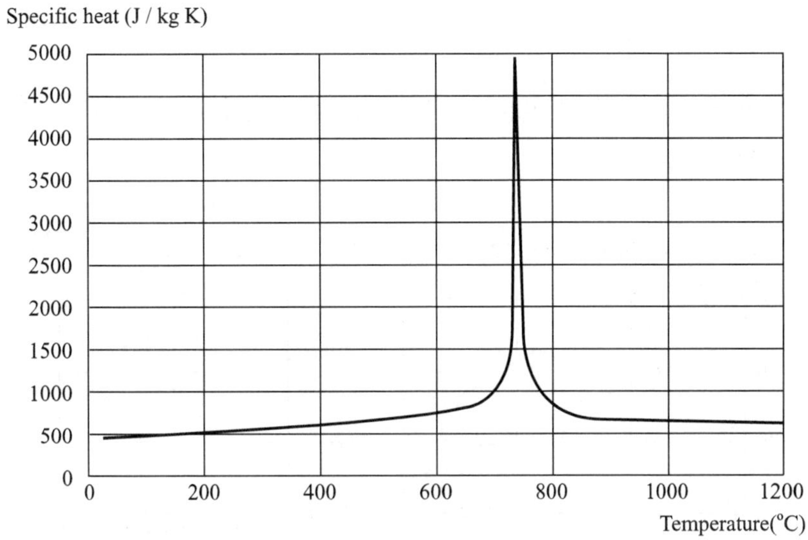

[그림 2.75] 온도함수로서의 강재의 비열

온도구간별 강재의 비열(c_a)은 다음 식으로 산출된다.

- 20℃ $\le \theta_a <$ 600℃에 대해서

$$c_a = 425 + 7.73 \times 10^{-1}\theta_a - 1.69 \times 10^{-3}\theta_a 2 + 2.22 \times 10^{-6}\theta_a^{\,3} \text{ J/kgK} \qquad \text{(식 2.44)}$$

- 600℃ $\le \theta_a <$ 735℃에 대해서

$$c_a = 666 + \frac{13002}{738 - \theta_a} \text{ J/kgK} \qquad \text{(식 2.45)}$$

- 735℃ $\le \theta_a <$ 900℃에 대해서

$$c_a = 545 + \frac{17820}{\theta_a - 731} \text{ J/kgK} \qquad \text{(식 2.46)}$$

- 900℃ $\le \theta_a \le$ 1,200℃에 대해서

$$c_a = 650 \text{ J/kgK} \qquad \text{(식 2.47)}$$

여기서, θ_a = 강재온도(℃)

약 700℃ 수준에서의 강재 상변태를 고려하지 않은 경우의 비열 계산은 다음 식 2.48을 사용한다.

$$c_a = 600\ \text{J/kgK} \qquad \text{(식 2.48)}$$

③ 열전도

고온에서의 강재의 열전도율의 변화는 그림 2.76과 같으며, 온도구간별 열전도율(λ_a) 계산은 다음 식 2.49~50과 같다.

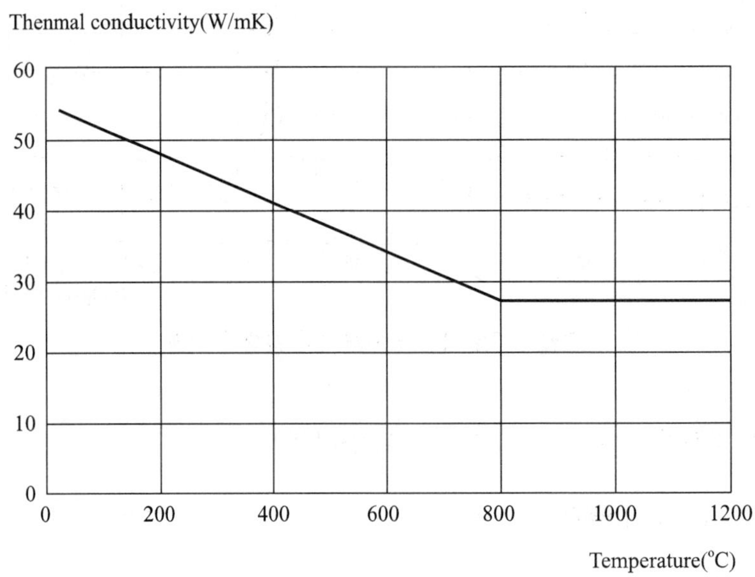

[그림 2.76] 온도함수로서의 강재의 열전도율

- $20℃ \le \theta_a < 800℃$에서

$$\lambda_a = 54 - 3.33 \times 10^{-2}\theta_a\ \text{W/mK} \qquad \text{(식 2.49)}$$

- $800℃ \le \theta_a < 1{,}200℃$에서

$$\lambda_a = 27.3\ \text{W/mK} \qquad \text{(식 2.50)}$$

온도구간을 고려하지 않을 경우의 열전도율 계산은 다음 식 2.51을 적용한다.

$$\lambda_a = 45\ \text{W/mK} \qquad \text{(식 2.51)}$$

2) 북미의 강재 고온특성

(1) 기계적 특성

① 응력 - 변형

미국에서 사용되는 강재는 열간압연 또는 냉간압연 제품 중 하나이며, 구조용 강재 및 콘크리트 보강철근은 압연, 저탄소, 훼라이트 - 펄라이트(ferrite - pearlite) 강재이다. 강재는 랜덤방향의 그레인(grain) 구조를 가지고 있으며, 강도는 탄소 함량에 좌우된다. 강재 와이어(wire) 및 콘크리트용 스트랜드(strand)는 냉간성형으로 제조되고, 고탄소, 늘어난 그레인 구조를 가진 퍼얼라이틱(pearlitic) 강재이다.

미국의 대표적인 구조용 강재(ASTM A36)와 프리스트레싱 와이어(ASTM A421)의 기계적 특성은 각각 그림 2.77과 2.78과 같다.

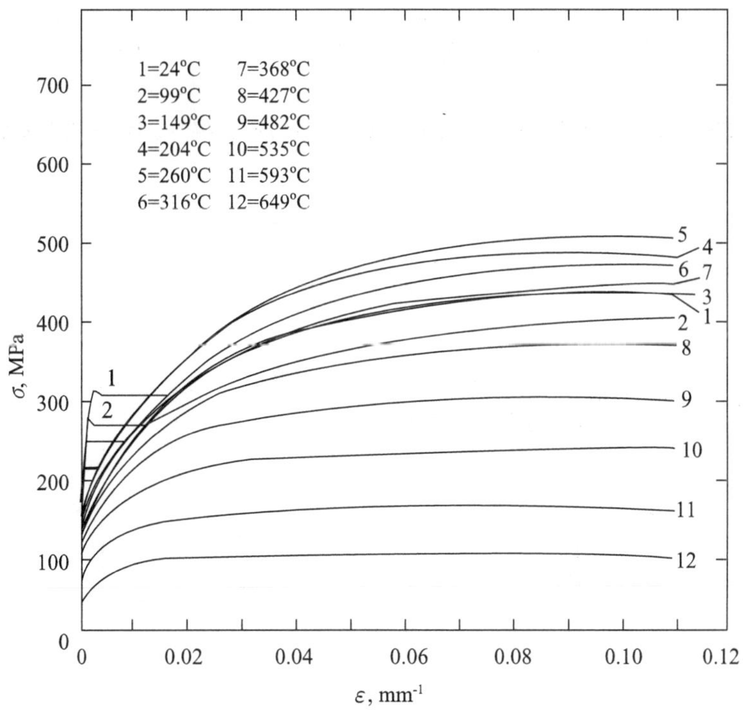

[그림 2.77] 구조용 강재(ASTM A36)의 고온 시 응력 - 변형곡선

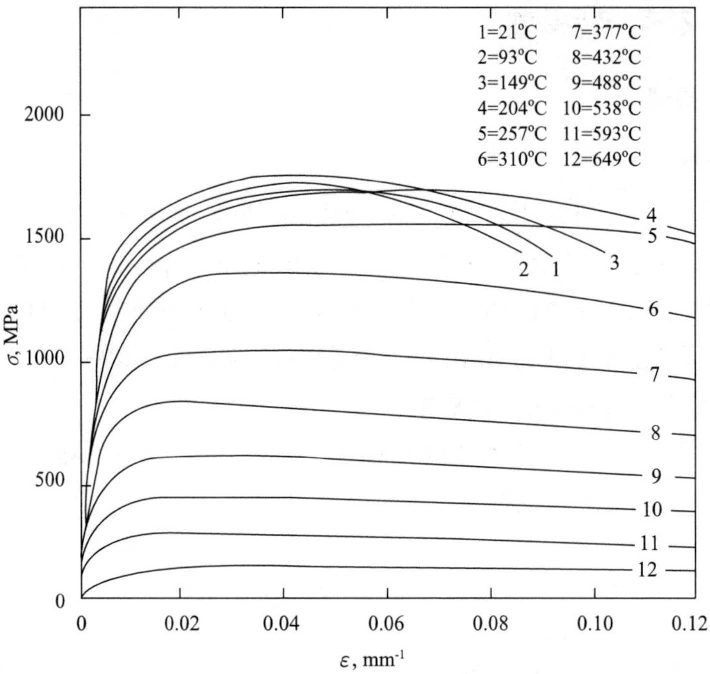

[그림 2.78] 프리스트레싱 강재(ASTM A421)의 고온 시 응력-변형곡선

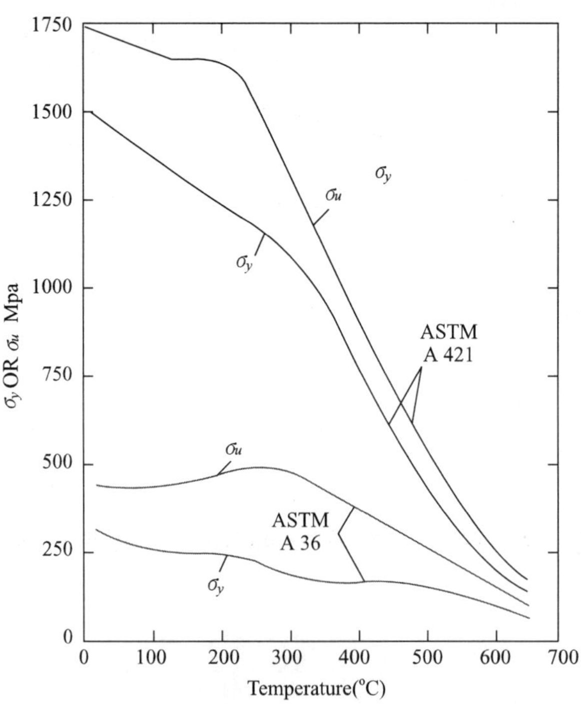

[그림 2.79] 구조강재(ASTM A36) 및 프리스트레싱 강재(ASTM A421)의 인장/항복강도

다음 그림 2.79는 온도변화에 따른 두 가지 강재의 항복강도 및 인장강도의 감소경향을 나타내고 있다. 그림에 나타난 바와 같이 프리스트레싱 스트랜드가 일반강재보다 온도의 영향을 많이 받는 것으로 나타났다.

② 탄성계수

상온에서 일반강의 탄성계수는 약 210×10^3(MPa)을 적용하고 있으나, 고온에서는 탄성계수가 저하하는 특징을 가지고 있다.

그림 2.80은 구조강재(European Recommendation for the Fire Safety of Steel Structures, European Convention for Construction Steelwork, Tech. Committee 3, Elsevier, New York, 1983)와 철근(Y.Anderberg, Mechanical Properties of Reinforcing Steel at Elevated Temperature, Sweden, 1978)의 온도변화에 따른 탄성계수의 변동을 나타내고 있다(그림 2.80에서 E_0는 상온에서의 탄성계수).

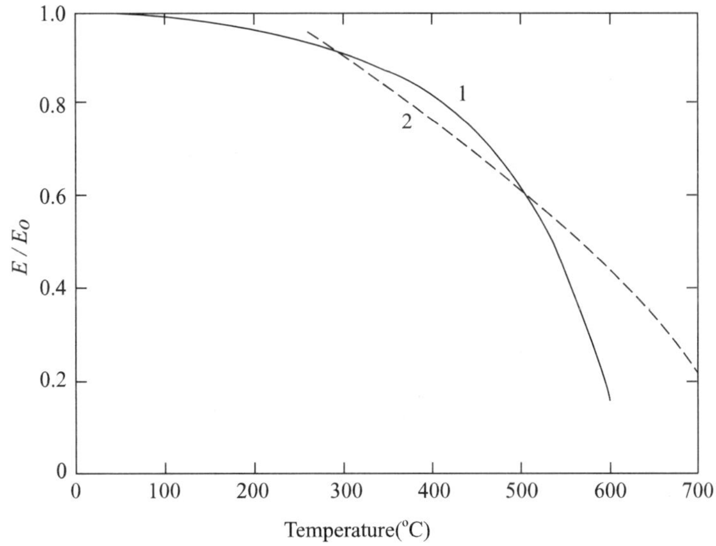

[그림 2.80] 온도 변화에 따른 구조용 강재와 철근의 탄성계수 변화

③ 열팽창계수

일반적으로 강재의 밀도는 약 7,850 kg/m^{3}이고, 일반 탄소강의 열팽창계수는 11.4×10^{-6} mm^{-1}K^{-1}이다. 고온에서의 열팽창계수는 그림 2.81과 같고, 이 특징은 대부분의 일반강에 적용할 수 있다.

열팽창곡선에서 약 700~800℃ 구간에서 재료의 큰 수축이 나타나고 있다. 이는 페라이트 – 펄라이트 구조가 오스테나이트로의 상변태되는 과정에서 발생되는 것으로 판단하고 있다.

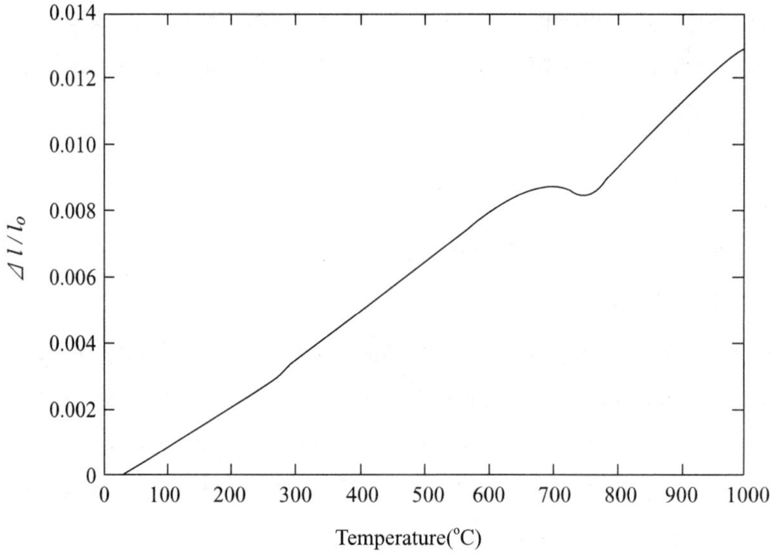

[그림 2.81] 구조용 강재의 열팽창계수

3) 대양주의 강재 고온특성

온도변화에 따른 항복점 및 탄성계수의 변동은 그림 2.82와 같다. 이 곡선은 일반적인 구조강재의 범위에 적용한다.

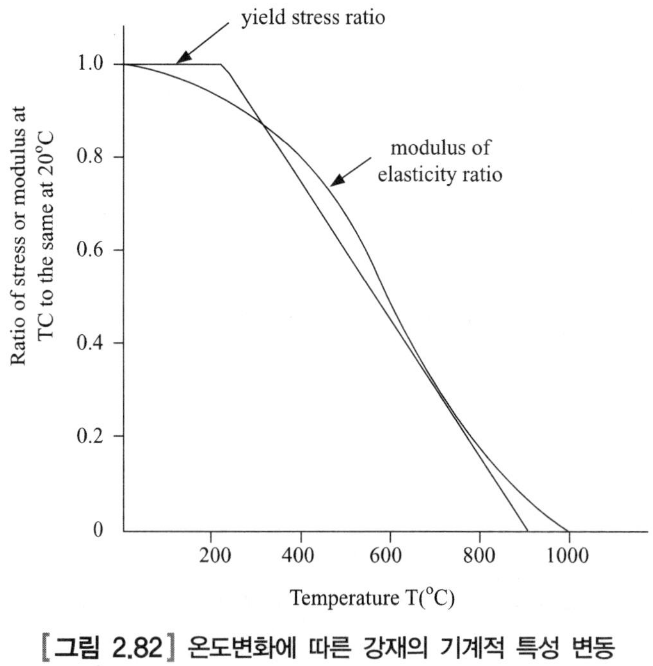

[그림 2.82] 온도변화에 따른 강재의 기계적 특성 변동

4) 우리나라의 강재 고온특성

우리나라의 강구조 건축물의 기둥과 보부재 등에 주로 사용되는 구조용 강재(SS 400)를 대상으로 고온에서의 기계적 특성값을 평가하였다. 시험에 적용된 구조용 강재의 화학적 조성과 기계적 특성은 다음 표 2.48과 같다.

[표 2.48] 화학적 조성과 기계적 특성(SS 400)

Sorts	Components					mechanical properties			
	C	Si	Mn	P	S	Thickness	Yield strength (MPa)	Tensile strength (MPa)	Elongation (%)
SS 400	0.157	0.238	0.80	0.019	0.008	16≥t 16<t≤40 t>40	245 235 215	400~510	17 21 23
SM 490	0.117	0.404	1.38	0.016	0.004	16≥t 16<t≤40 t>40	325 315 295	490~610	17 21 23

상온에서의 강재 인장시험은 KS D 0802(금속재료의 인장시험방법)에 의해서 수행하였으며, 항복점, 인장강도, 탄성계수 및 연신율을 측정하였다. 온도상승에 의한 고온 시 내력저하 특성을 평가하기 위한 고온인장시험은 KS D 0026(철강재료 및 내열합금의 고온인장시험방법)을 적용하였으며, 상온과 동일한 항목을 측정하였다. 항복점이 나타나지 않는 부분은 영구변형율을 적용한 0.2 %옵셋으로 평가하였으며, 소성 시 붕괴를 논할 때 사용되는 1 %옵셋으로 유효내력을 평가하였다.

[그림 2.83] 인장시험장치

[그림 2.84] 고온챔버 및 신율계

시험에 사용된 기기는 만능시험기 100톤 UTM과 이에 부착되어 900℃까지 승온이 가능한 고온챔버를 사용하였으며(그림 2.83~84), 탄성계수를 측정하기 위해 신률계(extensometer)를 부착하였다. 상온 및 고온인장시험에 적용된 재하속도 및 온도한계는 표 2.49와 같다.

[표 2.49] 고온인장시험조건

Classification	Loading speed		Temperature tolerance
	till yield strength	from yield strength	
cold	17 N/mm^2 · sec	20 %/min	–
high	7 N/mm^2 · sec	7.5 %/min	300~600℃ = ±3℃ 600~900℃ = ±4℃

그림 2.85~86은 SS 400 강재의 시험 전·후의 시편의 모습이다. 상온 및 고온인장시험 결과는 표 2.50과 같고, 각각의 온도별 응력-변형도 곡선은 그림 2.87~88과 같다.

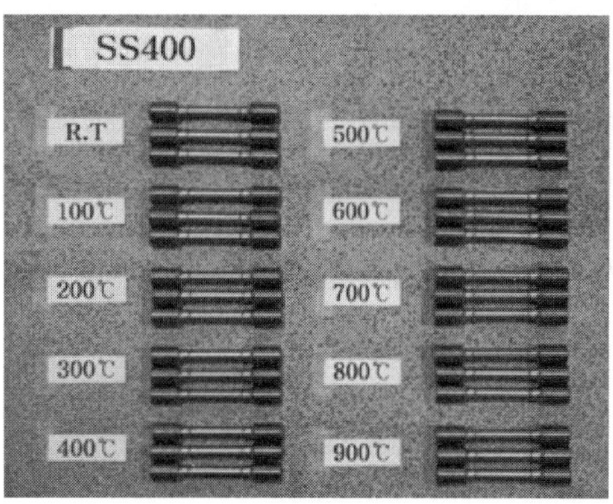

[그림 2.85] 시험 전 시편(SS 400)

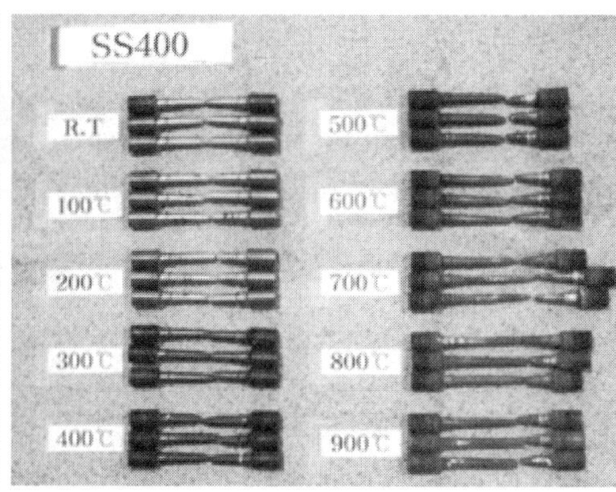

[그림 2.86] 시험 후 시편(SS 400)

[표 2.50] 온도변화에 따른 기계적 변화 추이(SS 400)

온도(℃)	수량	항복점(MPa)		인장강도 (MPa)	탄성계수 (MPa)	연신율 (%)
		0.2% 옵셋	1.0% 옵셋			
상온	1	276.69	277.94	459.49	194400.70	35.12
	2	277.69	288.68	459.99	222127.64	34.76
	3	287.68	277.44	456.49	226823.05	36.78
	평균	280.69	281.35	458.66	214783.80	35.55

온도(℃)	수량	항복점(MPa)		인장강도 (MPa)	탄성계수 (MPa)	연신율 (%)
		0.2 % 옵셋	1.0 % 옵셋			
100	1	248.97	211.00	420.03	207126.47	32.34
	2	249.72	250.22	420.78	214007.77	33.67
	3	244.23	252.72	417.04	204905.27	33.93
	평균	247.64	237.98	419.28	208679.83	33.31
200	1	232.99	267.45	495.70	183374.85	23.03
	2	236.99	235.99	504.94	180832.97	22.74
	3	238.24	268.70	497.70	203820.66	22.32
	평균	236.07	257.38	499.45	189342.83	22.70
300	1	180.80	261.46	496.95	182021.54	32.49
	2	182.55	262.96	493.20	191992.90	30.96
	3	186.04	262.96	502.19	184443.77	33.83
	평균	183.13	262.46	497.45	186152.73	32.43
400	1	172.31	241.98	400.31	226557.29	31.50
	2	176.30	246.23	402.05	173770.25	33.45
	3	176.55	244.48	408.55	177203.55	35.98
	평균	175.06	244.23	403.64	192510.36	33.65
500	1	169.06	209.27	258.21	103963.85	44.69
	2	159.32	207.27	266.45	158102.22	38.56
	3	169.81	221.50	286.43	140698.43	39.12
	평균	166.07	212.68	270.37	134254.50	40.79
600	1	116.87	141.34	159.32	100153.96	59.95
	2	125.36	146.84	162.57	125228.49	62.52
	3	116.12	142.84	162.82	108462.13	62.10
	평균	119.45	143.67	161.57	111281.53	61.52
700	1	73.92	81.16	83.66	41848.35	58.59
	2	56.19	61.43	65.43	42979.64	93.38
	3	60.18	66.18	67.68	50905.35	110.93
	평균	63.43	69.59	72.25	45244.45	87.63
800	1	36.71	49.20	59.93	60419.53	75.60
	2	37.21	19.69	59.18	54192.23	64.36
	3	35.46	47.45	59.68	56178.36	55.58
	평균	36.46	48.78	59.60	56930.04	65.18
900	1	28.97	33.21	51.69	41920.13	55.37
	2	27.97	31.71	37.71	34184.38	37.55
	3	23.44	25.72	29.97	39611.07	36.22
	평균	26.79	30.22	39.79	38571.86	43.05

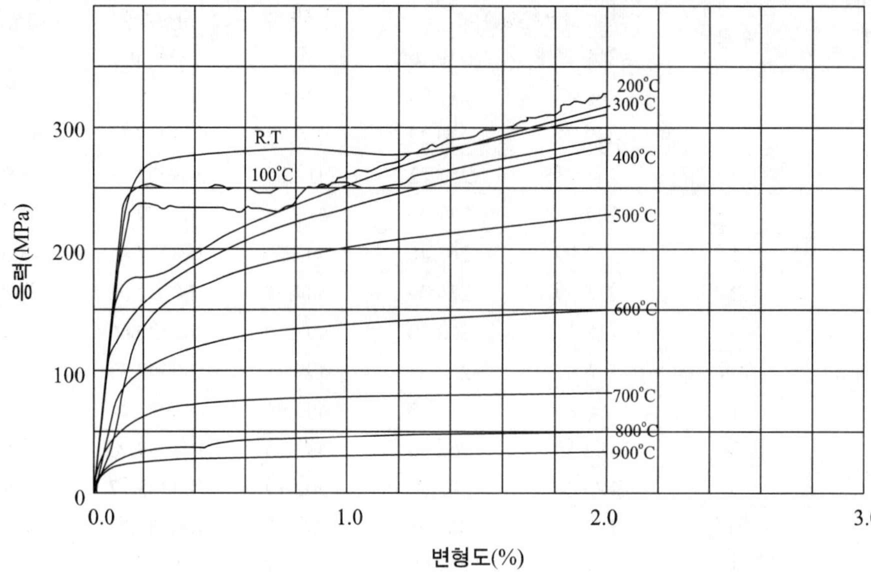

[그림 2.87] 온도변화에 따른 응력－변형도 특성(SS 400, 2%변형도 측정)

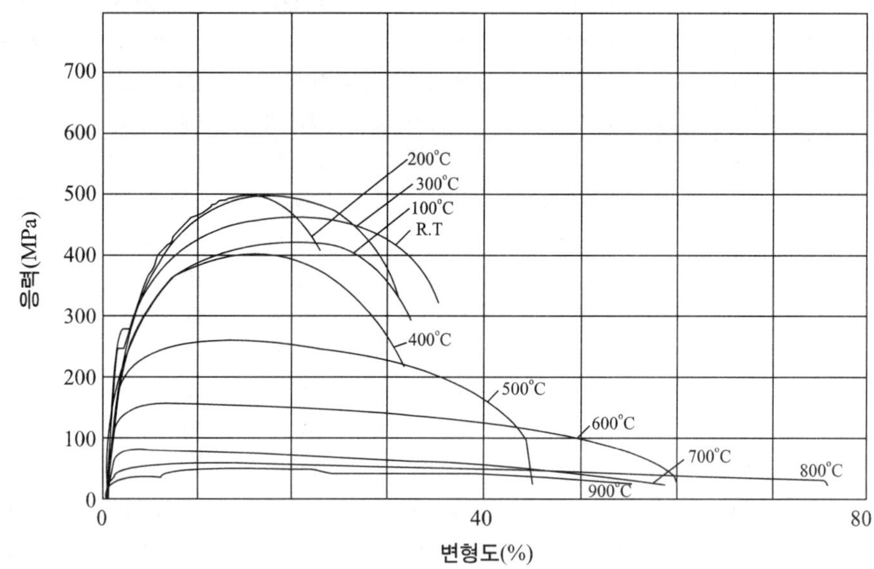

[그림 2.88] 온도변화에 따른 응력－변형도 특성(SS 400)

향후 성능적 내화설계를 위한 온도구간별 항복강도와 탄성계수의 저감식은 다음 표 2.51과 같다.

[표 2.51] 항복강도와 탄성계수의 온도에 따라 저감식

Classification	Temperature(℃)	Regressions	Remarks
yield strength	T≦200℃	value of room temperature	240 MPa
	200℃<T	−0.32 T+303.21	R^2=0.96
elastic modulus	T≦100℃	value of room temperature	210,000 MPa
	100℃<T	−221.59 T+232159	R^2=0.90

(2) 열특성

① 고온열팽창계수

강구조물에서 화재와 같은 고온상태가 발생되면 주요구조부인 기둥과 보부재는 팽창을 하게 되며, 단부구속인 경우는 내부응력이 발생되어 구조물의 붕괴와 같은 극한적인 결과를 초래할 수 있다. 따라서 주어진 고온 환경에서 강재의 열팽창률을 측정하는 것은 강재의 열변형을 정확히 예측하여 구조안정성을 평가하기 위한 중요한 기초자료가 된다. 열팽창률 측정을 위한 시편은 단면 5 mm×5 mm, 길이 50 mm의 각형 막대형태이다(그림 2.89).

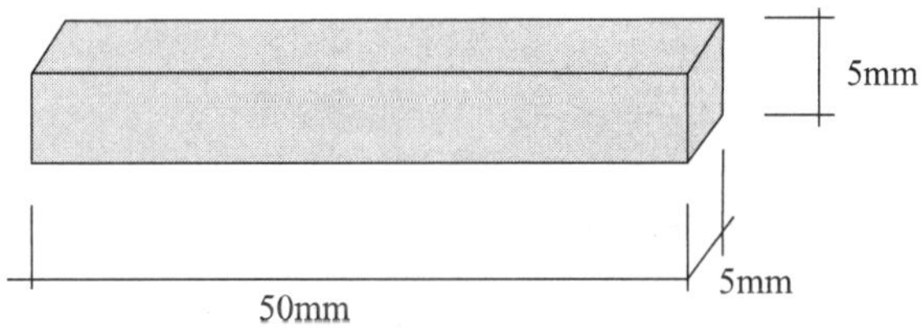

[그림 2.89] 열팽창계수 측정 시편

그림 2.90과 같은 측정 장치(High Temperature Dilatometer)를 이용하여 주위 온도상승에 따른 길이방향의 선팽창계수를 측정하였다.

[그림 2.90] 고온선팽창계수 측정기

각종 구조용 강재의 열팽창계수를 측정한 결과는 그림 2.91과 같고, 온도구간별 팽창계수의 실험식은 표 2.52와 같다.

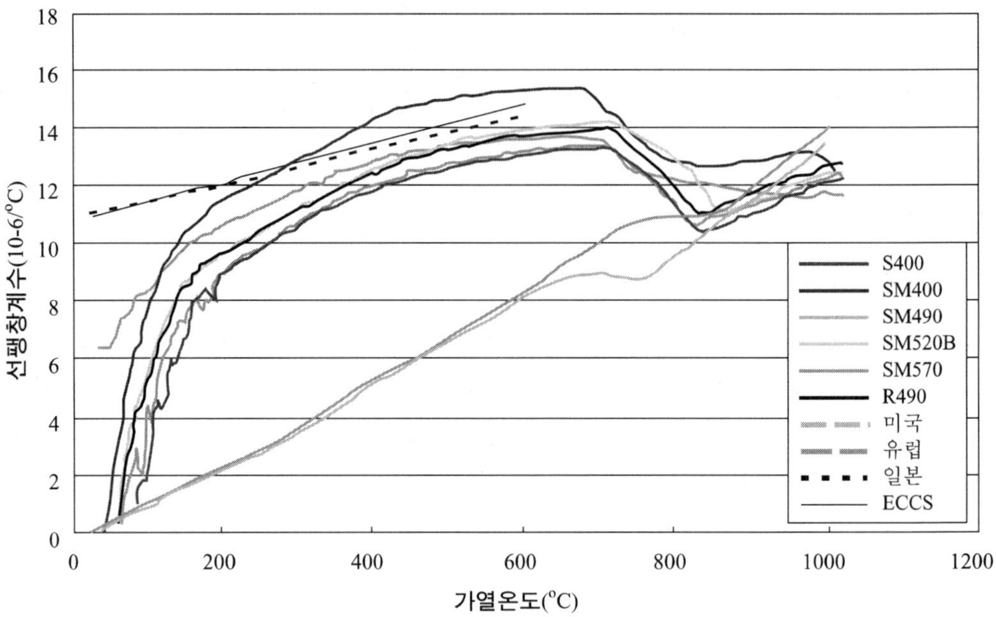

[그림 2.91] 고온선팽창계수

[표 2.52] 온도구간별 선팽창계수 실험식

Sorts	Temperature	Regression equation	Remarks
SS 400	T≦190℃	0.073 T－4.23	R^2＝0.94
	190＜T≦710℃	0.009T＋7.93	R^2＝0.92
	710＜T≦830℃	－0.025 T＋31.22	R^2＝0.98
	830℃＜T	0.01 T＋2.19	R^2＝0.99

② 고온열전도율

고체상태의 물질의 열 흐름은 온도차에 의해서 온도가 높은 방향에서 낮은 방향으로 이동하게 된다. 이 때 물질의 열 흐름은 재료 각각의 열전도율이란 특성에 의해서 그 정도가 달라진다. 고온상태에서 재료의 열전도는 상온의 전도와는 다른 온도흐름을 보인다. 따라서 화재 시의 구조부재의 정확한 온도계산을 위해서는 그 온도에 해당되는 열전도율이 필요하게 된다.

열전도율 측정 시편은 그림 2.92와 같이 지름 10 mm, 두께 1~1.2 mm의 원형 판 형태로 평행도는 0.01 mm 정도이다.

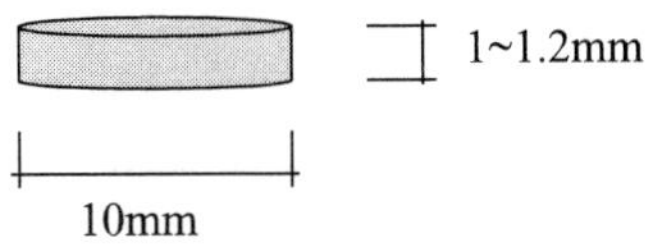

[그림 2.92] 열전도율 실험 시편형상 및 치수

열전도율의 측정은 기본적으로 밀도를 알고 있는 시편의 열확산계수 및 비열을 측정하고 다음 식 2.52를 이용하여 계산하였다.

$$k = \alpha \cdot \rho \cdot C_p \quad \text{(식 2.52)}$$

여기서, k = 열전도율
α = 열확산계수
ρ = 밀도
C_p = 비열

측정된 SS 400의 열전도율은 표 2.53과 같고, 각종 구조용 강재의 열전도율은 그림 2.52와 같다.

[표 2.53] 열전도율(SS 400)

온도 (℃)	열확산계수 (cm^2/s)	비열 (J/g·K)	열전도율 (W/m·K)	밀도 (g/cm^3)
20	0.1341	0.4404	45.563	7.72
119	0.1202	0.4561	42.305	
205	0.1105	0.5002	42.634	
306	0.0969	0.5421	40.527	
411	0.843	0.6110	39.758	
514	0.718	0.6828	37.806	
617	0.574	0.7867	34.849	
718	0.422	1.4943	48.657	
817	0.553	1.0153	43.305	
913	0.636	1.0897	53.448	

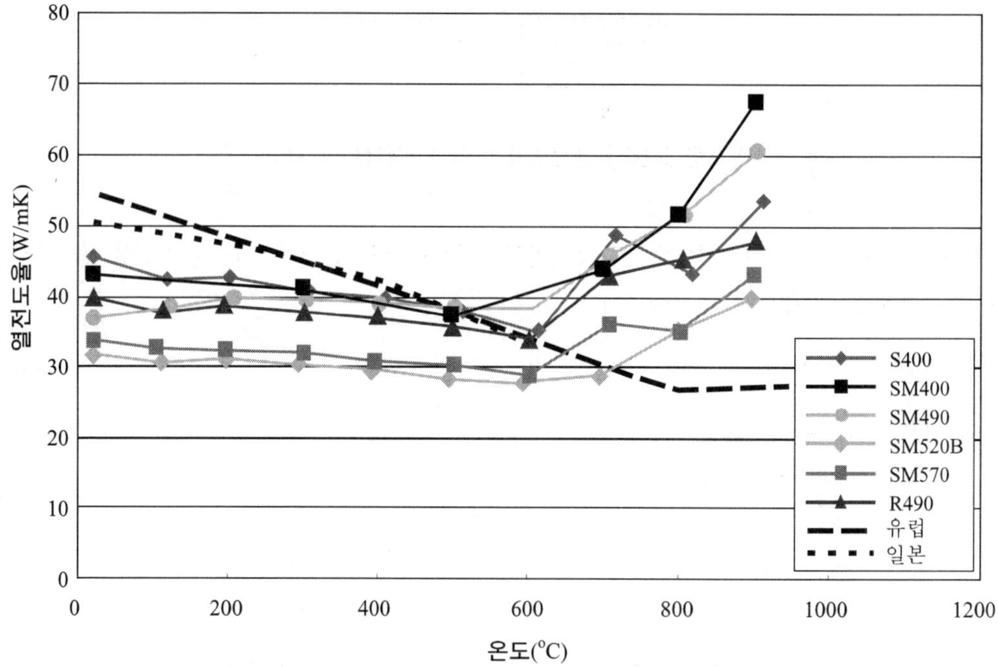

[그림 2.93] 온도에 따른 열전도율 추이(종합)

구조부재의 고온 시 표면온도 산정을 위한 SS 400강재의 각 온도별 비열의 실험식은 다음 표 2.54와 같다.

[표 2.54] 온도 구간별 비열 실험식

Sorts	Temperature	Regression equation	Remarks
SS 400	T≦620℃	0.0006 T+0.39	$R^2=0.96$
	620<T≦720℃	0.007 T−3.54	$R^2=1$
	720<T≦820℃	−0.005 T+4.97	$R^2=1$
	820℃<T	0.008 T+0.38	$R^2=1$

(3) H형강 기둥부재의 내화성능 예측

SS 400강재의 고온 시 항복강도와 탄성계수와 같은 기계적 특성과 선팽창계수 그리고 비열 등의 특성을 활용하여 H형강 기둥부재의 고온 시 특성을 해석적으로 평가할 수 있으며, 이의 결과로 시간 경과에 대한 강재 기둥의 표면온도 예측, 시간 경과에 따른 처짐 이력 그리고 온도변화에 따른 최대 내력을 계산할 수 있다(그림 2.94~96). H형강 기둥부재의 고온

내력 해석에 적용된 부재의 크기는 H－300×300×10×12(단면적 119.82 cm^2), 길이 3,500 mm, 경계조건은 hinge이며 화재규모는 KS F 2257-1에 규정된 표준온도 화재곡선이다. 기둥 부재에 작용하는 하중의 크기는 최대하중(1.69 MN)의 60 %인 1.10 MN이다.

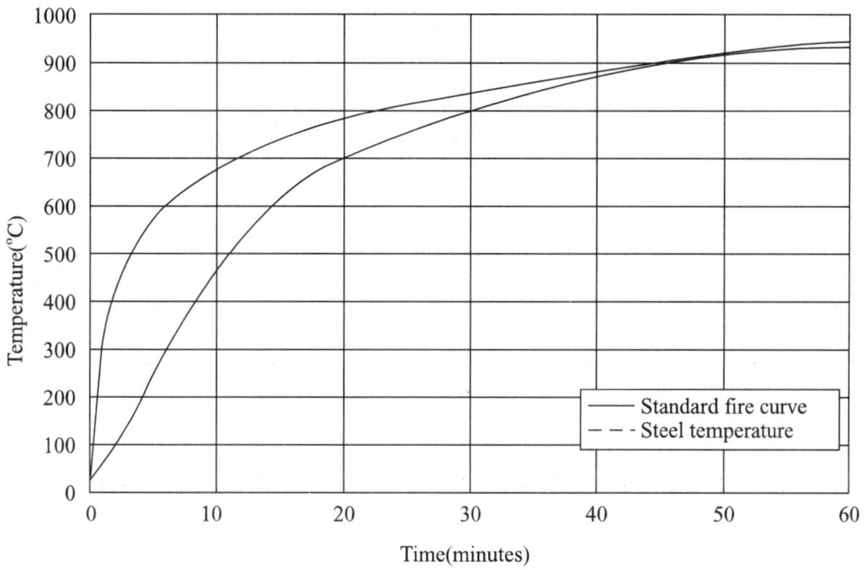

[그림 2.94] 시간경과에 따른 강재의 표면온도 추이

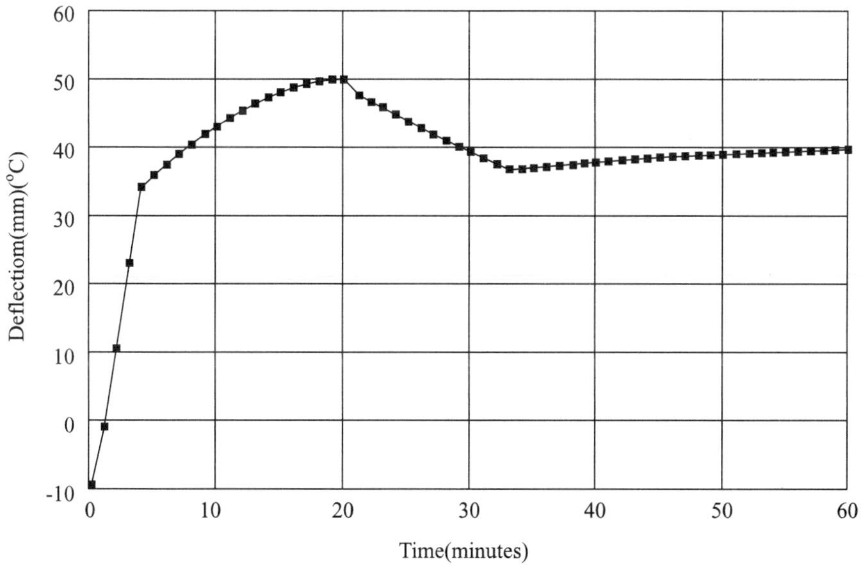

[그림 2.95] 시간경과에 따른 강재 기둥의 처짐 추이

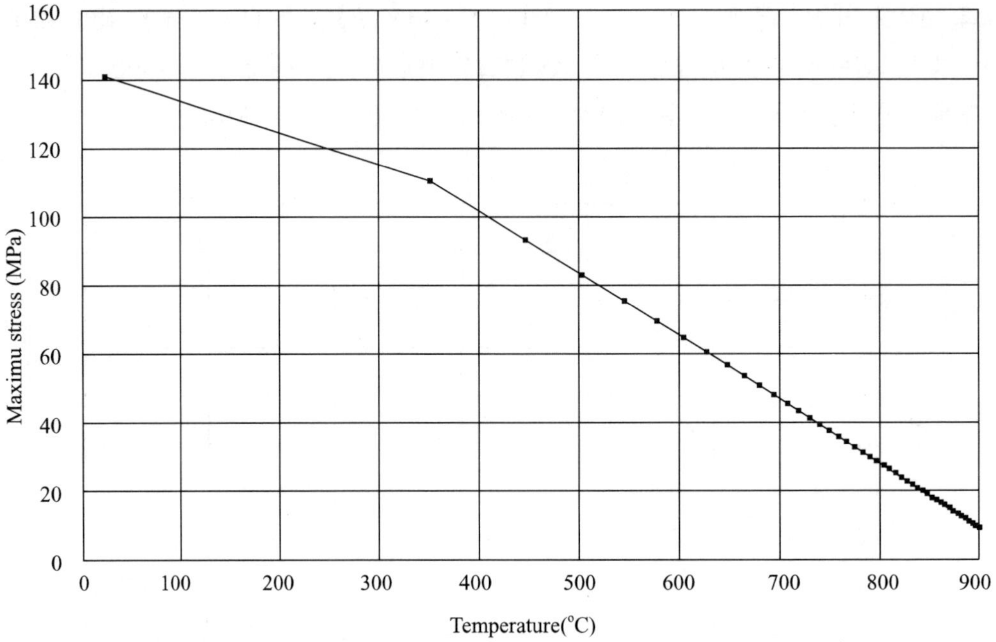

[그림 2.96] 강재의 표면온도 변화에 따른 강재 기둥의 최대내력 저감 추이

제3절 목재

우리나라의 전통가옥인 한옥과 사찰건축 및 궁궐 등의 구조재료와 마감재료로 널리 활용되었던 목재는 환경 친화적인 재료로써 우리 민족과는 매우 친숙한 재료로 인식되고 있다. 즉 목재는 우수한 구조적 성능과 가공성 그리고 미적 수려함을 모두 갖춘 건축재료로서 사용되어 왔으나, 구조용의 경우, 대부분 동남아시아와 북미 등에서 수입하는 목재로 대체되고 있다. 현재 대부분의 목재는 마감 및 수장용으로 사용되고 있다.

목재의 장점과 단점은 다음과 같다.

① 장점

- 비중이 낮다.
- 비중에 비해 강도가 높고, 인장강도는 통상의 콘크리트보다 강하다.
- 가공성 및 작업성이 용이하다.
- 열전도율이 낮다.
- 가격이 비교적 저렴하다.
- 재료의 규격화 및 공업화가 가능하다.
- 종류가 다양하고 외관이 아름답다.

② 단점

- 가연성이므로 건축물의 화재에 대하여 취약하다.
- 흡수성이 커서 변형이 심하다.
- 재질 및 섬유방향에 따라 강도 차이가 있다.
- 충해 및 풍화로 부패하기 쉽다.

1. 목재의 분류

목재의 분류는 성장상황, 외관, 재질, 용도 등으로 이루어진다.

1) 성장 상황

(1) 외장수(外長樹)

길게 성장함과 동시에 횡단면에 연륜(年輪)이 생성되며, 비대하게 성장하는 수종으로 건축용 목재에 적합한 것을 외장수라고 한다. 외장수의 종류는 다음과 같다.

- 침엽수 : 소나무, 낙엽송, 전나무, 참나무, 미송 등
- 활엽수 : 오동나무, 밤나무, 느티나무, 참나무, 박달나무 등

(2) 내장수(內長樹)

내장수는 길이방향으로 길게 성장할 뿐 횡단면에 연륜이 형성되지 않으며, 두께는 거의 비대해지지 않고 치밀하게 되는 것뿐으로 특수용도 이외에는 목재로서의 가치가 적다. 내장수의 종류로는 대나무, 야자나무 등이 있다.

2) 재질

(1) 연재(軟材) : 침엽수류(소나무, 전나무, 잣나무 등)
(2) 경재(硬材) : 활엽수류(참나무, 박달나무, 벚나무, 단풍나무 등)

3) 용도

(1) 구조용 재료 : 침엽수류
(2) 장식용 재료 : 침엽수류, 활엽수류

목재의 종류와 재질, 용도는 다음 표 2.55와 같다.

[표 2.55] 목재의 종류 및 재질, 용도

구분	수종	산지	비중	최대 강도	재의 색조		재 질	용 도
					변재	심재		
침엽수	소나무	전국 각지	0.53	515	담적 황백색	적갈색	나무결이 곧음, 탄력이 좋음, 가공이 용이, 물 및 습기에 강함, 뒤틀림 심함	구조재, 창호재, 말뚝
침엽수	해송	전국 각지	0.54	440	담황백색	적갈황색	나무결이 곧음, 소나무에 비해 수지구가 많음, 거칠며 무겁고 단단함, 병충해에 다소 강함	구조재, 말뚝
침엽수	삼나무	남해안 지방	–	–	백색	암적갈색 및 흑갈색	비중이 매우 적음, 곧고 연함, 수지구가 적음, 물 및 습기에 강함	구조재, 창호재, 수장재
활엽수	너도밤나무	경북·울릉도	0.71	488	담갈색	담갈색	치밀하고, 견강함, 만곡됨	창대 및 마루널재, 가구재, 말뚝
활엽수	밤나무	전국 각지	0.50	358	갈회백색	갈색	가볍고 연함, 수축성이 크고 강도 약함, 내구성 및 내수성이 큼, 반곡 용이함	수장재, 가구재
활엽수	느티나무	황해 이남	0.68	526	담황백색	적갈색	비중이 크고 강도가 큼, 결이 우아함, 내구성 및 내습성이 큼, 수축 및 변형이 작음	구조재, 수장재, 가구재, 특히 마루널 및 내장의 고급 건축용
활엽수	오동나무	중부 이남	0.31	372	담황색	담황색	가볍고 연함, 방습 및 방충성이 있음, 송진이 없음, 변형이 작고 미려함	반자널재, 창호재, 가구재, 수장재
활엽수	단풍나무	전국 각지	0.72	564	담갈색	담홍갈색	치밀하고 견경함, 광택이 있음, 만곡이 큼	창호재, 가구재, 수장재
외국산	나왕	필리핀, 말레이시아, 인도네시아, 미얀마, 내국, 인도차이나	0.49	–	담홍색	담갈색	나무결은 교차되어 있음, 비중이 작음, 가공이 용이함, 건조 및 접착성이 매우 양호함	구조재, 수장재, 가구재
외국산	마송	미국, 캐나다, 멕시코	0.51	–	담황색	담갈홍황색	연륜이 뚜렷함, 나무결이 곧음, 강도는 소나무와 비슷, 비중 및 수축성은 작음, 강도가 약함, 광택이 있음	구조재, 수장재
외국산	티크	인도, 미얀마, 인도네시아, 태국	–	–	황백색	능갈색	비중 및 강도는 보통임, 수축성이 작음, 흡수성은 매우 작음, 내구성이 매우 큼	마루널재, 수장재, 가구재

2. 목재의 조직

목재는 뿌리, 줄기, 가지, 잎으로 구분되며, 건축용재로 사용되는 것은 주로 줄기부분이다. 그리고 목재의 줄기 부분은 심재와 변재로 구분하며 각각의 특색은 다음과 같고, 목재의 단면은 그림 2.97과 같다.

- 심재 : 나무 중심(수심) 주변에 약간 색이 짙은 부분이며, 수액이 적고 생활기능이 줄어든 세포의 집합이다. 변재보다 단단하고 내구성이 있어 이용가치가 큰 부분을 말한다.
- 변재 : 수심의 외측으로 색이 옅은 부분을 말하며, 수액의 통로이자 양분의 저장소인 생활 세포의 집합체 조직이다. 따라서 비교적 변형, 부패에 대한 저항성이 적어 사용상 주의가 필요하다.

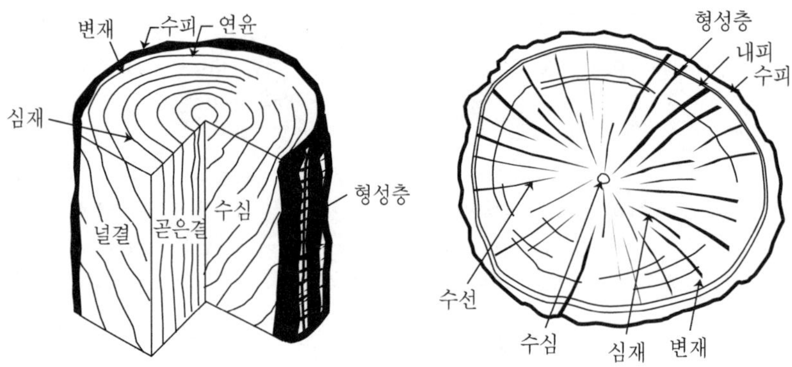

[그림 2.97] 목재의 단면

3. 목재의 성질

1) 목재의 수축팽창

목재의 수축과 팽창은 대부분 목재중의 수분에 의해 발생되며, 수축과 팽창의 완화방법은 다음과 같다.

[목재의 수축과 팽창을 완화시키는 방법]
- 가능한 곧은 결 목재를 사용한다.
  - 곧은 결 : 나이테와 직교방향으로 목재를 절단했을 때 나타나는 무늬결(그림 2.98)

- 널 결 : 나이테와 접선방향으로 목재를 절단했을 때 나타나는 무늬결

- 기건 상태로 건조된 목재를 사용한다.
- 고온처리 과정을 거친 목재를 사용한다.
- 합판은 결을 서로 교차하여 만든다.
- 목재의 표면에 도장 또는 기름 등을 주입하여 흡습을 지연시킨다.
- 저장창고의 공기습도를 일정하게 유지한다.

[그림 2.98] 나무의 결(곧은결, 널결)

2) 비중

비중은 수종, 생육지, 수령, 밀도 또는 심재와 변재에 따라서 다소 다르며, 기건비중과 절건비중 그리고 진비중으로 구분하며, 각각의 특징은 다음과 같다.

- 기건비중 : 목재의 수분을 공기 중에서 제거한 상태의 비중이며, 구조설계 시에 사용된다(표 2.56).
- 절건비중 : 100~110℃에서 목재의 수분을 완전히 제거했을 때의 비중을 말한다.
- 진비중 : 목재의 공극이 전혀 없는 상태에서의 비중을 의미한다.

[표 2.56] 목재의 비중(기건비중)

수 종		기건비중 (12 %)	수 종		기건비중 (12 %)	수 종		기건비중 (12 %)
침엽수	소나무	0.53	활엽수	너무밤나무	0.71	외국산	나왕	0.48~0.54
	해송	0.54		밤나무	0.51		미송	0.54
	삼나무	0.37		느티나무	0.74		티크	0.68
	전나무	0.43		오동나무	0.31		자단	0.84
	솔송나무	0.52		단풍나무	0.72		흑단	0.85
	낙엽송	0.61		참나무	0.83		아피롱	0.64~0.84
	가문비나무	0.41		박달나무	0.90		라디에타	0.48
	리기나소나무	0.54		벚나무	0.70		소나무	0.48
	잣나무	0.48		은행나무	0.54		프리카타	0.48
	편백	0.40		사시나무	0.47		측백	0.36
				자작나무	0.52		서양측백	0.36
				느릅나무	0.64		라핀	0.64
							마호가니	0.81

목재의 비중과 압축강도, 전단강도 및 휨강도와의 관계는 다음 그림 2.99와 같으며, 비중이 높을수록 각종 강도값이 높아지는 결과를 보이고 있다.

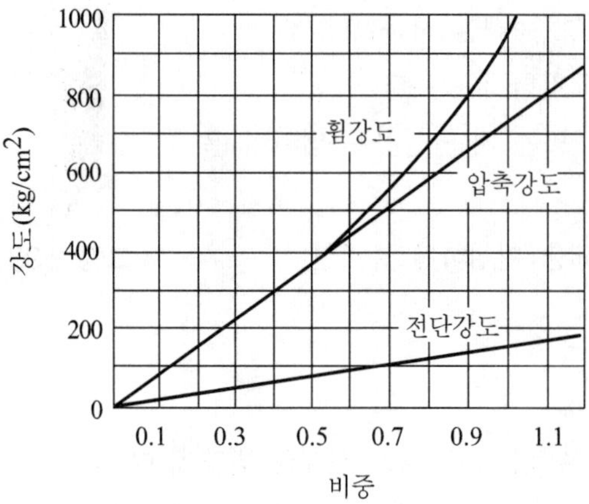

[그림 2.99] 목재의 비중과 각종 강도와의 관계

3) 역학적 성질

(1) 강도

가. 인장 및 압축강도

섬유의 평행방향(나이테의 직각방향, 곧은 결)에 대한 강도가 가장 높고, 섬유방향과 직각일 때 강도가 가장 낮다(표 2.57). 그리고 섬유의 평행방향인 인장강도는 목재의 제반 강도 중에서 가장 높다. 기둥부재에 작용하는 압축력에 저항하기 위해서는 섬유방향으로 부재가 설치되어야 한다.

[표 2.57] 목재의 각종 강도

수정	기건비중 (12 %)	압축강도 (kg/cm^2)	인장강도 (kg/cm^2)	휨강도 (kg/cm^2)	전단강도 (kg/cm^2)
소나무	0.53	480	519	890	101
삼나무	0.37	410	447	730	65
전나무	0.43	517	573	804	72
낙엽송	0.61	638	695	827	90
리기나소나무	0.41	470	–	950	103
잣나무	0.48	430	–	770	95

수정	기건비중 (12 %)	압축강도 (kg/cm²)	인장강도 (kg/cm²)	휨강도 (kg/cm²)	전단강도 (kg/cm²)
편백	0.40	470	–	840	82
밤나무	0.51	390	593	850	64
느티나무	0.74	400	878	880	130
오동나무	0.31	240	214	390	60
단풍나무	0.72	564	821	910	114
참나무	0.83	641	1,250	1,180	123
벚나무	0.70	534	742	879	102
은행나무	0.54	430	–	500	65
사시나무	0.47	490	–	960	109
자작나무	0.52	400	–	760	104
느릅나무	0.64	410	–	910	90
나왕	0.48~0.54	378~525	–	689~928	77~127

목재의 함수율에 따른 압축강도비와의 관계는 다음 그림 2.100과 같으며, 그림에서 보는 바와 같이 함수율이 0에서 30 %까지는 직선적인 감소관계를 보이고 있으며, 30 % 이후 구간에서는 함수율 0에 비해서 22 % 정도의 압축강도를 나타내고 있다.

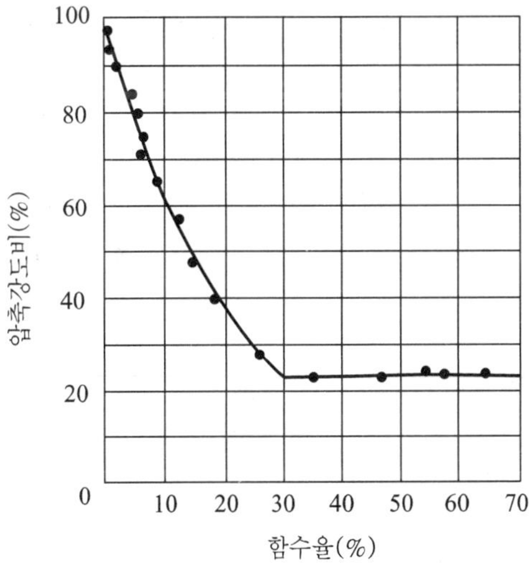

[그림 2.100] 함수율과 압축강도와의 관계

나. 휨강도

목재의 휨강도는 압축강도의 약 1.7배이다. 따라서 목재 보가 구조물에 설치될 수 있다.

다. 전단강도

전단강도는 인장강도의 1/10 정도로 매우 낮다.

라. 탄성계수

목재 종류별 탄성계수는 다음 표 2.58과 같다.

[표 2.58] 목재의 탄성계수

재료	전나무, 삼나무	낙엽송, 회나무	소나무, 미송
탄성계수(kg/cm^2)	50,000~120,000	60,000~100,000	70,000~140,000
표준값(kg/cm^2)	70,000	80,000	90,000

마. 허용응력도

목재의 허용응력도는 목재의 파괴(압축)강도를 안전율로 나눈 값을 의미하고, 각종 허용응력도의 값은 다음 표 2.59에 제시되어있다.

[표 2.59] 구조용 목재의 허용응력도

수 종	허용응력도(장기)kg/cm^2			비 고
	전단	인장(구부림)	압축	
삼나무, 전나무	5	70	60	침엽수
소나무, 미송	7	90	80	침엽수
밤나무	10	95	70	활엽수
떡갈나무	14	125	90	활엽수
낙엽송	6	80	70	활엽수

바. 목재의 열적 성질

목재는 셀룰로오스 조직으로 되어있으므로 불에 잘 타는 단점이 있으며, 목재 내부의 조직에 공극이 있기 때문에 열전도율이 낮다. 목재의 열적 특성값은 다음과 같다.

- 목재의 비열 : 0.5~0.6 kcal/kg
- 목재의 인화점 : 240~260℃
- 목재의 발화점 : 450℃(열원 없이 자연적으로 연소되는 온도)

사. 목재의 제재

제재(sewing)는 필요한 치수의 목재를 확보하기 위하여 원목을 절단하는 행위를 말하며 목재의 단위와 환산은 다음과 같다.

가) 목재의 단위

- $1\ m^3 = 1\ m \times 1\ m \times 1\ m$
- 1재(才) = 1치 × 1치 × 12자
- 1 bf(board feet) = 1인치 × 1인치 × 12피트

나) 목재의 길이

- 182 cm(6자), 273 cm(9자), 364 cm(12자), 455 cm(15자), 546 cm(18자)

4) 목재의 내구성

목재는 자연 환경에 노출되면 풍화, 마모 그리고 화학적 작용에 의하여 내구성이 저하된다. 목재의 내구성에 가장 큰 영향을 미치는 요소는 부패와 충해이며 이에 대한 대책은 다음과 같다.

(1) 방부법(防腐法)

목재의 부식은 균류에 의한 것이 가장 많으며, 균류가 일정한 조건(온도, 수분, 양분, 공기 등)에서 매우 활발한 활동하기 때문에 목재는 급속한 부식과정을 거치게 된다. 부식이 발생되게 되면, 목재의 강도가 약화되고, 지속적인 부식이 발생되면 부재단면의 손실에 의하여 지탱하는 하중을 유지할 수가 없기 때문에 궁극적으로 붕괴에 이를 수 있다.

방부법은 균류가 생존할 수 없는 조건을 부여하는 것으로 크게 두 가지 방법으로 대별된다. 첫째는 방부제를 목재에 직접 도포하는 방법과 두 번째는 목재의 단면 내부에 방부제를 주입하는 방법이다.

일반적으로 목재에 직접적인 노출을 시도하는 방부법은 목재를 태양광으로 30시간 이상 노출시킴으로써 자외선의 살균작용을 일으키는 일광직사법과 목재를 물에 완전히 잠기게 하여 산소를 차단시킴으로써 균류를 제거하는 침지법 그리고 목재의 표면을 태워서 균류를 제거하는 탄화법 등이 있다. 기타 목재에 방부제를 도포하거나 침투시키는 방법과 특징은 다음 표 2.60에 제시되어 있다.

[표 2.60] 방부제의 특성

종 류	방부제	특 징
유성방부제	크레오소트	• 방부력, 내습성이 우수하다 • 가격이 저렴하다. • 페인트를 덧칠할 수 없고, 냄새가 심하여 실내적용이 어렵다.
	콜타르	• 방부력이 다소 떨어진다.
	페인트	• 방수, 방습력이 우수하다. • 외관이 우수하다.
수용성방부제	황산구리	• 남색이며, 1 %정도의 수용액을 만들어 사용한다.
	염화아연	• 2~5 %의 수용액으로 사용함.

(2) 방충법(防蟲法)

목재의 내구성에 가장 큰 영향을 미치는 벌레는 흰개미이다. 소나무는 흰개미의 피해를 많은 당하는 나무이며, 전나무, 느티나무, 녹나무 등은 상대적으로 피해가 적은 나무이며, 습한 나무일수록 흰개미의 피해가 심한 것으로 나타나고 있다. 벌레에 의한 피해를 최소화하기 위해서는 통풍이 가능하도록 함으로써 습기를 최소화하거나, 목재 표면을 금속재료로 감싸주거나 목재 내부에 방충제를 주입하는 방법도 있다. 방충제는 종류와 특징은 다음 표 2.61과 같다. 방충제 사용 시에는 주변 환경과 인체 유해성에 대해서 유의해야 한다.

[표 2.61] 방충제의 종류와 특징

종 류	특 징
유기염소계통	• 방충, 개미 예방에 효과가 크다. • 표면처리용, 접착제 혼입용
크롤나프탈렌	• 고농도가 필요하다. • 표면처리용
유기인 계통	• 독성이 약하나 오래 남는 것이 문제이다.
불소계통	• 독성이 약하다.

4. 목재의 제품

목재의 용도를 극대화하고, 목재 자체의 단점인 흡수성, 불균질성을 보완한 가공제품을 만들어서 건축생산에 활용하고 있으며, 그 종류에는 다음과 같은 것이 있다.

1) 합판(Plywood)

합판은 함수율 5~10 %로 건조된 3매 이상의 얇은 단판(veneer)을 3, 5, 7매 등의 홀수로 섬유방향이 직교하도록 하여 상온압 또는 열압에 의해 접착재로 붙여 만든 것이다.

(1) 합판의 제조

- 합판제조에 사용되는 나무 : 참나무, 소나무, 벚나무, 오동나무, 단풍나무
- 주로 많이 사용되는 나무 : 나왕

(2) 제조방법

합판제조에 사용되는 베니어는 다음의 세 가지 생산방법에 의하여 만들어진다(그림 2.101).

① 로터리 베니어(rotary veneer)
원목을 일정한 크기로 자른 후 이것을 회전시키면서 회전 대팻날에 의해 연속적으로 얇게 벗겨서 베니이를 만든다. 합핀생신에 소요되는 베니이는 대부분 이 방법으로 만들어진다.

② 소우드 베니어(sawed veneer)
각재의 원목을 얇게 톱으로 켠 베니어로 아름다운 무늬 결이 얻어진다.

③ 슬라이스드 베니어(sliced veneer)
원목을 미리 적당한 각재로 만들어 칼날로 엷게 절단한 것으로 합판 표면에 곧은결이나 널결을 나타내려고 할 때 사용된다.

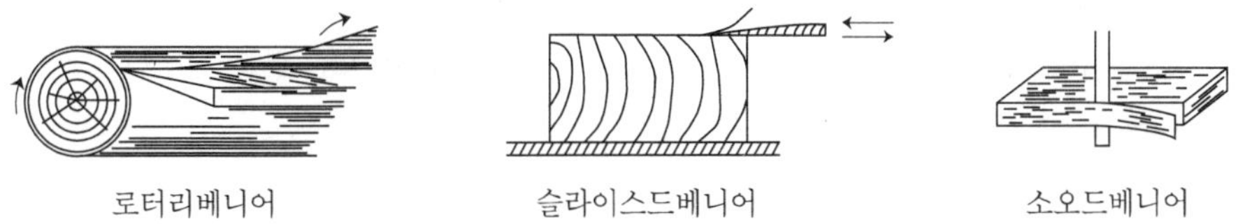

[그림 2.101] 베니어 생산방법

(3) 특성 및 용도

교착이 잘된 것은 원목보다 강하고, 균열, 변형 등의 저항성이 크며, 함수율 변화에 의한 신축변형이 적고, 비교적 소경 목재에서도 넓은 판을 얻을 수 있다.

내장용으로 사용되고, 간막이벽, 내벽의 바탕으로 많이 사용된다.

(4) 합판의 종류

① 보통합판 : 별도의 가공을 하지 않은 합판

② 특수합판 : 표면에 overlay, 프린트, 도장 등의 가공을 한 합판

(5) 합판의 규격

① 보통합판의 두께 : 3, 4, 6, 8, 12, 15, 18 mm

② 크기 : 90 cm × 180 cm, 120 cm × 240 cm

2) 집성목재(glue－laminated timber)

집성목재는 두께 1.5~5 cm의 판을 섬유방향과 평행하게 겹쳐서 만든 목재를 말하며, 접착재의 접착기술 발달 및 대형 목재 부족, 목재의 효율적 이용 촉진의 목적으로 만들어졌으며, 다음과 같은 특징이 있다.

- 소재의 강도 및 탄성을 충분히 활용한 인공목재의 제조가 가능하다.
- 대단면, 만곡재 등 임의의 단면형상을 갖는 인공목재를 비교적 용이하게 제조할 수 있다.
- 판재나 각재가 충분히 건조되므로 건조수축에 의한 변형이 적다.
- 품질이 균일한 집성목재의 양산이 가능하며, 방부성, 방충성, 방화성이 높은 인공목재의 제조가 가능하다.

3) 섬유판(fiber board)

섬유판은 톱밥, 파지, 파목 등 식물 섬유질을 주원료로 하여 제작한 판상 제품을 말하는 것이며, 비중, 규격 및 경도에 따라 연질, 반경질, 경질 섬유판으로 구분한다. 각각의 물리적, 열적 특성 등은 다음 표 2.62와 같다.

① 연질섬유판(soft fiber insulation board)

- 흡음, 단열, 보온효과를 목적으로 식물섬유를 주원료로 하여 성형한 비중 0.4 미만의 보

드이다.

• 침엽수를 주 원료로 하고 비중이 0.3 미만이며 건조기에서 건조한 A급 연질섬유판 있으며, 열압대신 태양건조 또는 인공 건조한 B급 연질섬유판이 있다.

② 반경질 섬유판(semi hard fiber board)

• 비중이 0.4~0.8 정도의 보드로 유공 흡음판, 수장용 등으로 사용된다.
• 다른 섬유판에 비해 내수성이 적고, 재질이 약할 뿐만 아니라 습도에 의해 신축변형을 일으키나 가격이 저렴하여 많이 사용된다.

③ 경질섬유판(hard fiber board)

• 목재 펄프를 접착제로 압축성형하여 만든 것으로 비중이 0.8 이상이다.
• 강도, 경도가 비교적 크며, 구멍뚫기, 본뜨기, 구부림 등의 2차 가공도 용이하여 수장판으로 사용한다.

[표 2.62] 섬유판의 성질

구분	종류	비중	함수율 (%)	휨강도 (kg·cm^3)	흡수량 (g·cm^3)	열전도율 (kcal/mh℃)	규격	
							t (mm)	b×l (cm)
연결 섬유판	A B C	<0.3 <0.4 <0.4	<10 <16 <10	>25 >10 >30	0.07 – 0.05	−0.045 −0.075 −0.055	9.12 18.25	91×182 100×200 121×242 121×364
반경질 섬유판		>0.4 <0.8	<14	>5	–	–	6.9	91×182 100×200 121×242 121×273
경질 섬유판	450 350 200	>0.9 >0.8 >0.8	<5 <13	450 350 200	<20 <25 <30		3.5 5 6.5	91×182 121×242 121×273 182×273 100×400

4) 마루판(flooring)

주거용과 학교 등의 바닥 마루판용으로 시공되는 제품으로 참나무, 미송, 나왕 등 원목의 목질부를 주로 인공적으로 건조하여 판재로 생산하며 종류는 다음과 같다.

① 플로링보드(flooring board)

보통 두께가 9 mm, 나비 60 mm, 길이 600 mm 정도가 가장 많으며, 표면은 대패로 마감하고 양측면은 제혀쪽매로 접합한다.

② 플로링 블록(flooring block)

쪽매널 4~5개를 붙여서 25~30 cm 각으로 만들어 놓은 것을 말한다.

[쪽매] 널판재의 면적을 넓히기 위하여 판재 옆면을 상호 연결하는 방식(그림 2.102)

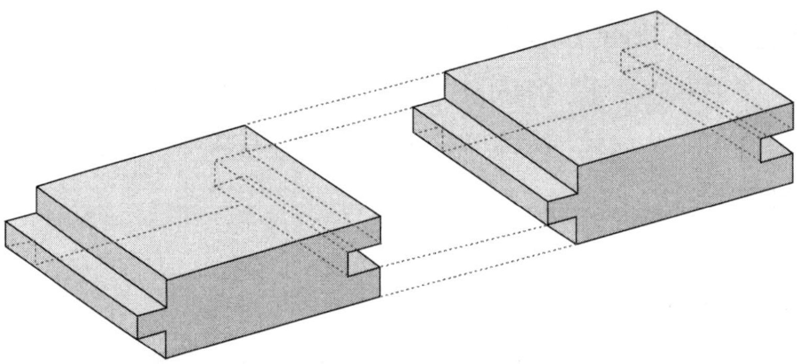

[그림 2.102] 쪽매연결방식

5. 화재 시 목재의 성질

1) 목재의 열적 특성

목재는 탄소화합물로 구성되어 있으므로 불에 잘 타는 단점이 있으나, 내부 조직의 공극으로 인하여 열전도율이 낮은 특징이 있다.

일반적인 목재의 비열은 0.5~0.6 kcal/kg℃ 수준이고, 인화점은 240~260℃ 그리고 발화점은 450℃으로 알려지고 있으나, 발화는 시료의 다공성과 밀도에 직접적으로 연관되는 것으로 알려지고 있다.

화재 시 목재단면의 정확한 온도계산을 위해서는 정밀한 열특성 자료가 요구된다. 특히 비탄화 코아(uncharred core)의 온도 계산을 위한 열특성값은 샤훼(Schaffer)에 의해서 도출된 열확산계수(a_w) 또는 열전도율(λ_w)이 사용되며, 각각의 크기는 다음 식 2.53~54와 같다.

$$a_w = 0.2421 - 0.1884S \qquad \text{(식 2.53)}$$

여기서, a_w = 열확산계수(mm^2/s)

S = 목재의 비중

$$\lambda_w = (2.41 + 0.048M)S + 0.983 \quad (식\ 2.54)$$

여기서, λ_w = 열전도율(W/m℃)

M = 목재의 중량당 함수량

여기서 열확산계수와 열전도율은 온도와 독립적인 관계를 유지하는 것으로 나타났지만, 화이트(White)와 샤퀘(Schaffer)의 실험결과에 의하면 목재의 비열은 온도 의존성임을 알 수 있다(식 2.55).

$$c_{pw} = 1.114 + 0.00486\,\theta_w \quad (식\ 2.55)$$

여기서, c_{pw} = 비열(kJ/kg℃)

θ_w = 목재의 온도

발화가 발생된 이후, 목재의 표면은 완전히 분해되고 열전달이 내부의 단면으로 진행된다. 이후 과정에서 목재의 낮은 열전도율과 목재 내부의 함수량으로 인하여 열전달은 매우 느리게 진행된다. 따라서 목재의 내부 단면에는 건전한 부분과 열분해된 부분의 경계가 명확히 나타난다. 많은 연구자들이 화재 시험을 통하여 목재단면의 탄화속도를 연구하였고, 애쉬톤(Ashton)은 연질목재의 평균 탄화속도가 0.6 mm/분이라는 것을 제시하였다. 이후 탄화속도는 산소 농도 2~10 % 수준에서 영향을 받지 않지만, 목재 조직의 방향과 노출의 정도에는 영향을 받는 것으로 나타났다.

2) 목재의 기계적 특성

목재의 강도특성은 조직의 방향성에 좌우되며, 낮은 온도 범위에서 목재의 강도특성변화를 측정한 경우는 매우 드물다. 사노(Sano)는 상온에서 60℃까지의 온도범위에서 압축강도와 인장강도의 특성을 제시하였다(식 2.56~57).

$$\sigma_t = -0.48\,T_w + 138 \quad (식\ 2.56)$$

여기서, σ_t = 인장강도

T_w = 목재의 온도

$$\sigma_c = -0.38\,T_w + 56\ \mathrm{N/mm^2} \qquad \text{(식 2.57)}$$

여기서, σ_c = 압축강도

고온으로 진행될수록 탄성계수는 감소되는 경향을 보이지만, 비탄화 단면에서의 감소율은 매우 적다. 따라서 계산에 적용되는 탄성계수는 10 % 감소된 값을 사용한다.

3) 목재를 이용한 내화구조

목재를 활용한 내력벽체와 집성목재의 경우는 일정한 내화구조의 성능을 발휘할 수 있으며, 이에 대한 결과는 다음 표 2.63~66과 같다.

[표 2.63] 목재이용 내화성능표준

규격번호	규 격 명	비 고
KS F 1161－1	건축구조부재의 내화성능표준 제1부 : 경골 목구조 벽 및 바닥/천장	2002.9 제정
KS F 1161－3	건축구조부재의 내화성능표준 제3부 : 구조용 집성재 보 및 기둥	2003.10 제정

[표 2.64] 건축구조부재의 내화성능표준 제1부 경골 목구조벽 및 바닥/천장

항목	내 용
적용범위	경골목구조에 의한 벽과 바닥/천장 및 지붕/천장의 구성에 따른 내화성능을 규정
적용타입	(아래 표)

건물 부위	분류 기호	구 성	구조 단면	내화 성능
내벽	INW-F60-1	• 스터드 : 단면 38×89mm 이상, 간격 600mm 이하 • 방화 석고 보드 : 두께 12.5mm 2겹 이상	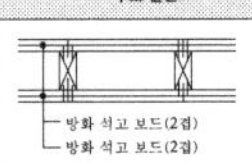	1시간
	INW-F60-2	• 스터드 : 단면 38×89mm 이상, 간격 600mm 이하 • 단열재:암면, 밀도 60kg/m³ 이상, 두께 89mm 이상 • 방화 석고 보드 : 두께 12.5mm 2겹 이상	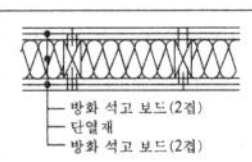	1시간
	INW-F60-3	• 스터드 : 단면 38×140mm 이상, 간격 600mm 이하 • 단열재:암면, 밀도 60kg/m³ 이상, 두께 140mm 이상 • 방화 석고 보드 : 양면 두께 15mm 1겹 이상	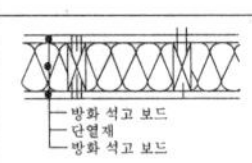	1시간
	INW-F90-1	• 스터드 : 단면 38×140mm 이상, 간격 600mm 이하 • 방화 석고 보드 : 양면 두께 12.5mm 2겹 이상	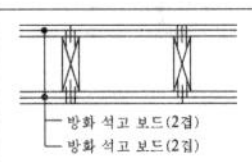	1.5시간
외벽	EXW-F30-1	• 스터드 : 단면 38×89mm 이상, 간격 600mm 이하 • 옥외면 : 두께 12mm 이상 구조용 합판 또는 오에스비, 파티클 보드 등 구조용 덮개 위 방습지+외벽 마감 • 단열재:암면, 밀도 60kg/m³ 이상, 두께 89mm 이상 • 옥내면 : 방화 석고 보드 두께 15mm 1겹 이상	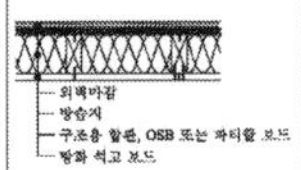	30분
	EXW-F60-1	• 스터드 : 단면 38×89mm 이상, 간격 600mm 이하 • 옥외면 : 두께 12mm 이상 구조용 합판 또는 오에스비, 파티클 보드 등 구조용 덮개 위 방습지+외벽 마감 • 단열재:암면, 밀도 60kg/m³ 이상, 두께 89mm 이상 • 옥내면:방화 석고 보드 두께 12.5mm 2겹 이상	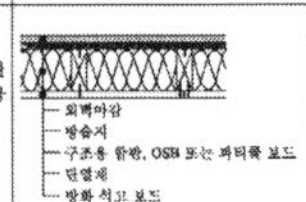	1시간
	EXW-F60-2	• 스터드 : 단면 38×89mm 이상, 간격 600mm 이하 • 옥외면 : 두께 12mm 이상 구조용 합판 또는 오에스비, 파티클 보드 등 구조용 덮개 위 방습지+외벽 마감 • 단열재:암면, 밀도 60kg/m³ 이상, 두께 140mm 이상 • 옥내면:방화 석고 보드 두께 15mm 1겹 이상	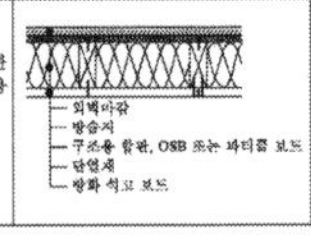	1시간

[표 2.65] 건축구조부재의 내화성능표준 제3부 구조용 집성재 보 및 기둥

항목	내 용
적용범위	구조용 집성재로 구성된 보와 기둥의 내화성능을 규정
적용타입 (보부재)	아래 그림 및 표 참조

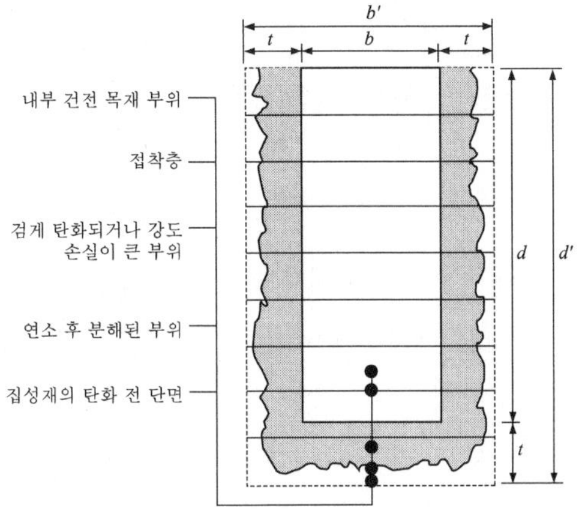

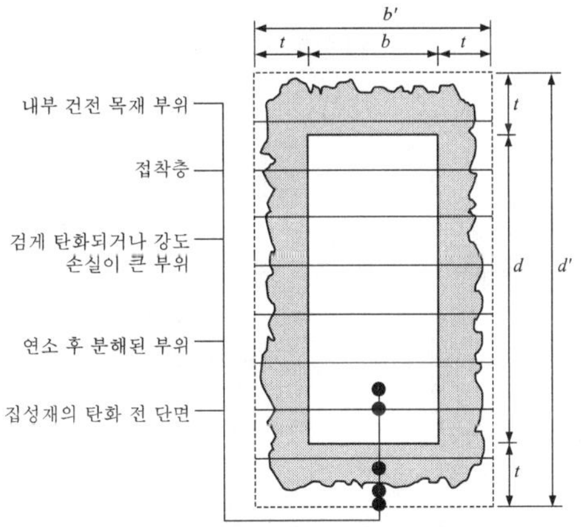

구분	수종군	내화부재의 치수(mm)	내화성능
3면 노출보	낙엽송류 소나무류	b' = b + 50 d' = d + 25	30분
	낙엽송류	b' = b + 80 d' = d + 40	1시간
	소나무류	b' = b + 90 d' = d + 45	1시간
4면 노출보	낙엽송류 소나무류	b' = b + 50 d' = d + 50	30분
	낙엽송류	b' = b + 80 d' = d + 80	1시간
	소나무류	b' = b + 90 d' = d + 95	1시간

[표 2.66] 건축구조부재의 내화성능표준 제3부 구조용 집성재 보 및 기둥

항목	내 용
적용범위	구조용 집성재로 구성된 보와 기둥의 내화성능을 규정
적용타입 (기둥부재)	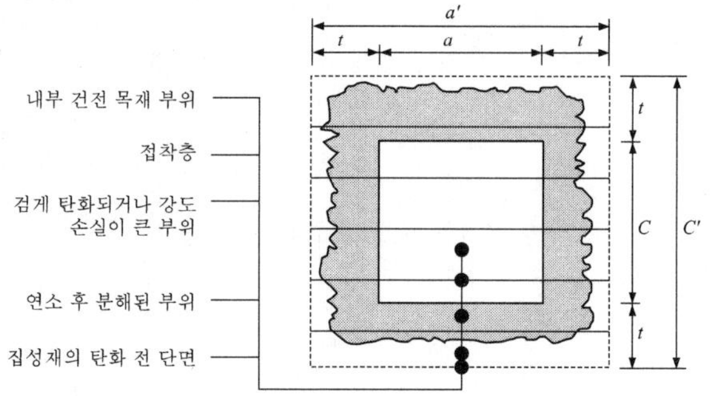 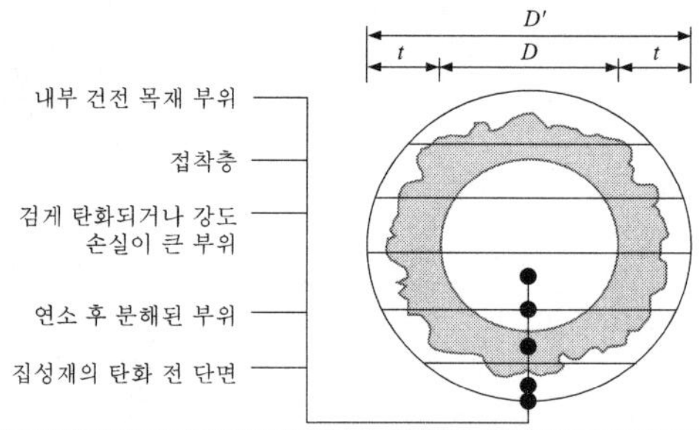

구분	수종군	내화부재의 치수(mm)	내화성능
사각단면기둥	낙엽송류 소나무류	a' = a + 50 c' = c + 25	30분
	낙엽송류	a' = a + 80 c' = c + 80	1시간
	소나무류	a' = a + 90 c' = c + 90	1시간
원형단면기둥	낙엽송류 소나무류	D' = D + 50	30분
	낙엽송류	D' = D + 80	1시간
	소나무류	D' = D + 90	1시간

제3장
건축방화재료 및 내화공법

제1절 건축방화재료

1. 불연재료
2. 준불연재료
3. 난연재료
4. 방염제

제2절 내화공법

1. 내화뿜칠공법(spray method)
2. 보드이용공법(board applied method)
3. 합성공법(composition method)

건축물 화재는 유해한 가스, 연기 발생 그리고 구조물의 내력적 성능저하를 동반함으로써 재실자와 건물 이용자 그리고 소방 관계자들의 안전을 위협하게 된다. 따라서 건축물은 화재와 같은 재해에 대비하여 다양한 조치가 필요하게 되며, 인명피해의 최소화 및 구조물의 붕괴방지를 목적으로 하는 법과 규정이 제정되었다.

건축물에서의 화재발생은 기류변화와 화재강도에 따라서 다양한 변화가 일어나게 되며, 주로 수직적 확산과 수평적 확산이 일어난다. 건축물에서의 화재 확산을 방지하기 위하여 다양한 구획적 방법이 계획되고 있으며, 이는 화재확산 방지를 위한 건축재료의 방화성능과 내화성능에 좌우된다. 건축재료의 방화성능은 화재 발생 시 연기 및 유독가스의 발생을 최소화하고 화재의 확산을 방지하는데 그 목적이 있고, 건축물에서의 내화공법은 화재 시 주요 구조부를 형성하는 구조부재의 내력적 성능저하를 방지하기 위한 목적으로 구조물 자체의 내력적 성능 확보 및 화재에 의해 발생되는 열을 차단할 수 있는 재료를 피복하는 방법을 통하여 이루어진다.

제1절 건축방화재료

화재의 발전은 화재하중, 개구부 조건 및 화재실의 공간특성, 마감재료 등에 좌우되며, 인명에 치명적인 유해가스와 연기농도의 발생은 화재 개시 5분 내에 발생되는 것으로 알려지고 있다. 그리고 화재의 지속적인 성장은 수직적 확산과 수평적 확산으로 진행된다.

화재로부터 발생되는 유해가스와 연기의 피해로부터 인명을 보호하기 위한 최소한의 방안으로 제정된 것이 건축물 마감재료의 화재 시 방화성능이며, 이는 화재 시에 타지 않는 재료 또는 잘 타지 않는 특성을 지녀야 한다. 이와 같은 특성을 보유한 재료를 건축법규에서는 불연재료, 준불연재료 및 난연재료로 구분하고 있으며, 산업표준화법에서는 난연1급, 난연2급 및 난연3급으로 구분하고 있다.

건축물의 마감 재료에 요구되는 방화성능은 다음 표 3.1과 같다.

[표 3.1] 건축마감재료의 방화성능 요구조건

재료의 종별		재질 및 방화성능	주재료의 예
방화재료	불연재료	일반적으로 무기질 재료이며, 화재 시 적열되나, 방화상 유해한 변형, 용융, 균열 또는 유해한 연기, 가스를 발생하지 않는 것	콘크리트, 벽돌, 석면, 슬레이트, 알루미늄, 유리 등
	준불연재료	유기질을 다소 포함하지만 무기질 재료가 주가 되며 불연재료에 준하는 방화성능을 가진 것	석고보드, 시멘트판 등
	난연재료	기본적으로는 가연재이지만 난연약제 등으로 처리하거나 표면에 불연재를 부착하는 등 연소를 어렵게 한 것	난연합판, 난연 플라스틱판, 난연섬유 등
방염재료		화원(花園)에 의해 착화된 경우, 불꽃을 내며 연소하지 않고 그 자신이 연소확대의 매체가 되지 않는 것. 화원을 제거하면 연소가 확대되지 않고 불꽃이 없어지도록 약제 처리된 물질	방염커튼(방염재 : 규산나트륨, 수산화나트륨, 아크릴 수지와 물혼합) 선처리 또는 후처리

건축재료의 방화성능 평가는 요구성능에 따라 다음과 같은 시험으로 진행된다.

① 건축재료의 불연성 시험방법(KS F ISO 1182(2004))

② 연소성능시험－열방출, 연기발생, 질량감소율－제1방출률(콘칼로리미터법(KS ISO F 5660-1(2008))

③ 건축물의 내장재료 및 구조의 난연성 시험방법(일명 가스유해성 시험, KS F 2271(2006))

불연재료, 준불연재료, 난연재료의 분류는 국토교통부 고시(제2012-624, 건축물 마감재료의 난연성능 및 화재확산 방지구조 기준)에 따라 이루어진다.

1. 불연재료

1) 불연재료의 특징

시멘트 모르타르, 콘크리트, 석재, 석면슬레이트, 회반죽, 벽돌, 점토 등과 같이 연소되지 않는 재료를 의미하고, 콘크리트와 석재 및 벽돌 등은 고온에서 적열(赤熱)현상은 발생되지만 연소현상과 큰 변형, 내력저하가 발생되지 않는다.

(1) 시멘트 모르타르 및 콘크리트

① 강도와 탄성계수

가열온도의 상승과 함께 강도와 탄성계수가 감소된다. 그리고 500℃ 이상 상승된 콘크리트는 내력이 없는 것으로 간주된다.

② 열팽창

시멘트 페이스트는 100℃를 정점으로 수축되고, 골재는 대체로 팽창을 계속한다. 따라서 고온에서 페이스트와 골재가 분리된다.

(2) 석재

석재를 구성하는 조성광물의 종류에 따라 팽창계수가 다르므로 고온에서의 내력유지 특성이 다양하게 나타난다.

① 화강암

우리나라의 화강암은 단단하고, 내구성이 크기 때문에 건축용으로 널리 이용되나, 화재 시에는 함유된 석영이 575℃에서 팽창변화를 일으키기 때문에 균열이 발생된다.

② 응회암

응회암은 화산재가 퇴적되어 생성된 암석이다. 응회암 그리고 석영을 포함하지 않는 사암 등은 일반적으로 화열에 강하고, 안산암은 고온에서 열팽창이 적게 일어나므로 콘크리트용 골재로 사용하면 내화성능이 향상된다.

(3) 석고보드

일반 석고보드는 두께에 따라 불연재료 또는 준불연재료로 평가될 수 있으며, 각각의 난연등급은 제조사에 확인할 필요가 있다.

국토교통부 고시(제 2012-624) 기준에 따라 불연재료로 인증 받은 일반 석고보드(두께 12.5 mm)의 성적서 일부는 다음 표 3.2와 같다.

[표 3.2] 불연재료 성적서(석고보드 12.5 mm)

<table>
<tr><th colspan="2" rowspan="2">시험항목</th><th rowspan="2">단위</th><th colspan="3">시험결과</th><th rowspan="2">판정기준</th><th rowspan="2">시험방법</th></tr>
<tr><th>1</th><th>2</th><th>3</th></tr>
<tr><td rowspan="2">불연성 시험</td><td>질량감소율</td><td>%</td><td>24.4</td><td>24.3</td><td>24.3</td><td>30 이하</td><td rowspan="2">KS F ISO 1182:2004</td></tr>
<tr><td>최고온도와 최종평형온도의 차</td><td>℃</td><td>0.6</td><td>2.9</td><td>1.3</td><td>20을 초과하지 않을 것</td></tr>
<tr><td>가스유해성 시험</td><td>행동정지시간</td><td>min : s</td><td>14:37</td><td>13:34</td><td>–</td><td>9:00 이상</td><td>KS F 2271:2006</td></tr>
</table>

2) 불연재료의 시험방법

① 건축재료의 불연성 시험방법 : 20분간 가열한 로 내 최고온도가 로의 최종평형온도를 20 K 초과상승하지 않아야 하며, 질량 감소율이 30 % 이하일 것이어야 한다(단, 20분 동안 평형에 도달되지 않으면 최종 1분간 평균온도를 최종 평형온도로 한다)

• 최종평형온도 : 로 내부의 온도변동이 10분간 20℃ 넘지 않을 때를 의미한다.

② 가스유해성 시험 : 쥐의 평균 행동 정지시간 9분 이상이어야 한다.

2. 준불연재료

1) 준불연재료의 특징

불연재료와 난연재료의 중간 정도의 성능을 가진 재료이며, 다음과 같은 종류가 있다.

(1) 석고보드

석고보드는 액체 상태의 석고플라스터를 난연처리된 종이 양면 사이에 흘려보낸 후, 일정시간 양생한 후 절단한 것을 말하며, 두께 9.5 mm는 일반적으로 준불연재료의 특성을 가지고 있다(표 3.3).

[표 3.3] 준불연재료 성적서(석고보드 9.5 mm)

시험항목		시험결과			판정기준	시험방법
		1	2	3		
열방출시험	총방출열량(MJ/m^2)	4.8	5.2	2.9	8 MJ/m^2 이하	KS F ISO 5660-1:2008
	열방출율이 연속으로 200 kW/m^{2}를 초과하는 시간(s)	0	0	0	10 s 이하	
	시험체를 관통하는 방화상 유해한 균열, 구멍 및 용융(심재의 전부용융, 소멸 등)	없음	없음	없음	없을 것	
가스유해성 시험	행동정지시간(min : s)	14:04	13:18	–	9 min 이상	KS F 2271:2006

(2) 목모 시멘트판

나무의 파편 등을 압축하여 만든 판의 밀도를 높이기 위해서 시멘트를 혼합한 것. 보통 판 두께는 12~15 mm이다.

2) 준불연재료의 시험방법

① 콘칼로리미터법 : 가열시험개시 후 10분간 총방출열량이 8 MJ/m^2 이하이어야 하며, 10분간 최대 열방출량이 10초 이상 연속으로 200 kW/m^{2}를 초과하지 않아야 한다. 또한 10분 가열 시 균열, 구멍, 용융이 없어야 한다.

② 가스유해성 시험 : 쥐의 평균 행동정지시간 9분 이상이어야 한다.

3. 난연재료

화재 시 타기 어려운 특성을 확보하기 위해서는 난연약액을 주입하는 경우가 많으며 다음과 같은 종류가 있다.

(1) 난연 합판

난연 합판은 보통 합판 속에 인산암모늄을 스며들게 제작한 합판을 말한다.

(2) 난연 섬유판

① 난연 경질 섬유판

목재의 칩(chip)과 식물 섬유 등을 펄프화하여 접착재를 첨가하여 만든다. 비중은 0.8정도이고, 난연 처리공정은 다음과 같다.

- 섬유에 무기질의 석면, 암면 등의 불연재료를 첨가
- 약액(규산칼륨 등 혼입)을 표면에 도포하는 방법(제조 중, 성형 후)

② 난연 연질섬유

비교적 경량(비중 0.4정도)이며, 흡음재료, 단열재료로 사용된다. 난연처리는 불용성 칼슘염이 혼입되어 있다.

③ 난연 파티클보드

잘게 파쇄된 목재에 합성수지의 접착재를 뿜어서 성형한 것을 말한다.

(3) 난연 플라스틱판

난연재의 주요 원소는 인(P), 브롬(Br), 염소(Cl)가 있으며, 난연 플라스틱판은 인(P)계 난연제를 첨가하여 생산한다.

인 화합물은 고분자로부터 산소와 수소를 빼앗아 다음과 같은 과정으로 난연성능을 확보한다.

- 인산 → 메타인산 → 폴리메타인산 생성

폴리메타인산은 플라스틱 표면에 산피막을 형성하고, 탄화부위(charred)와 함께 열과 산소를 차단하는 역할을 한다.

난연 플라스틱판은 다음과 같은 종류가 있다.

① 난연성 경질염화비닐(PVC) : 염소를 다량 포함하여 난연성이 우수하다.

② 난연 폴리에스테르판 : 유리섬유로 보강(F.R.P접착재료)됨으로써 난연성이 우수하다.

1) 난연재료의 시험방법

① 콘 칼로리미터법 : 가열시험개시 후 5분간 총방출열량이 8 MJ/m^2 이하이며, 5분간 최대 열방출량이 10초 이상 연속으로 200 kW/m^2를 초과하지 않아야 한다. 또한 5분 가열 시 균열, 구멍, 용융이 없어야 한다.

② 가스유해성 시험 : 쥐의 평균 행동정지시간 9분 이상이어야 한다.

국토교통부 고시 제2012-624호
[건축물 마감재료의 난연성능 및 화재 확산 방지구조 기준]

제1조(목적) 이 기준은 건축물의 화재발생시 재료에서의 유독가스 발생 및 화재 확산 등을 방지하여 인명 및 재산을 보호하기 위한 마감재료의 난연성능 시험방법 및 성능기준, 화재 확산 방지구조 기준을 정함을 목적으로 한다.

제2조(불연재료) 불연재료는 다음 각호에 적합하여야 한다.

1. 「산업표준화법」 제4조의 규정에 따라 제정한 한국산업규격(이하 "한국산업규격"이라 한다) KS F ISO 1182(건축 재료의 불연성 시험 방법)에 따른 시험결과, 가열시험 개시 후 20분간 가열로 내의 최고온도가 최종평형온도를 20 K 초과 상승하지 않아야 하며(단, 20분 동안 평형에 도달하지 않으면 최종 1분간 평균온도를 최종평형온도로 한다), 가열종료 후 시험체의 질량 감소율이 30 % 이하여야 한다.
2. 한국산업규격 KS F 2271(건축물의 내장 재료 및 구조의 난연성 시험방법) 중 가스유해성 시험 결과, 실험용 쥐의 평균행동정지 시간이 9분 이상이어야 한다.

제3조(준불연재료) 준불연재료는 다음 각호에 적합하여야 한다.

1. 한국산업규격 KS F ISO 5660-1 〔연소성능시험-열 방출, 연기 발생, 질량 감소율-제1부: 열 방출률(콘칼로리미터법)〕에 따른 가열시험 개시 후 10분간 총방출열량이 8 MJ/m^2 이하이며, 10분간 최대 열방출률이 10초 이상 연속으로 200 kW/m^2를 초과하지 않으며, 10분간 가열 후 시험체를 관통하는 방화상 유해한 균열, 구멍 및 용융(복합자재의 경우 심재가 전부 용융, 소멸되는 것을 포함한다) 등이 없어야 한다.

2. 한국산업규격 KS F 2271 중 가스유해성 시험 결과, 실험용 쥐의 평균행동정지 시간이 9분 이상이어야 한다.

제4조(난연재료) 난연재료는 다음 각호에 적합하여야 한다. 다만 「건축물의 피난·방화구조 등의 기준에 의한 규칙」 제24조의2의 규정에 의한 복합자재로서 건축물의 실내에 접하는 부분에 12.5 mm 이상의 방화석고보드로 마감하거나, 한국산업규격 KS F 2257-1(건축 부재의 내화 시험 방법)에 따라 내화성능 시험한 결과 15분의 차염성능 및 이면온도가 120 K 이상 상승하지 않는 재료로 마감하는 경우 그러하지 아니하다.

1. 한국산업규격 KS F ISO 5660-1에 따른 가열시험 개시 후 5분간 총방출열량이 8 MJ//m^2 이하이며, 5분간 최대 열방출률이 10초 이상 연속으로 200 kW/m^{2}를 초과하지 않으며, 5분간 가열 후 시험체를 관통하는 방화상 유해한 균열, 구멍 및 용융(복합자재의 경우 심재가 전부 용융, 소멸되는 것을 포함한다) 등이 없어야 한다.
2. 한국산업규격 KS F 2271 중 가스유해성 시험 결과, 실험용 쥐의 평균행동정지 시간이 9분 이상이어야 한다.

제5조(시험체 및 시험횟수 등) ① 제2조의 규정에 의하여 한국산업규격 KS F ISO 1182에 따라 시험을 하는 경우에 다음 각호에 의하여야 한다.

1. 시험체는 실제의 것과 동일한 구성과 재료로 되어야 한다.
2. 시험은 시험체에 대하여 총3회 실시하여야 한다.
3. 복합자재인 경우에는 시험체의 각 단면에 별도의 마감을 하지 않아야 한다.

② 제3조 및 제4조에 따라 한국산업규격 KS F ISO 5660－1의 시험을 하는 경우에는 다음 각 호에 따라야 한다.

1. 시험체는 실제의 것과 동일한 구성과 재료로 되어야 한다.
2. 시험은 시험체가 내부마감재료의 경우에는 실내에 접하는 면에 대하여 3회 실시하며, 외벽 마감재료의 경우에는 외기(外氣)에 접하는 면에 대하여 3회 실시한다.
3. 복합자재인 경우에는 시험체의 각 단면에 별도의 마감을 하지 않아야 한다.
4. 가열강도는 50 kW/m^{2}로 한다.

③ 제2조부터 제4조까지에 따라 한국산업규격 KS F 2271 중 가스유해성 시험을 하는 경우에는 다음 각 호에 따라야 한다.

1. 시험은 시험체가 내부마감재료인 경우에는 실내에 접하는 면에 대하여 2회 실시하며, 외벽 마감재료인 경우에는 외기(外氣)에 접하는 면에 대하여 2회 실시한다.
2. 시험은 시험체가 실내에 접하는 면에 대하여 2회 실시한다.

3. 복합자재인 경우에는 시험체의 각 단면에 별도의 마감을 하지 않아야 한다.

제6조(시험성적서) ① 시험기관은 의뢰인이 제시한 시험시료의 재질, 주요성분 및 시험체 가열면 등 세부적인 내용을 확인하여 시험성적서에 명기하여야 하며, 시험의뢰인은 필요한 자료를 제공하여야 한다.

② 이 기준에 따라 발급된 시험성적서는 발급일로부터 1년간 유효한 것으로 한다.

③ 성능시험은 다음 각호의 시험기관에서 할 수 있으며, 시험을 실시하는 시험기관의 장은 시험체 및 시험에 관한 기록을 유지·관리하여야 한다.

1. 건설기술관리법 제25조에 의한 품질검사전문기관
2. 한국산업규격(KS A 17025) 또는 ISO/IEC 17025에 적합한 것으로 인정받은 국내 공인 시험기관

제7조(화재 확산 방지구조) 「건축물의 피난·방화구조 등의 기준에 관한 규칙」 제24조제5항에서 "국토교통부장관이 정하여 고시하는 화재 확산 방지구조"는 수직 화재확산 방지를 위하여 외벽마감재와 외벽마감재 지지구조 사이의 공간([별표1]에서 "화재확산방지재료" 부분)을 다음 각 호 중 하나에 해당하는 재료로 매 층마다 최소 높이 400 mm 이상 밀실하게 채운 것을 말한다.

1. 한국산업표준 KS F 3504(석고 보드 제품)에서 정하는 12.5 mm 이상의 방화 석고 보드
2. 한국산업표준 KS L 5509(석고 시멘트판)에서 정하는 석고 시멘트판 6 mm 이상인 것 또는 KS L 5114(섬유강화 시멘트판)에서 정하는 6 mm 이상의 평형 시멘트판인 것
3. 한국산업표준 KS L 9102(인조 광물섬유 단열재)에서 정하는 미네랄울 보온판 2호 이상인 것
4. 한국산업표준 KS F 2257-8(건축 부재의 내화 시험 방법-수직 비내력 구획 부재의 성능 조건)에 따라 내화성능 시험한 결과 15분의 차염성능 및 이면온도가 120 K 이상 상승하지 않는 재료

제8조(재검토기한) 「훈령·예규 등의 발령 및 관리에 관한 규정」(대통령훈령 제248호)에 따라 이 고시 발령 후의 법령이나 현실여건의 변화 등을 검토하여 이 고시의 폐지, 개정 등의 조치를 하여야 하는 기한은 2015년 8월 21일까지로 한다.

[별표1]

화재 확산 방지구조의 예 [제7조 관련]

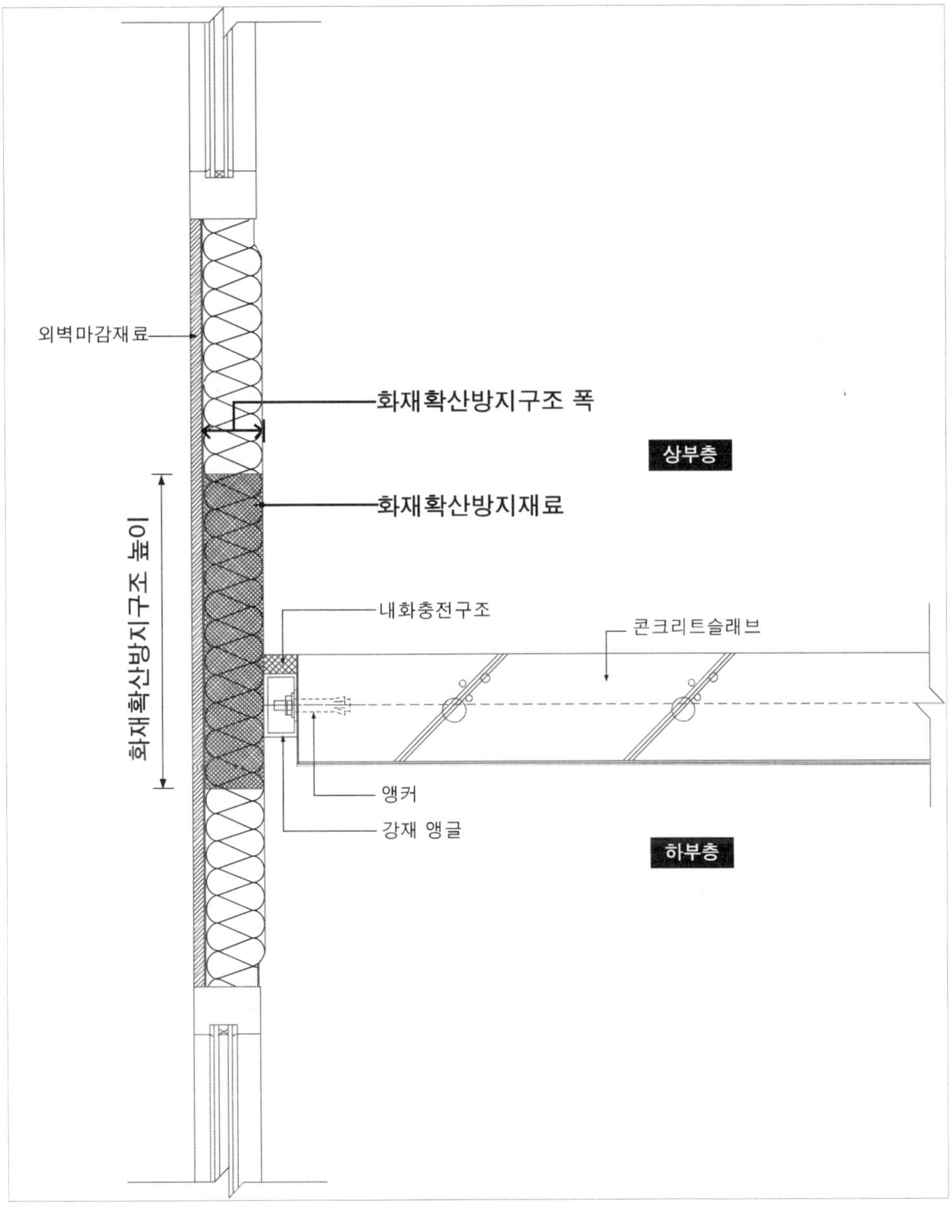

4. 방염제

1) 방염제의 특징

방염제(flame proofing agent)는 목재, 섬유 등의 가연물에 불꽃을 점화한 후 불꽃을 제거하였을 때 지속적으로 연소되거나 확산되지 않도록 부가하는 처리제이다. 종류에는 일회성 방염성능을 부여하는 일시적 방염제와 지속적인 방염성능을 확보하는 영구적 방염제가 있다. 일시적 방염제에는 제2인산암모늄, 주석산나트륨(sodium stannate), 텅스텐산나트륨 등이 있고, 영구적인 방염제는 산화제2철, 산화제2주석1산화납, 2산화망가니즈, 옥시염화안티모니 등 불용성 침전물을 침착시키는 방법을 사용한다.

플라스틱에는 염소, 브로민 등의 할로겐 원소와 인, 안티모니, 질소 등의 주기율표 제5족 원소 등이 효과적이다. 인과 할로겐의 경우 난연화 방식이 다르나, 두 원소를 조합함으로써 단독 사용보다 효과를 높일 수 있다.

2) 방염성능기준과 시험방법

방염제의 성능기준은 소방방재청 고시 제2012-114(2012년 7월)에 제시되어 있으며, 주요 내용은 다음과 같다.

(1) 방염성능기준의 목적

"소방시설 설치·유지 및 안전관리에 관한 법률"의 시행령 제20조제2항에 따른 방염대상물품의 방염성능 기준에 관하여 필요한 사항을 정하기 위함이다.

[소방시설 설치 · 유지 및 안전관리에 관한 법률의 시행령 제20조제2항]

② 법 제12조제3항에 따른 방염성능기준은 다음 각 호의 기준에 따르되, 제1항에 따른 방염대상물품의 종류에 따른 구체적인 방염성능기준은 다음 각 호의 기준의 범위에서 소방방재청장이 정하여 고시하는 바에 따른다.

1. 버너의 불꽃을 제거한 때부터 불꽃을 올리며 연소하는 상태가 그칠 때까지 시간은 20초 이내일 것
2. 버너의 불꽃을 제거한 때부터 불꽃을 올리지 아니하고 연소하는 상태가 그칠 때까지 시간은 30초 이내일 것
3. 탄화(炭化)한 면적은 50제곱센티미터 이내, 탄화한 길이는 20센티미터 이내일 것

4. 불꽃에 의하여 완전히 녹을 때까지 불꽃의 접촉 횟수는 3회 이상일 것
5. 소방방재청장이 정하여 고시한 방법으로 발연량(發煙量)을 측정하는 경우 최대연기밀도는 400 이하일 것

(2) 용어의 정리

① "얇은 포"란 포지형태의 방염성능검사물품(이하 "방염물품"이라 한다)으로서 1 m^2의 중량이 450 g 이하인 것을 말한다.

② "두꺼운 포"란 포지형태의 방염물품으로서 1 m^2의 중량이 450 g을 초과하는 것을 말한다.

③ "탄화면적"이란 불꽃에 의하여 탄화된 면적을 말한다.

④ "탄화길이"란 불꽃에 의하여 탄화된 길이를 말한다.

⑤ "접염횟수"란 불꽃에 의하여 녹을 때까지 불꽃의 접촉횟수를 말한다.

⑥ "용융하는 물품"이란 불꽃에 의하여 녹는 물품을 말한다.

⑦ "잔염시간"이란 버너의 불꽃을 제거한 때부터 불꽃을 올리며 연소하는 상태가 그칠 때까지의 시간을 말한다.

⑧ "잔신시간"이란 버너의 불꽃을 제거한 때부터 불꽃을 올리지 아니하고 연소하는 상태가 그칠 때까지의 시간(잔염이 생기는 동안의 시간은 제외한다)을 말한다.

⑨ "내세탁성"이란 세탁한 경우에도 제4조의 규정에 의한 기준 이상의 방염성능이 있는 것을 말한다.

⑩ "제조공정방염처리물품"이란 제조 또는 가공공정에서 방염처리되거나 난연성소재로 제조 또는 가공된 물품을 말하며, "현장방염처리물품"이란 설치현장에서 방염처리된 물품을 말한다.

(3) 방염물품의 종류

방염물품의 종류는 다음과 같다.

① 카펫 : 마루 또는 바닥 등에 까는 두꺼운 섬유제품을 말하며 직물카펫, 터프트카펫, 자수카펫, 니트카펫, 접착카펫, 니들펀치카펫 등을 말한다.

② 커텐 : 실내장식 또는 구획을 위하여 창문 등에 치는 천을 말한다.

③ 브라인드 : 실내에 설치하는 합성수지제품 등을 말하며 포제브라인드, 버티칼, 롤스크린 등을 포함한다.

④ 암막 : 빛을 막기 위하여 창문 등에 치는 천을 말한다.

⑤ 무대막 : 무대에 설치하는 막을 말하며 스크린을 포함한다.

⑥ 벽지류 : 두께가 2 mm 미만인 포지로서 벽, 천장 또는 반자 등에 부착하는 것을 말한다.

- 비닐벽지 : 합성수지를 주원료로 한 벽지를 말한다.
- 벽포지 : 섬유류를 주원료로 한 벽지를 말하며 부직포로 제조된 벽지를 포함한다.
- 인테리어필름 : 합성수지에 점착 가공하여 제조된 벽지를 말한다.
- 천연재료벽지 : 천연재료(펄프, 식물 등)를 주원료로 한 벽지를 말한다.

⑦ 합판 : 나무 등을 가공하여 제조된 판을 말하며, 중밀도섬유판(MDF), 목재판넬(HDF), 파티클보드(PB)를 포함한다. 이 경우 방염처리 및 장식을 위하여 표면에 0.4 mm 이하인 시트를 부착한 것도 합판으로 본다.

⑧ 목재 : 나무를 재료로 하여 제조된 물품을 말한다.

⑨ 섬유판 : 합성수지판 또는 합판 등에 섬유류를 부착하거나 섬유류로 제조된 것을 말하며 섬유류로 제조된 흡음재 및 방음재를 포함한다.

⑩ 합성수지판 : 합성수지를 주원료로 하여 제조된 실내장식물을 말하며 합성수지로 제조된 흡음재 및 방음재를 포함하며, 합성수지 시트는 합성수지로 제조된 포지를 말한다.

(4) 방염성능의 기준

가. 시행령 제20조 제2항 제1호부터 제4호에 따른 방염성능기준은 제5조(특정소방대상물)부터 제7조(소방특별조사항목), 제9조(소방특별조사방법)에 따른 측정기준 및 방법을 적용하여 측정하였을 때 다음 각 호에서 규정하는 기준에 적합하여야 한다. 다만, 접염횟수의 기준은 용융하는 물품에 한하여 적용한다.

① 카펫의 방염성능기준은 잔염시간이 20초 이내, 탄화길이 10 cm 이내이어야 한다. 이 경우 내세탁성을 측정하는 물품은 세탁전과 세탁 후에 이 기준에 적합하여야 한다.

② 얇은 포의 방염성능기준은 잔염시간 3초 이내, 잔신시간 5초 이내, 탄화면적 30 cm^2 이내, 탄화길이 20 cm 이내, 접염횟수 3회 이상이어야 한다.
이 경우 내세탁성을 측정하는 물품은 세탁전과 세탁 후에 이 기준에 적합하여야 한다.

③ 두꺼운 포의 방염성능기준은 잔염시간 5초 이내, 잔신시간 20초 이내, 탄화면적 40 cm^2 이내, 탄화길이 20 cm 이내, 접염횟수 3회 이상이어야 한다.
이 경우 내세탁성을 측정하는 물품은 세탁전과 세탁 후에 이 기준에 적합하여야 한다.

④ 합성수지판의 방염성능기준은 잔염시간 5초 이내, 잔신시간 20초 이내, 탄화면적 40 cm^2 이내, 탄화길이 20 cm 이내이어야 한다.

⑤ 합판, 섬유판, 목재 및 기타물품(이하 “합판 등”이라 한다.)의 방염성능기준은 잔염

시간 10초 이내, 잔신시간 30초 이내, 탄화면적 50 cm^2 이내, 탄화길이 20 cm 이내 이어야 한다.

나. 시행령 제20조 제2항 제5호에 따른 방염성능기준은 제8조(소방특별조사의 연기)에 따른 측정기준 및 방법을 적용하여 측정하였을 경우 다음 각 호에서 규정하는 기준에 적합하여야 하며, 제조공정방염처리물품에 한하여 적용한다.

① 카펫, 합성수지판, 합판 등의 방염성능기준은 최대연기밀도 400 이하이어야 한다.

② 얇은 포 및 두꺼운 포의 방염성능기준은 최대연기밀도 200 이하이어야 한다.

(5) 합성수지판 및 합판 등의 방염성능측정기준 및 방법

합성수지판 및 합판 등의 방염성능측정기준 및 방법은 다음 각 호에 적합하여야 한다.

① 연소시험장치는 연소 시험함(그림 3.1), 시험체 받침틀(그림 3.2), 전기불꽃 발생장치(그림 3.3) 및 맥켈버너(그림 3.4)를 사용한다.

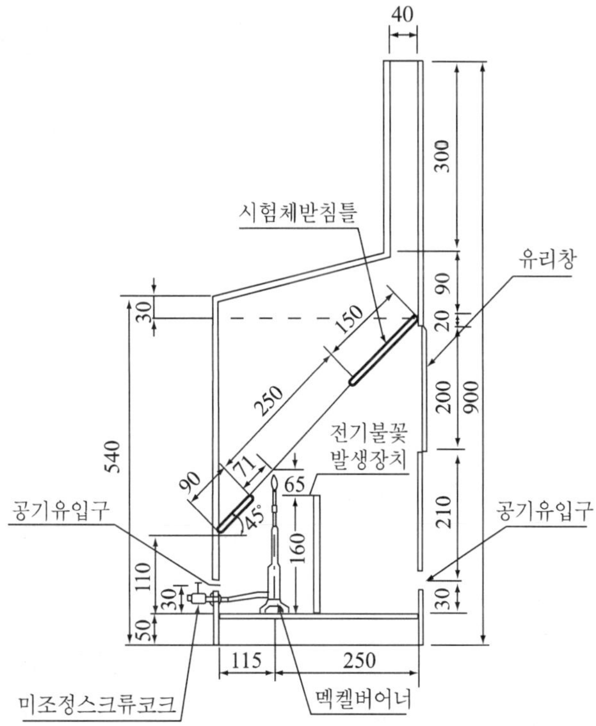

[그림 3.1] 두께운 포, 합성수지, 합판의 연소 시험함

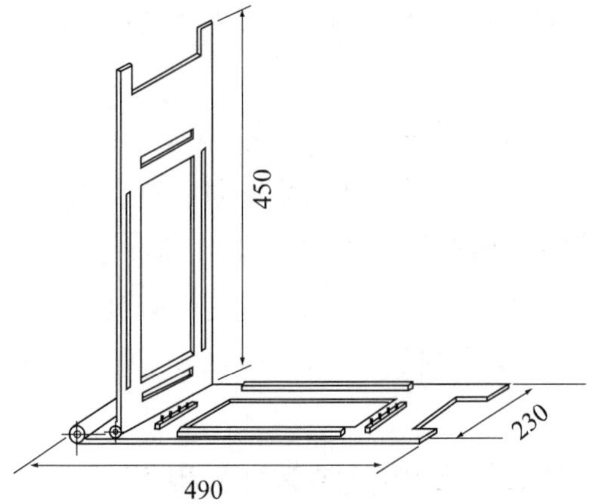

[그림 3.2] 시험체 받침틀

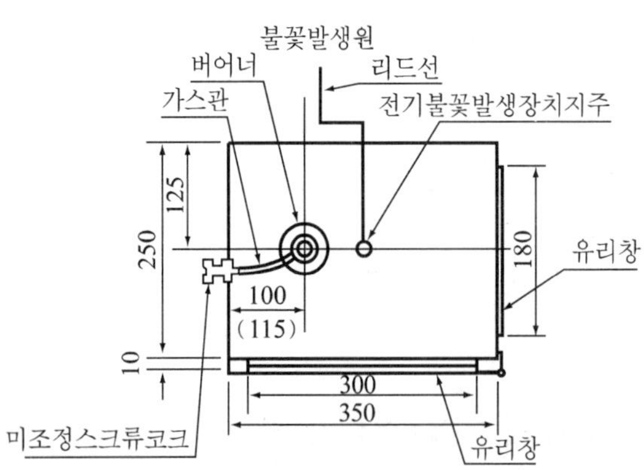

[그림 3.3] 전기불꽃장치

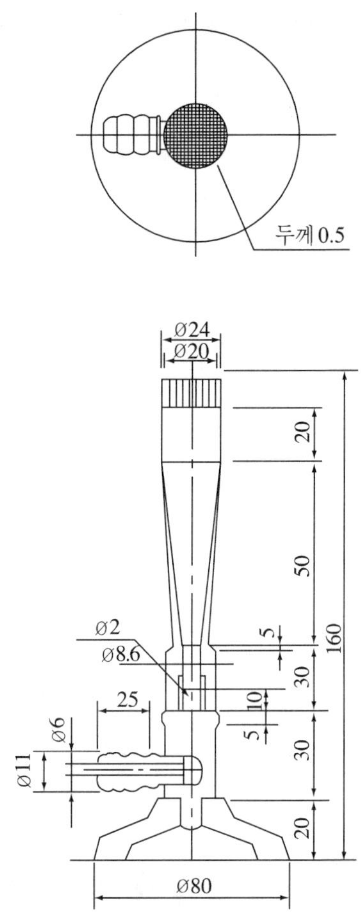

[그림 3.4] 멕켈버너

② 시험에 사용하는 연료는 KS M 2150(액화석유가스)에 적합한 것이어야 한다.

③ 시험체는 1.6 m^2 이상의 측정대상물품에서 임의로 절취한 가로 29 cm, 세로 19 cm의 것으로 3개씩 만든다.

④ 시험체의 건조는 (40±2)℃ 항온건조기 안에서 24시간 건조한 후 실리카겔을 넣은 데시케이터 안에 2시간 동안 넣어둔다. 다만, 열에 영향을 받지 않는 것은 (105±2)℃의 항온건조기 안에서 1시간 건조한 후 실리카겔을 넣은 데시케이터 안에 2시간 동안 넣어둔 것으로 할 수 있다.

⑤ 성능시험측정은 다음의 방법에 의한다.

- 시험체는 시험체 받침틀에 고정할 것
- 버너의 불꽃의 길이는 65 mm로 할 것
- 불꽃의 선단이 시험체 중앙 하단에 접하도록 버너를 설치할 것
- 가열은 각 시험체에 대하여 2분간 실시할 것

제2절 내화공법

특정 건축물의 기둥, 보 그리고 내력벽과 바닥 등의 주요 구조부는 화재가 발생되었더라도 일정한 시간 동안 구조적 붕괴가 발생되지 않아야만 한다. 이러한 성능을 내화성능이라고 표현하고, 그 크기는 시간으로 나타낸다.

강구조 건축물이나 철근콘크리트 건축물 또는 목조 건축물의 경우, 화재가 발생되면 실내의 가연물의 양과 개구부 조건에 따라서 실내 온도가 상승한다. 따라서 실내의 공간을 형성하는 구조부재의 온도가 상승하게 됨에 따라 내력적 성능저하가 발생하게 되며, 궁극적으로 해당 부재의 한계상태에 도달한 후 구조적 붕괴로 이어지게 된다. 따라서 각 구조부재의 경우는 구조적 한계상태에 도달되지 않는 특수한 조건을 부여하여만 그 화재에 견딜 수 있다. 이러한 조건의 부여를 내화설계라고 한다. 내화설계에는 특정한 건축재료와 공법을 사용하여 제작된 부재를 표준화재 온도곡선과 가열로에 의해서 그 성능을 평가하는 방법인 시방적 내화설계(prescriptive method)와 해당 건축물의 가연물량과 개구부 조건 등을 과학적, 공학적 방법을 통하여 해당 부재의 내력을 평가하여 각각 구조부재 및 프레임의 안전성을 평가하는 성능적 내화설계(performance based fire engineering)로 구분된다.

내화공법은 사양적 내화설계의 한 가지 방법으로써 가장 보편적으로 사용되고 있다. 내화공법의 구성은 크게 두 가지로 대별될 수 있으며, 첫 번째는 구조부재 그 자체가 고온에서 내력적 성능을 유지할 수 있는 특성이 있는 경우이며, 두 번째는 해당 구조부재는 고온에서 내력유지가 어려우나 기타 열을 차단할 수 있는 다른 재료를 피복 또는 도포함으로써 고온에서 내력적 성능을 유지하는 방법이다. 첫 번째 공법의 대표적인 구조는 철근콘크리트 구조이며, RC벽체, RC바닥 및 RC지붕이 해당된다. 두 번째 방법의 예로써는 강구조이며, 내화뿜칠피복 또는 내화보드 및 콘크리트와 합성화된 기둥, 보 등이 해당된다.

1. 내화뿜칠공법(spray method)

내화뿜칠공법은 주로 미네랄울(mineral wool)을 시멘트 페이스트에 일정 비율로 혼합하고, 기계적인 힘으로 강재 표면에 분사되는 방식이다(그림 3.5). 본 방식은 짧은 시간에 많은 양을 시공할 수 있고, 경제적이기 때문에 가장 많이 사용되고 있으나, 타 공정과 동시 작업에 이루어질 수 없는 단점이 있다.

현재 우리나라에서 시공되고 있는 뿜칠피복재는 각 내화피복제 생산 및 판매, 시공업체별로 다양한 이름으로 시공되고 있으며, 여기에는 에스코트, 하이코트, 모노코트, 화이어코트 등이 있다.

1) 미네랄울

미네랄울 뿜칠은 각종 건축물이나 산업설비 시설의 내화, 단열(보온, 보냉) 및 흡음, 방습, 결로방지를 목적으로 사용하는 방식이다. 미네랄울 뿜칠에 사용되는 미네랄울은 규산칼슘계의 광석을 1,500~1,700℃의 고열로 용융 액화시킨 후 고속회전시켜 제품화한 것이며, 일적인 열 특성은 다음과 같다.

- 밀도 : 100~150 kg/m^3
- 열전도율 : 0.036 kcal/mh℃

2) 미네랄울 뿜칠 시공방법

① 배합 시 미네랄 울과 시멘트(보통 포틀랜드 시멘트)의 비율은 내화 및 단열이 목적일 경우에는 1 : 0.28, 방음이나 결로 방지 및 흡음일 경우에는 1 : 0.3의 비율로 배합한다.

② 미네랄울 뿜칠은 닥트공사, 배관공사, 부착물, 천장부속재 설치 공사가 완료된 후에 하여야 한다.

③ 기계는 안전하고 작동이 편리한 작업장에 설치하고, 전기는 220 V, 380 V 전원으로 보조를 펌프와 기계가 작동할 수 있는 충분한 전기용량을 사전에 확보하고 전원 공급을 해야 한다.

④ 용수는 깨끗하여야 하고, 이물질이 섞이지 않은 것으로 기계가 작동되는 동안 중단 및 부족되는 일이 없도록 주의를 하며, 특히 유류나 염분은 절대 없어야 한다.

⑤ 뿜칠 작업이 진행될 동안 작업원이 뿜칠한 상태 및 두께 등을 확인할 수 있는 조명시설을 갖추고 있어야 한다.

⑥ 시공 장소의 온도와 피착면의 표면온도가 시공기간과 양생되는 24시간 동안 4℃ 이상이어야 한다.

⑦ 방풍막을 설치하여 외풍의 영향을 최소화하고, 외부로 분진이 날아가지 않도록 조치한다.

⑧ 시공면적과 두께 등을 고려하여 암면과 시멘트를 뿜칠기계에 투입한다.

⑨ 고르게 섞인 암면과 시멘트를 분당 약 5~6 kg을 회전 투입기(rotary feeder)에 투입하고 물을 분사시킨다.

⑩ 노즐과 시공면의 거리는 약 50~60 cm를 유지하면서 시공하고, 각도는 천장의 경우 60° 벽체는 30°를 유지한다.

⑪ 1회 뿜칠시 80 mm를 도포함을 원칙으로 하고, 뿜칠 후 표면에 심한 요철이 있을 경우에는 누름판으로 눌러 평활하게 해준다.

⑫ 양생기간은 두께와 계절에 따라 차이가 있으나 대략 5~7일까지 자연 양생시키며, 시공면에 충격을 가하거나 접촉하지 않도록 사후관리를 철저히 한다.

[그림 3.5] 내화뿜칠피복공법

일반적으로 미네랄울을 이용한 내화뿜칠피복공법으로 강재 보와 기둥의 내화성능을 확보하기 위해서는 다음과 같은 피복두께가 필요하다.

- 1시간 내화성능 : 12 mm 이상
- 2시간 내화성능 : 22 mm 이상
- 3시간 내화성능 : 32 mm 이상

2. 보드이용공법(board applied method)

보드이용공법에는 석고보드와 규산칼슘보드가 주로 활용된다. 석고보드에는 일반석고보드에 방화성능을 강화할 목적으로 섬유(fiber)가 보강된 방화석고보드가 많이 사용되고 있다.

1) 사용재료

(1) 석고보드

석고는 천연석고와 화학석고의 2종이 있다. 천연석고는 석고 원석을 180~190℃로 소성한 후, 미세분하여 소석고를 만든 후 다시 약 500℃까지 소성하게 되면 무수 석고($CaSO_4$)가 된다. 무수 석고는 경화력이 약하므로 여기에 다시 명반, 봉사, 규사, 점토를 소량 첨가하거나, 불순석고를 가하여 다시 고온(500~1,000℃)으로 소성하면 경화성이 부활하는데 이것을 경석고라고 한다. 국내에서 생산되는 석고는 타공정에서 부산물로 생성되는 석고를 주 원료로 사용하고 있는 화학석고이다. 천연석고와 화학석고의 물리적, 열적 특성은 크게 차이가 없는 것으로 평가되고 있다.

석고는 100℃보다 높은 온도에서도 흡열반응이 지속되므로 결정수 일부를 방출하여 기화열을 흡수하기 때문에 시멘트 페이스트와 콘크리트에 비해 흡열량이 매우 커서 내화피복재로서 사용된다.

국내산 석고보드의 특성은 표 3.4와 같다.

[표 3.4] 국내산 석고보드 제품 특성

제조사	L사			K사		
주원료	석고			석고와 무기질 섬유		
제조 방법	롤프레스					
내화 성능	난연 1급			난연 1급		
두께 (mm)	12.5	15	25	12.5	15	25
무게 (kg/cm^2)	7.5 11.3	9.0 13.5	15.0 22.5	5.7 8.6	7.5 11.3	9.0 13.5
휨강도 (kgf/cm^2)	18.4 이상	22.4 이상	38.8 이상	18.4 이상	22.4 이상	38.8 이상
규격 (mm)	나비 : 600,1200 길이 : 1800,2400			나비 : 600,1200 길이 : 1800,3000		
열저항 ($m^2h℃/kcal$)	0.07 이상	0.08 이상	0.11 이상	0.07 이상	0.08 이상	0.11 이상

(2) 규산칼슘보드

규산칼슘보드의 종류는 부피비중이 큰 1호(0.35~0.65)와 부피비중이 작은 2호(0.2~0.4)가 있다. 표 3.5는 규산칼슘보드의 성분과 성능을 나타낸 것이다.

[표 3.5] 규산칼슘보드의 성분과 성능

항 목		1호	2호
성 분	규산칼슘(%)	75~89	75~89
	무기섬유질(%)	11 이상	11 이상
	유기질(%)	6 이하	6 이하
성 능	부피비중	0.35~0.65	0.2~0.4
	휨강도(kgf/cm^2)	25 이상	4 이상
	열전도율(kcal/m · h · ℃)	0.07~0.10	0.05

규산칼슘보드는 품질관리가 용이함과 동시에 마무리 치장재로서도 사용가능하며, 패널을 대형화할 수 있는 등 많은 특징을 갖고 있다. 규산칼슘보드는 규산질분말, 석회, 시멘트, 섬유 등을 혼합하여 이긴 후, 증기양생하여 제조하며, 주요 제조방법은 다음과 같다.

① 규산질 원료와 석회질 원료에 물을 가하여 슬러리화하여 예비반응을 행한 다음, 이를 피치식 또는 연속식 교반기를 사용하여 오토클레이브를 통한 고온·고압의 수열합성반응에 의해 생성된 규산칼슘 수화물 슬러리에 보강섬유를 혼입하여 프레스 압축성형한다.

② 예비반응을 실시한 슬러리를 압축 성형하고, 성형판을 오토클레이브로 고온·고압 증기양생한다.

(3) ALC 패널

ALC(Autoclaved Lightweight Concrete)는 발포제로 콘크리트 내부에 무수한 기포를 독립적으로 분산시켜 중량을 가볍게 한 기포콘크리트의 일종으로 블록과 사전에 철근이 보강된 패널형태로서 생산되고 있으며, 경량 콘크리트의 일반적 장점인 경량성, 단열성, 내화 및 시공성 등에서 우수한 성능을 보이고 있다.

ALC패널은 석회질, 규산질 원료와 기포제 및 혼화제를 주원료로 물과 혼합하여 슬러리를 만든 후 고온고압(180℃, 10 kg/cm^2)의 오토클레이브(Autoclave)에서 증기양생 과정을 거쳐 구조적으로 안정된 판상구조의 토벌모라이트(Tobermorite)결정을 이루는 과정으로 제조되며, 구성재료는 표 3.6과 같다.

[표 3.6] ALC 패널의 구성재료

석회질 재료	석회(CaO)	생석회, 공업용 석회
	시멘트	포틀랜드 시멘트, 고로슬래그 시멘트, 실리카 시멘트, 플라이애쉬 시멘트
규산질원료(SiO_2)		규석, 규사, 고로슬래그 시멘트, 플라이애쉬 시멘트 등으로 진흙, 먼지, 유기물 등 유해물을 함유하지 않을 것
기포제		A1 분말 또는 페이스트, 표면활성제 등 균등한 기포가 얻어지는 것
혼화재료		기포의 안정, 경화시간 조정 등을 위하여 사용되는 재료로 그 품질 및 사용에 유해한 영향이 없는 것
철근		KS D 3503(일반구조용 압연강재), KS D 3504(철근콘크리트용봉강), KS D 3553(철선) 등을 이용

ALC 패널은 무기질재료로 구성된 완전 불연재이며 화재 시 유독가스나 유독물질을 배출하지 않는다. 두께 100 mm 이상의 ALC 벽체는 건축물 피난·방화구조 기준에 관한 규칙 제3조 제3항에 규정된 내화구조이고, 사용 예는 그림 3.6에 제시되어 있다.

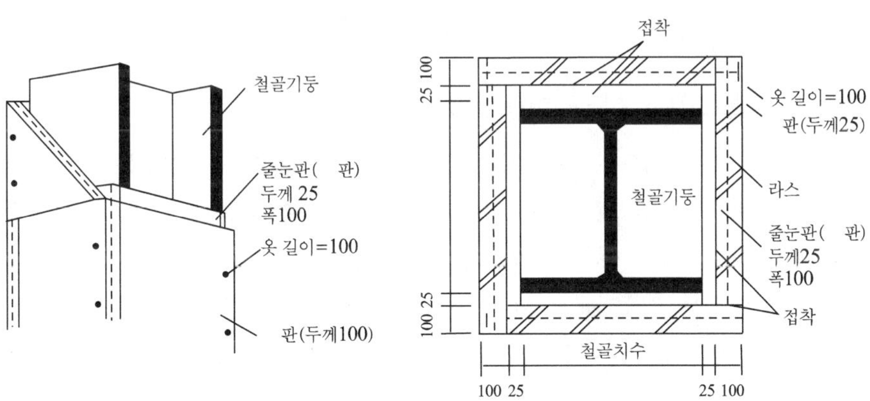

[그림 3.6] ALC 패널 붙임공법(보강철물에 의한 경우)

(4) 프리캐스트 콘크리트 패널

경량콘크리트를 주로 사용하는 프리캐스트 콘크리트 패널(이하 PC패널)은 비교적 판 두께가 두껍고 강도도 크며, 이음은 용접, 볼트조임 등으로 견고하게 고정함으로써 마무리를 겸한 내화피복재로 기둥의 피복에 상당히 적합하다. 그러나 PC패널 접합부의 내화처리, 균열 발생에 대한 처리 및 중량 등과 같은 문제점을 갖고 있어 이음용 도구에 세심한 고려가 필요하다. 그림 3.7은 PC패널을 사용한 기둥의 내화피복 공법으로 대표적인 사례를 나타낸 것이다.

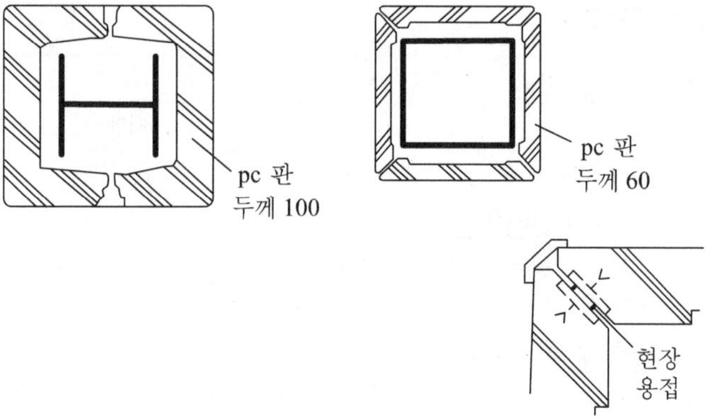

[그림 3.7] PC패널 내화피복

2) 보드이용 내화공법

일반석 고보드의 휨강도와 열적 저항성능을 향상시키기 위하여 일정 양의 섬유(fiber)를 보강한 제품을 방화석고보드라고 하며, 스틸스터드(steel stud)와 목재 스터드를 사용하는 내력벽체의 방화재료로 많이 사용되고, 강재 기둥부재와 보부재의 내화성능 확보에도 사용되고 있다.

① 방화석고보드를 이용한 스터드 이용 내력벽체

스틸 스터드와 목재 스터드로 구성되는 스틸하우스와 목조주택의 경우는 저층 주거용 단독 건축물과 공동주택 그리고 근린생활시설의 주요 구조부로 활용되고 있다. 공동주택과 4층 이하의 건축물의 경우, 내력벽체와 바닥의 주요구조부는 1시간의 내화성능을 요구하고 있다. 따라서 스틸 스터드와 목재 스터드를 활용한 내력벽체와 바닥구조체를 적용한 건축물이 공동주택의 용도와 4층 이하의 건축물에 활용되기 위해서는 1시간의 내화성능을 확보하여야만 하고, 내력벽체인 경우에는 12.5 mm 방화석고보드를 외부면과 내부면에 설치하는 구조가 활용되고, 바닥구조에서는 12.5 mm 방화석고보드가 하부에 설치되는 구조를 사용한다(그림 3.8~9).

[그림 3.8] 방화석고보드 이용 내력벽체

[그림 3.9] 방화석고보드 이용 바닥 구조체

② 방화석고보드와 규산칼슘보드를 이용한 강재 기둥과 보부재

강재기둥과 보부재의 내화성능 확보를 위한 미네랄울 뿜칠공법은 용이한 시공방법과 우수한 경제성으로 활용도가 높은 반면, 최종 마감을 위한 또 다른 부재를 시공해야만 하는 문제점을 가지고 있다. 이와 같은 문제점을 보완하기 위하여 개발된 공법이 내화보드를 이용한 강재 기둥과 보부재의 내화 피복공법이다. 이 중 같이 많이 활용되는 재료는 방화석고보드와 규산칼슘보드이다. 강재 기둥과 강재 보부재에 방화석고보드와 규산칼슘보드를 부착하기 위해서는 휨이나 충격을 완화할 수 있는 챈널을 선 시공하는 챈널 부착공법이 있다(그림 3.10~11).

[그림 3.10] 강재기둥의 챈널부착

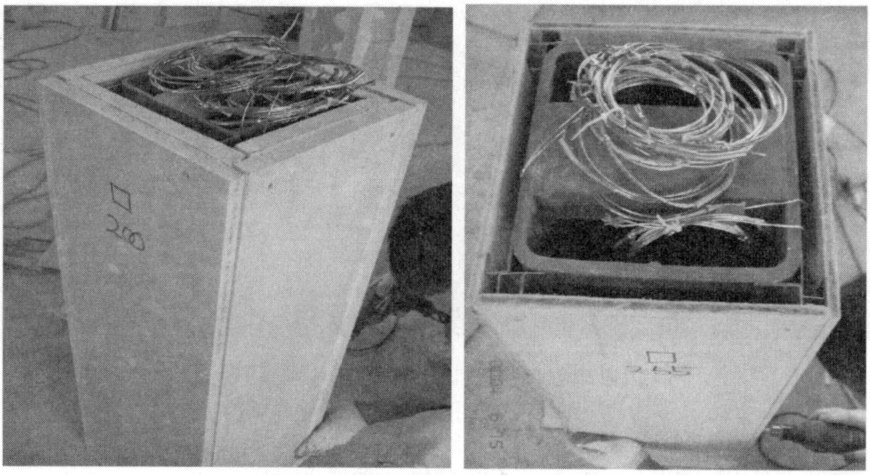

[그림 3.11] 강재기둥에 부착된 방화석고보드와 규산칼슘보드

강재기둥과 보부재의 특정 내화시간을 확보하기 위한 방화석고보드의 두께는 다음과 같다.

[기둥부재]
- 1시간 : 15 mm 이상
- 2시간 : 30 mm 이상
- 3시간 : 45 mm 이상

[보부재]
- 1시간 : 15 mm 이상
- 2시간 : 38 mm 이상

규산칼슘보드를 이용한 강재기둥과 보부재의 내화성능은 방화석고보드를 이용한 경우보다 다소 떨어지는 경향이 있다. 이는 규산칼슘보드 내에 분포하는 규산성분이 고온에서 팽창하여 내부에 미세한 균열을 발생시키기 때문으로 알려지고 있다.

3. 합성공법(composition method)

강재는 약 550℃ 수준에서 허용인장응력의 약 2/3까지 내력이 감소하게 된다. 따라서 이러한 내력적 성능저하를 방지하기 위하여 다양한 열차단 재료의 적용과 공법이 개발되어 왔다. 그러나 이러한 방화재료의 적용과 내화공법의 개발은 순수한 내화성능의 확보를 목적으로 이루어져 왔으나, 강재의 구조적 약점인 좌굴 방지 및 내력향상 그리고 화재 시 구조적 내력 감소를 방지할 수 있는 공법의 개발이 시도되었으며, 이는 콘크리트와의 합성으로 충족되었다.

즉 기둥부재는 단면에 비해서 길이가 상대적으로 긴 형태이므로 좌굴에 취약할 수밖에 없으나, 합성기둥부재의 경우, 기둥부재 주변에 콘크리트가 보완됨으로써 좌굴도 방지되고, 압축력에 대한 저항력이 높아지므로 새로운 구조로써 건축물에 적용될 수 있게 된 것이다. 보부재 또한 횡좌굴에 대한 저항능력 향상 등으로 보다 긴 스팬에 적용할 수 있게 되었다(그림 3.12).

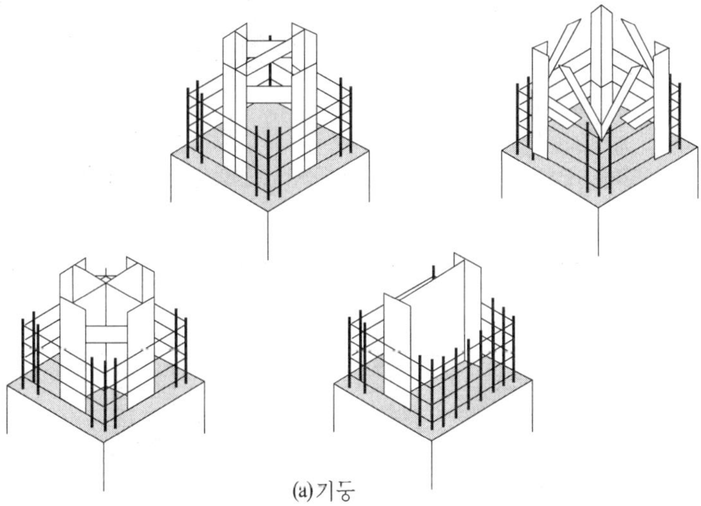

(a)기둥

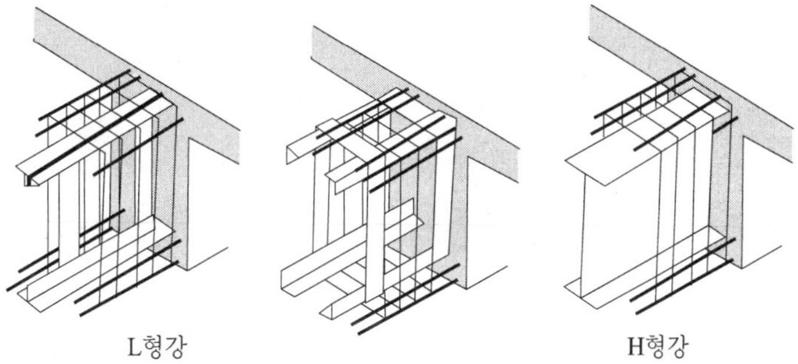

(b)보

[그림 3.12] 콘크리트 합성구조

최근에는 강관구조 내부에 콘크리트를 충전함으로써 좌굴방지와 내력강화 그리고 화재 시의 내력성능 저하를 방지할 수 있는 콘크리트 충전 강관구조(CFST, Concrete Filled Steel

Tube)구조가 개발되어 대형건축물에 적용되고 있다(그림 3.13). 그림 3.14는 코듀르(Kodur)가 제안한 원형충전강관이며, 철근보강타입과 철근무보강타입으로 2시간을 견딜 수 있는 축력을 제시하고 있다.

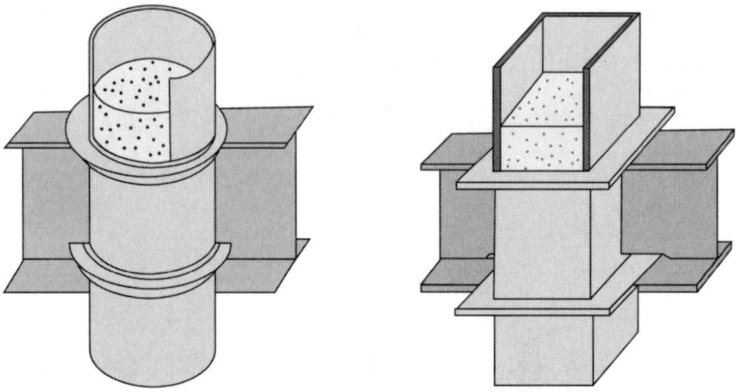

[그림 3.13] 콘크리트 충전 강관구조(원형강관, 각형강관)

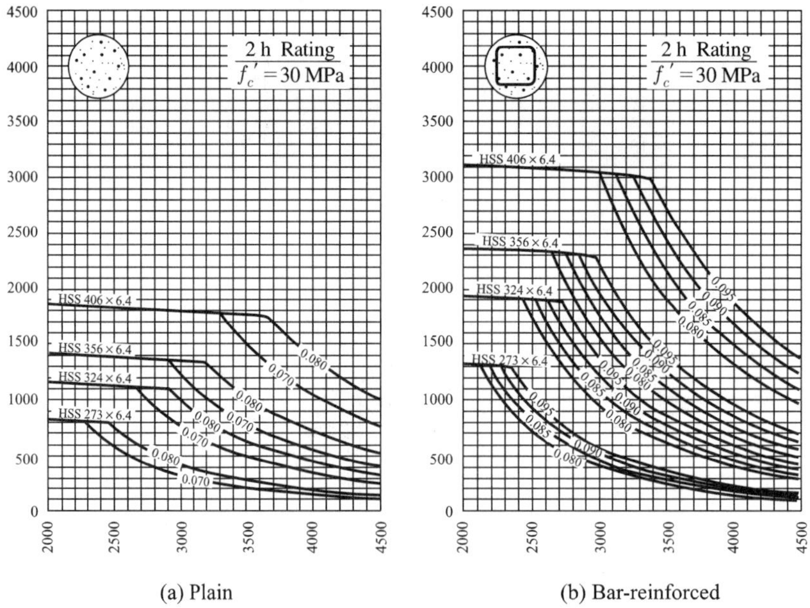

[그림 3.14] 원형충전강관의 화재 시 허용축력(철근무보강, 철근보강)

제4장

마감재료

제1절 석재

1. 개요
2. 조직
3. 석재의 분류
5. 가공
6. 석재제품

제2절 세라믹

1. 개요
2. 일반적 성질
3. 건축용 세라믹 제품

제3절 유리

1. 개요
2. 유리의 종류
3. 유리의 일반적 성질
4. 건축용 유리제품
5. 건축용 유리 성형품

제4절 합성수지

1. 개요
2. 플라스틱 종류와 특성
3. 플라스틱 제품

제5절 도장재료

1. 개요
2. 도료의 종류

제6절 방수재료

1. 개요
2. 방수공법의 종류

제7절 흡음 및 단열재료

1. 개요
2. 흡음재의 분류
3. 단열재의 분류
4. 단열재의 종류

건축물의 주거기능과 보관기능 그리고 미적 요소를 충족시키기 위해서는 다양한 성능을 지닌 마감재료가 필요하다. 석재, 벽돌, 블록, 목재 등은 구조재료이면서 동시에 마감재료의 특성을 가진 재료도 있지만 이들도 대부분 건축 마감을 위한 용도로 활용된다.

마감재료가 보유해야 되는 성능으로써는 열에 견디는 단열성능, 소리와 충격 등에 적합한 차음성능, 내충격성능, 방수와 방습 등 다양한 주거 성능적 요소와 건축 자체의 독창성을 부여할 수 있는 미적 요소를 갖추어야 한다.

제1절 석재

석재는 인류가 공동체 생활하면서 가장 빈번하게 접하게 된 재료이며, 생존과 생활을 위한 주 도구, 주거용도, 종교적 용도 등으로 발달하게 되었다. 석재는 인류 초기의 생존과 생활을 위한 사냥용으로 타제석기, 마제석기로부터 시작되었으며, 부족사회의 상징인 고인돌, 스톤헨지 그리고 피라미드 등 거석문화의 상징은 인류와 더불어 발달한 증거이기도 하다(그림 4.1).

석재는 우수한 압축강도와 내마모성으로 수직적 건축 요소(기둥, 벽체)의 시공에는 많은 장점을 가지고 있으나, 장대재 확보의 어려움과 낮은 인장강도 등은 지속적인 발달을 저해하는 요소로 작용하고 있다.

[그림 4.1] 이집트의 피라미드

1. 개요

석재는 암석을 필요한 모양으로 잘라서 성형한 것이고, 고인돌, 영국의 스톤헨지 그리고 이집트의 피라미드 및 그리스와 로마의 신전 건축물 등 종교건축을 중심으로 발전하였다(그림 4.2). 이후에 그리스와 로마의 대표적인 건축양식의 바탕이 되면서 유럽으로 퍼져나갔다.

우리나라의 경우는 사찰의 탑, 다리 등을 중심으로 사용되었고, 건축물의 주요 구조부에는 한국은행 등의 서양식 건축물 등에 적용되었다(그림 4.3).

[그림 4.2] 아클로폴리스와 파르테논신전

[그림 4.3] 정림사지 5층석탑과 한국은행

석재가 건축물에 사용되기 위해서는 다음과 같은 조건을 겸비하여야 한다.

- 높은 선명도
- 균질 성분
- 높은 강도
- 일정한 색상
- 균등한 입도
- 충분한 생산량

2. 조직

1) 조암광물

조암광물은 암석을 구성하는 광물이며, 석재의 경우 단일 광물성분으로 구성되는 경우는 드물고, 여러 종류의 광물로 구성되어 있다. 조암광물의 비율이나 결합상태에 따라서 색조와 성질이 다르게 된다. 화성암은 석영, 장석, 운모의 주성분 광물과 인회석, 자철석 등의 부성분 광물로 구성된다.

2) 절리(joint), 석목(rift)

암석은 다양한 외력에 의하여 균열이 발생되며, 대표적인 균열은 절리와 석목이다. 절리는 암석에 외력이 가해져서 생긴 균열이며, 화성암의 절리는 마그마가 식으면서 암석이 될 때 생기는 틈이며, 절리의 모양에 따라 주상절리, 판상절리로 구분한다. 그림 4.4는 우리나라 제주도의 대표적인 주상절리의 모습이다.

석목은 조암광물의 배열에 따라 발생되는 갈라지기 쉬운 면을 나타낸다.

[그림 4.4] 주상절리

3. 석재의 분류

1) 구성요인에 의한 분류

석재의 종류는 크게 화성암, 수성암 및 변성암으로 구분된다. 화성암은 지구 화산 활동에 의해서 생성된 암석이며, 지구 깊은 땅속에서 서서히 응고된 심성암(화강암, 섬록암)과 지표 가까이에서 급속하게 냉각, 응고된 화산암(안산암, 석영)으로 대별된다(표 4.1).

[표 4.1] 구성요인에 의한 암석의 종류

성인에 의한 분류		암질에 의한 종별	석 재
화성암	심성암	화강암 섬록암	화강암
	화산암	안산암 ┌ 휘석안산암 각섬안산암 운모안산암 └ 석영안산암	안산암
		석영조면암	경석
수성암	쇄설암	이판암 점판암	점판암
		사암 역암	사암
		응회암 ┌ 응회암 사진응회암 └ 청역질응회암	응회암
	유기암	석회암	석회석
	침적암	석고	
변성암	수성암계	대리석	대리석
	화성암계	사문석	사문석

수성암은 물에 의해 퇴적되어 생성된 암석으로 퇴적암이라고도 한다. 퇴적 작용에 의하여 층 모양을 이루며, 일부 화석을 포함하기도 한다.

변성암은 압력, 열에 의한 대지각 변동 시 화성암, 수성암의 조직과 광물의 성분이 변화되어 만들어졌다.

2) 석질, 형상, 압축강도에 따른 분류

① 석질에 따른 분류

- 화강암, 안산암, 사암, 점판암, 응회암, 대리석, 사문암

② 형상에 따른 분류(그림 4.5~6)

- 각석(장대석 또는 장석), 판석, 간사 또는 간지석(견치돌), 사고석(사괴석), 잡석 또는 호박돌

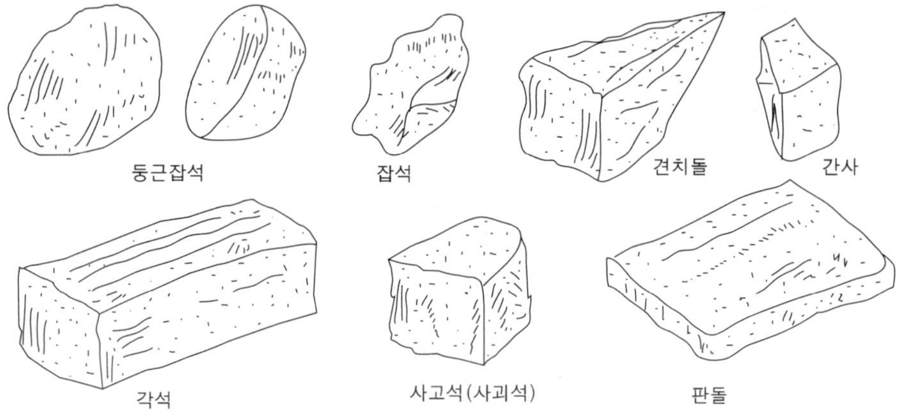

[그림 4.5] 석재의 종류

[그림 4.6] 간사 및 견치돌

③ 압축강도에 따른 분류

- 경석(500 kgf/cm^2) 이상 : 화강암, 안산암, 대리석
- 준경석(100~500 kgf/cm^2) : 경질사암, 경질응회암
- 연석(100 kgf/cm^2) : 연질사암, 연질응회암

3) 용도별 분류

(1) 구조용

건축물의 기둥과 보 그리고 내력벽용으로 사용할 수 있는 재료이다. 대표적인 암석으로서는 화강암, 안산암 그리고 사암 등이 있다. 특히 사암은 모래가 높은 압력과 열에 의해서 굳어진 암석으로 호주 시드니 지방이 대표적인 사암지대이다(그림 4.7).

[그림 4.7] 시드니 세인트 메리 성당

(2) 마감용

외부 기후조건에 쉽게 오염되고 변형될 수 있는 대리석과 사문암은 건축물 내부에 사용되는 내장용이고, 강도가 높은 화강암, 안산암 그리고 점판암 등은 외장용으로 사용된다. 사문암은 화성암인 감람암이 변성작용에 의해서 생성되었고(그림 4.8), 점판암은 점토질이 퇴적된 슬레이트가 변성작용을 거쳐 생성된 암석이다.

[그림 4.8] 사문암(蛇紋巖)

4) 석재의 성질

(1) 석재의 장단점

① 장점

- 압축강도가 크다.
- 내수성, 내구성, 내화학성이 크다.
- 불연, 내마모성이 크다.
- 외관이 장중하고 치밀하며 광택이 우수하다.
- 다양한 외관과 색조의 표현이 가능하다.

② 단점

- 장대재를 얻기 어려워 구조용으로 부적절하다.
- 인장강도가 압축강도의 1/10~1/40이기 때문에 인장재로 사용하기 어렵다.
- 비중이 크고, 가공성이 불량하다.
- 화재 시 균열이 발생되거나 파괴되어 재사용이 곤란한 경우가 많다.

(2) 물리적 성질

① 비중

비중은 조암광물에 따라 달라지며, 일반적인 석재의 비중은 겉보기 비중을 의미한다. 석재 비중의 평균은 2.65 정도이고 일반적으로 2.5~3.0범위를 나타낸다(표 4.2).

[표 4.2] 석재의 비중

종 류	비 중	종 류	비 중
화강암	2.61~2.72	대리석	2.68~2.75
안산암	2.36~2.88	사문암	2.75~2.90
응회암	2.0~2.5	점판암	2.71

② 흡수율

흡수율은 공극률에 따라 좌우되며, 석재의 내구성에 큰 영향을 미친다. 흡수율이 높다는 것은 석재가 다공질이라는 것을 의미하며, 동해 피해 가능성이 높다. 일반적인 석재의 흡수율은 다음 표 4.3과 같다.

• 화강암, 대리석, 사문암, 점판암 : 0.1~0.4 %
• 안산암, 응회함 : 0.5~0.7 %

[표 4.3] 석재의 흡수율

종 류	비 중	종 류	비 중
화강암	0.1~0.4	대리석	0.02~0.25
안산암	0.5~6.99	사문암	0.18~0.40
응회암	1.3~2.0	점판암	0.18~0.25

③ 선팽창계수

석재의 길이방향 팽창계수는 조암광물에 따라 달라지며, 온도변화에 따라 복잡한 응력이 발생으로 내구성에 악영향을 줄 수 있다. 특히 암석의 선팽창계수는 외부 온도 변화에도 큰 차이를 보이므로 구조재로 사용 시에는 유의해야 한다. 각종 석재의 선팽창계수는 다음 표 4.4와 같다.

[표 4.4] 암석의 선팽창계수

(×10^{-4}/℃)

종 류 \ 온도(℃)	300	500	600	750	900	1060
화강암	0.101	0.063	0.137	0.339	0.337	0.264
안산암	0.023	0.051	0.124	0.105	0.086	0.093
응회질안산암	–	0.030	0.023	0.035	0.035	–
응회암	0.027	–	0.035	0.070	0.094	0.211
석회암	0.090	0.170	0.220	–	–	–

④ 강도

일반적으로 강도는 압축강도를 의미하고, 인장강도, 전단강도, 휨강도는 무시할 정도이며, 석재의 종류에 따른 강도의 크기는 다음 표 4.5와 같다.

[표 4.5] 석재의 강도(强度)

종 류	압축강도(kgf/cm²)	인장강도(kgf/cm²)	휨강도(kgf/cm²)
화강암	500~1,940	37~50	104~132
안산암	1,035~1,680	36~82	78~177
응회암	86~372	8~35	23~60
사 암	266~674	25~29	54~94
대리석	1,180~2,140	39~87	34~90
사문암	740~1,200	28~74	–
점판암	1,410~1,640	–	–

⑤ 탄성계수

석재의 종류에 따라 탄성계수가 달라진다. 특히 사암, 화강암은 응력이 증가할수록 탄성계수가 곡선적 증가 경향을 보이는 반면, 경질사암, 현무암은 후크 법칙을 따르는 특성을 가지고 있다(그림 4.9, 표 4.6).

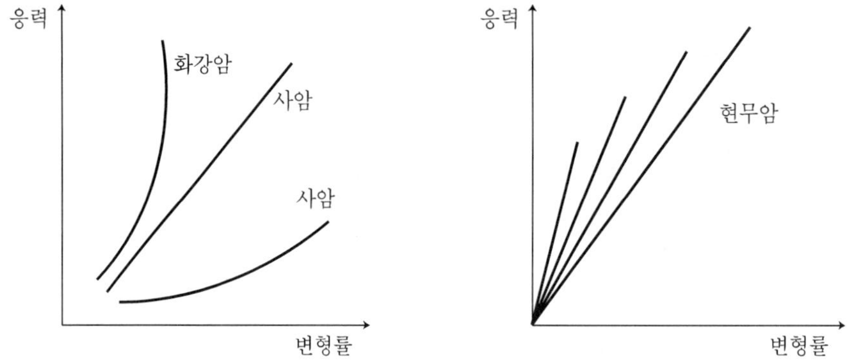

[그림 4.9] 석재 종류별 탄성계수

[표 4.6] 석재 종류별 탄성계수

종 류	탄성계수(t/cm²)	종 류	탄성계수(t/cm²)
화강암	520	대리석	770
사 암	170	점판암	680
석회암	310		

⑥ 내구성

석재의 내구성은 조암광물의 종류나 사용 장소의 기후, 노출조건에 따라 달라진다. 석재의 내구연한 다음 표 4.7과 같다.

[표 4.7] 석재의 내구연한

석재종류	내구연한(년)	석재종류	내구연한(년)
화강성	75~200	석 회 암	20~40
대리석	60~100	사암조립	5~15
석영암	75~200	사암세립	20~50
백운석	30~500	사암경질	100~200

⑦ 내화성

석재를 구성하는 조암광물의 열팽창계수의 차이에 따라 균열이 발생될 있으며, 일반적인 석재는 500℃ 이하에서는 거의 피해가 없지만 화강암, 대리석 등은 600℃ 전후에서 피해를 입을 수 있다.

열에 강한 안산암, 사암, 응회암 등은 1,000℃까지 피해가 거의 없다. 석재의 온도와 압축강도의 관계는 다음 그림 4.10과 같다.

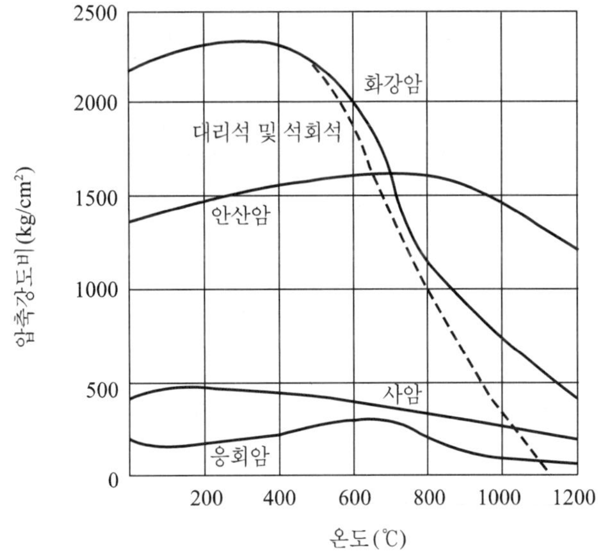

[그림 4.10] 석재의 고온특성

(3) 석재 종류별 성질

가. 화강암

심성암에 속하고 주성분은 석영, 장석, 운모 등이다. 흑운모, 각섬석, 휘석 등을 포함하면 검은색을 띠고, 산화철(Fe_2O_3)을 포함하면 미홍색이 된다. 우리나라에서 생산되는 화강암의 종류는 다음 표 4.8과 같고, 그 한 사례는 그림 4.11과 같다.

[표 4.8] 우리나라 화강암의 종류와 특징

색 상	특 징	주 요 제 품
백색계	흰 바탕에 검은 반점	가평석, 충주석, 합천석, 영주석, 온양석, 상주석, 음성석, 아산석, 덕정석, 일동석, 김제석, 양주석
핑크계	핑크 바탕에 검은 반점	포천석, 상주석, 괴산석, 문경석, 홍제석
회색계	회색 바탕에 흑색 반점	강화석, 백구석
흑색계	흑색 바탕에 수정 반점	합천석, 경월석, 마천석, 후동석, 목화석
녹색계	녹색 바탕에 흑색 반점	보성석, 김포석
쑥색계	쑥색 바탕에 흑색이나 백색 반점	대광석, 지리산석

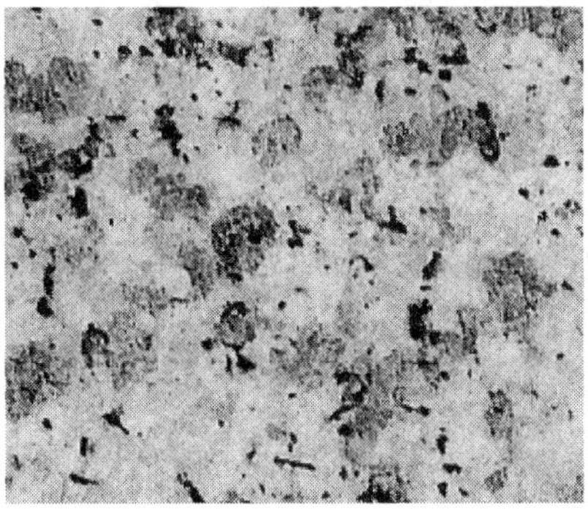

[그림 4.11] 화강암(포천석)

화강암은 암질이 단단하고, 압축강도가 높으며, 외관이 수려하나 내화성이 약하고 너무 단단하여 조각 등에는 부적당하다. 건축물의 용도로는 아치, 기둥, 토대, 바닥재 및 내외장재로 사용되며, 물리적 특성은 다음 표 4.9와 같다.

[표 4.9] 화강암의 물리적 성질

열팽창계수	$6.4 \sim 10.0 \times 10^{-6}$/℃
밀도	2.58~2.91
공극율(%)	0.69~1.15
휨강도(kgf/cm^2)	66~1.28
압축강도(kgf/cm^2)	1,300~1,900

나. 대리석

대리석은 석회암이 높은 압력과 열에 의한 변성작용으로 생성된 암석으로, 순수한 것은 백색이나 부성분에 따라 여러 가지 색상으로 나타난다. 강도는 높지만, 내화성이 낮고 풍화되기 쉬우므로 공업도시, 강우량이 많은 지방에서는 실외용으로 적합하지 않고, 실내 장식재로 사용된다.

다. 사암

단단한 것은 구조용재로 적합하나 대체로 외관이 좋지 못하며, 연약한 것은 장식적 가치가 있으므로 주로 실내 장식에 사용된다.

라. 석회석

경도는 3～4 정도이고, 비중은 2.65～2.72 정도이다.

산업혁명 이후에 포틀랜드 시멘트의 발명으로 사용가치가 제고되었다.

5. 가공

1) 채석

채석은 채석장에 이루어지며 다음과 같은 과정을 거쳐서 생산된다.

• 경석류(화강암) : 절리, 석목에 따라 구멍을 뚫어 다이나마이트로 폭파 후 채굴한다.
• 연석류 : 곡괭이, 돌 자르는 톱 등으로 잘라낸다.

2) 표면 마무리

건축물의 구조재와 마감재로 사용되기 위해서는 각종 가공장비를 사용하여 표면을 다듬으며, 그 종류는 다음 표 4.10과 같고, 표면 가공장비와 표면 상태는 그림 4.12와 같다.

[표 4.10] 석재의 손다듬 종류

구 분		가공장비	가 공 상 태		비 고
가공방법	세분류				
혹두기	큰혹 작은혹	쇠메	요철이 없게 대강 다듬는 마무리		거친다듬
정다듬	거친정(큰정)	정	정자국/100 cm^2	15개	
	중정			25개	
	고운정(작은정)			70개	
도드락다듬	거친도드락	도드락망치	눈수/25 cm^2	25눈	
	중도드락			64눈	
	고운도드락			100눈	
잔다듬	거친잔다듬	날망치	날망치의 날간격	5~6 mm	
	중잔다듬			3~4 mm	
	고운잔다듬			1~2 mm	고운다듬

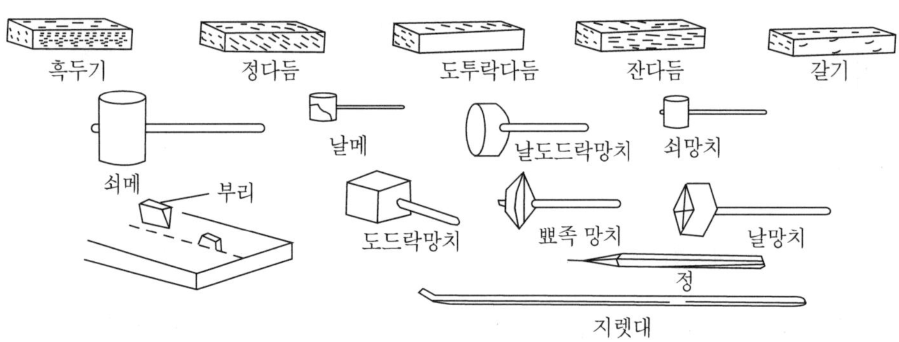

[그림 4.12] 손다듬장비와 표면거칠기

6. 석재제품

1) 인조석

인조석은 대리석, 화강암 등의 종석과 백색 포틀랜드시멘트, 안료를 섞어 물로 혼합한 후 단단하게 굳히거나 강하게 만든 것을 말하며, 주로 바닥의 마무리재로 사용된다(그림 4.13).

[그림 4.13] 인조석 바닥 시공과정

2) 기타 석재 제품

① 미네랄울(Mineral wool)

현무암, 안산암, 사문암 등을 적절한 비율로 용융한 후, 미세한 구멍으로 분출시키면서 동시에 고압의 공기로 빨아들여 판형으로 만든 것이 암면이며, 불연성, 흡음성, 단열성이 뛰어나고 연질이다(그림 4.14).

[그림 4.14] 미네랄울

열전도율 0.043 kcal/hm℃이고, 내열온도는 900℃이므로 파이프의 보냉, 보온용으로 사용되거나, 건축물 내부의 단열재 그리고 경량벽체의 내화구조에 많이 적용된다.

② 퍼라이트(perlite)

진주암, 흑요석을 약 1100~1300℃에서 소성한 후 급냉각 과정을 거쳐 만들어진 인공골재이다. 급냉각 과정을 거치게 됨으로서 내부에 미세한 구멍을 가진 백색 또는 회백색의 입자이다(그림 4.15). 경량이므로 경량골재로 사용된다.

[그림 4.15] 펄라이트 입자

제2절 세라믹

1. 개요

세라믹(Ceramics)은 고온에서 구워 만든 비금속 무기질 고체 재료를 의미하고, 여기에는 도자기, 유리, 시멘트, 내화물 등이 포함된다.

점토는 암석이 오랜 세월 동안에 걸쳐 풍화, 분해된 조밀한 입자의 흙이고, 입자크기가 0.01 mm 이하인 것을 말한다. 생성상태에 의한 점토의 분류는 다음과 같다.

- 잔류점토(1차 점토) : 암석이 풍화된 것으로서 그 장소에 남아있는 것
- 침적점토(2차 점토) : 물과 바람에 의해서 다른 장소로 옮겨진 것으로서, 유기분의 함유량이 많아 도자기의 원료로 사용된다.

2. 일반적 성질

순수한 점토는 알루미늄과 규소와의 화합물로 이루어져 있으며, 자연에서 도출되는 점토는 알루미늄과 규소이외에 수산화제이철(Fe_2O_3), 산화칼슘(CaO), 산화마그네슘(MgO), 산화칼륨(K_2O), 산화나트륨(Na_2O_3) 등을 포함하고 있으므로 고온에서 소성이 되지 않는다.

① 비중 : 보통 2.5~2.6 정도이며, 알루미늄의 함량이 많을수록 비중이 크다.
② 입자의 크기 : 25~1마이크로 정도이고 모래알 크기 정도의 것을 포함한 경우도 있다.
③ 가소성(可塑性) : 중요한 성질로 순수하고 양질의 점토일수록 크다. 하중을 제거해도 원래 모습으로 돌아오지 않는다.

3. 건축용 세라믹 제품

1) 점토제품

점토를 주원료로 하고 물과 혼합, 성형하여 소성한 것이며, 고온에서 소성된 제품은 내수, 방화성은 있으나 충격 변형에 약한 특징이 있다.

제조공정은 다음과 같다.

- 원토처리 → 원료조합 → 혼합 → 숙성 → 성형 → 건조 → 소성 → (시유) → (소성) → 제품

건축용 점토 제품은 벽돌, 기와, 타일, 테라코타, 위생도기 등이 있으며, 일반적 요구성능은 색조, 경도, 내마모성, 물리적 강도, 화학적 안전성이다.

점토 소성분의 분류와 특징은 다음 표 4.11과 같다.

[표 4.11] 점토 소지(素地)성분의 분류와 특징

종류	원 료	소성온도 (℃)	흡수성 (흡수율%)	색조	경도	시유 여부	제품 예
토기	보통 점토	790~1,000	흡수성이 크다. 15~20 이상	유색 불투명	약함.	무유 혹은 식염류	벽돌 일본식 기와 토관
도기	유기물이 포함된 점토	1,080~1,250	흡수성 조금 크다. 10 전후	유색 불투명	강함.	시유(투명 혹은 불투명)	도기벽돌 내장타일 테라코타 위생도기 도관
석기	유기물이 포함되지 않은 양질의 점토	1,000~1,300	흡수성 적다. 1~8	유색 불투명	강함. 치밀	무유 혹은 식염류	벽돌 외장타일 경질기와 테라코타
자기	양질의 점토 장석의 분말	1,250~1,435	비흡수성 0~1	반투명	강함. 치밀	시유액 (장석의 투명유)	고급위생도기 바닥타일 모자이크타일

2) 벽돌

소성벽돌의 치수는 길이 190 mm, 폭 90 mm, 두께 57 mm이며, 특징과 형상은 다음 표 4.12와 같다.

[표 4.12] 벽돌의 단면형상에 따른 구분

분 류	특 징	형 상
일반형	벽돌의 실체적이 외관체적의 80 % 이상인 벽돌	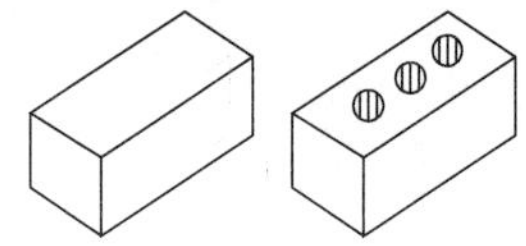
유공형	벽돌의 실체적이 외관체적의 80 % 미만의 벽돌로서 각 구멍의 단면적이 300 mm^2 이상의 것은 각 구멍의 단변이 10 mm 미만인 벽돌	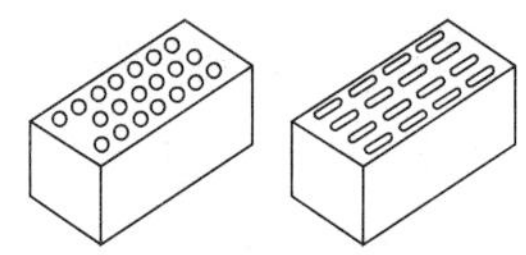
공동형	벽돌의 실체적이 외관체적의 80 % 미만의 벽돌로서 각 구명의 단면적이 300 mm^2 이상 또는 단변이 10 mm 이상의 벽돌	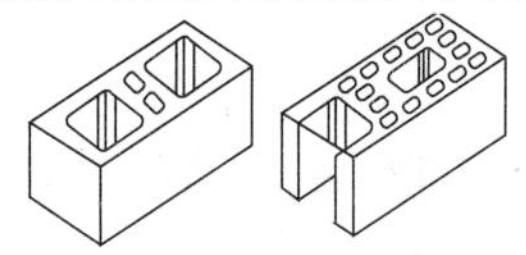

소성벽돌의 종류는 다음과 같다.

- 보통벽돌 : 비중 1.5~2.0, 흡수율 5~23, 압축강도 150~250 kgf/cm^{2}이다.
- 과소벽돌(過燒) : 보통벽돌보다 소성온도를 높인 것이며, 흡수율이 낮으므로 바닥의 포장에 사용된다.
- 공동벽돌 : 벽돌 내부의 공간 특성에 의하여 소리, 열의 차단 목적으로 사용된다.
- 내화벽돌 : 고열(1,580℃)을 받음과 동시에 여러 가지의 화학작용에 저항하도록 만들어진 특수벽돌이다. 굴뚝과 난로 등에 사용된다.

보통 벽돌의 품질은 다음 표 4.13과 같다.

[표 4.13] 보통 소성벽돌의 품질

등급	흡수율		압축강도	구어진 정도	타격음
	3시간 보일링	24시간 흡수			
1등급	20 % 이하	15 % 이하	150 kgf/cm^2 이상	양호	금속성 청음
2등급	23 % 이하	18 % 이하	100 kgf/cm^2 이상	보통	탁음

3) 기와

점토기와는 미관과 내구성을 지닌 우수한 지붕재료이며, 모양에 따라 한식기와와 양기와로 구분한다.

점토기와의 장단점은 다음과 같다.

• 내화성, 단열성, 내후성이 좋다.
• 양질의 것은 내수성(耐水性), 내설성(耐雪性)이 좋다.
• 자중(自重)이 크다.

(1) 한식기와

한식기와의 치수와 모양은 다음 표 4.14 및 그림 4.16~17과 같다.

[표 4.14] 한식기와의 치수

구 분	암기와		숫기와	
	길이	나비	길이	나비
보통기와	300	270	270	120
고급기와	330	300	300	135
고건축용 큰기와	330	315	315	150

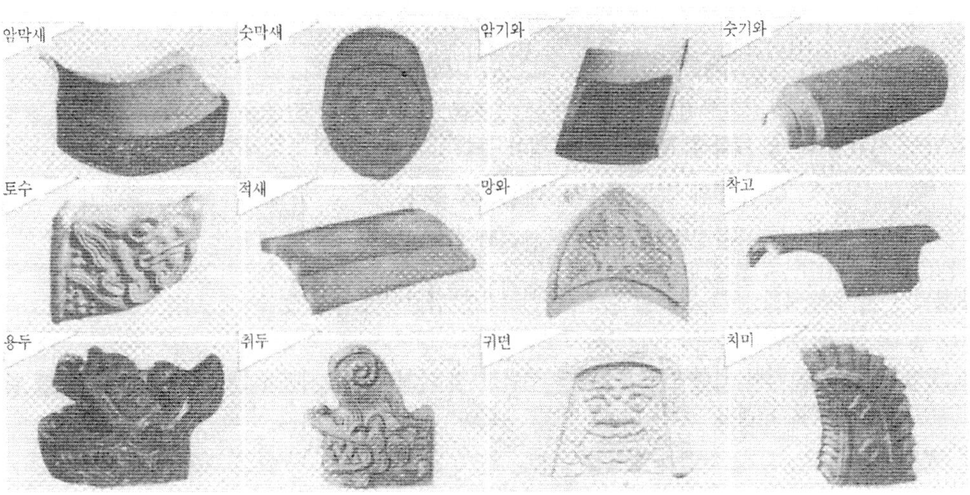

[그림 4.16] 한식기와의 종류

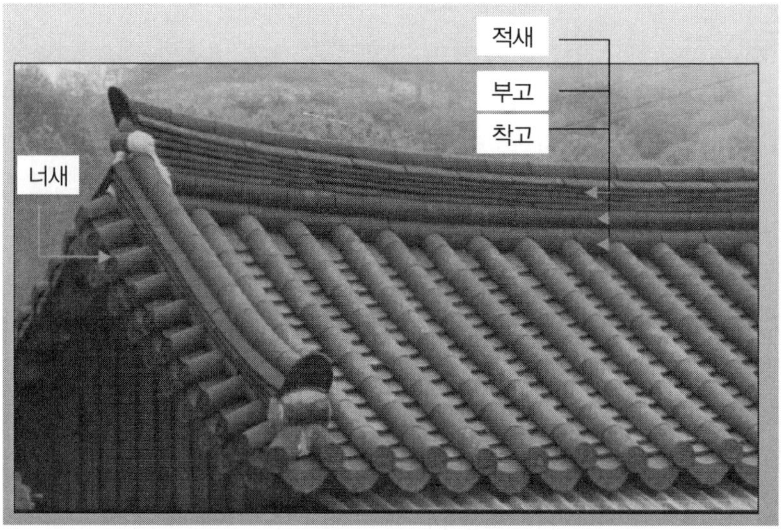

[그림 4.17] 한식기와 시공

4) 타일, 테라코타

테라코타(terra cotta)는 이탈리아어로써 구운흙을 의미하며(그림 4.18), 타일과 큰 차이는 없다. 다만 치수, 형상에 대해서 의장적인 특성과 특정한 규격을 사용하는 대형 타일을 말한다.

[그림 4.18] 테라코타

타일의 분류와 특징은 다음 표 4.15와 같다.

[표 4.15] 타일의 분류와 특징

구 분	내 용		적용타일
	소지성질	흡수율(%)	
도기질	비용화(熔化)성	10.0 이상	내장타일
석기질	대부분 용화성	1.0~3.0	내장, 외장, 바닥, 클링커타일
	반용화성	3.0~10.0	
자기질	불침투성	0	내장, 외장, 바닥, 모자이크
	용화성	1.0 미만	

5) 위생도기

세면기, 욕조 등의 위생설비에 사용되는 세라믹 요업제품의 총칭이며, 외관이 아름답고, 표면이 평평해서 흡수성이 적어야 한다.

도자기 소지(素地)질을 사용하고, 내산, 내알칼리성이 큰 것이 좋은 제품이다.

제3절 유리

1. 개요

유리는 철, 시멘트와 함께 근대건축의 3대 요소로 간주되는 중요한 건축재료로서 채광, 환기의 위생적 요소와 시각적 요소 그리고 의장적 요소를 모두 갖추고 있다.

유리는 고대 이집트 시대부터 장신구로 사용되기 시작하였으며, 12세기 이탈리아 베니스의 유리공업으로 발달하기 시작하였고, 20세기 이후 대량생산되기 시작하였다.

유리의 주성분은 이산화규소(SiO_2 : 71~73 %), 소다(Na_2O : 14~16 %), 석회(CaO : 8~15 %)로 구성되어 있다. 유리는 이산화규소, 석회, 소다 외 산화아연, 산화마그네슘 등의 염기성 산화물 1~2종 이상을 배합하여 1,400~1,600℃의 고온에서 가열 용융 후 냉각, 고화과정을 거쳐 생산한다(그림 4.19).

유리는 충격강도가 약해 깨지기 쉽고, 파편은 날카롭고 두께가 얇으며, 차음성능이 낮은 단점이 있다. 따라서 건축 구조재료로서는 이용되지 않으며, 보통유리 강도보다 3~5배 정도 강한 강화유리, 단열/차음 효과를 높인 복층 유리 등이 건축용으로 사용되고 있다.

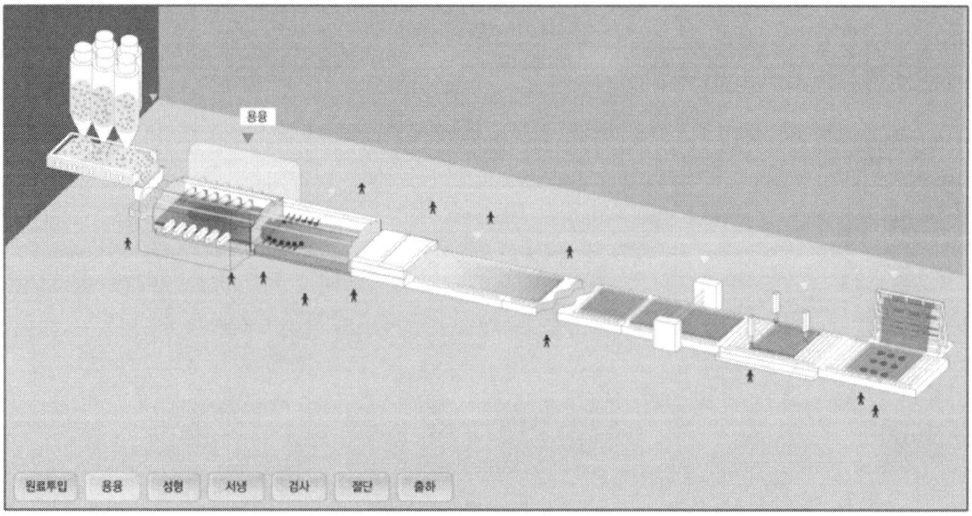

[그림 4.19] 유리제조 과정

2. 유리의 종류

유리의 종류는 함유하고 있는 성분에 따른 분류와 제품의 용도에 따른 분류로 구분되고 있으며, 성분에 따른 분류는 소다석회를 포함하는 소다 석회유리 그리고 소다 대신에 칼륨석회가 포함된 칼륨 석회유리가 있다. 또한 산화납이 포함된 프린트 유리 그리고 산화납 이외의 소다석회, 칼륨석회 등이 포함된 크라운 유리 등으로 구분된다.

제품의 용도에 따른 분류는 표 4.16과 같다.

[표 4.16] 제품의 용도에 따른 유리의 분류

건축용 유리의 종류		성 질	용 도
① 일반판 유리	보통판유리 무늬유리 플로트유리 연마판유리 망입판유리	가시광선의 투과율이 크고 자외선 영역을 강하게 흡수한다.	채광투시용의 창 문짝용
② 특수유리	열선흡수유리	적외선을 잘 흡수한다. 가시광선의 투과율은 보통유리보다 10~20 % 낮다.	열복사의 차단 눈부심 방지 문짝 등
	열선반사유리	유리 표면에 반사막으로 태양에너지의 입사를 40~50 %로 감소시킨다.	열복사의 차단 눈부심 방지 시선의 차단
③ 열처리유리	강화유리 강화유리문	강도가 보통유리의 3~5배 정도이며, 파괴될 때도 안전하다.	고층건물의 창 프레임 문 등
④ 이형유리	구형(舊形)유리 파형(波形)유리	내풍압강도가 크다.	큰면적의 채광벽면
			자연채광용
⑤ 복합유리	복층유리	열관류율이 작다.	단열창
	합성유리	파괴시 파편이 날아 흩어지지 않는다.	창구 등의 안전유리용
	착색강화유리	색깔이 좋고 내수, 내약품성, 내열강도가 크다.	고층건축의 스팬드럴
⑥ 장식용(裝飾用) 유리	스테인드글라스		장식용

건축용 유리의 종류		성 질	용 도
⑦ 성형유리	유리블록	투과광에 지향성을 가지게 하는 것에 뛰어나다. 단열, 차음효과가 크다.	채광, 차음이 필요한 외벽 칸막이 등
	유리벽돌	유리블록보다 성능이 떨어진다. 각종형상이 있다.	채광·조명용의 장식벽
	프리즘 유리	투과광에 지향성을 가지게 하는 것에 뛰어나다. 하중강도가 크다.	통로면
⑧ 유리섬유	유리섬유판	내화, 내약품, 단열흡음성이 좋다.	불연, 단열, 흡음용의 내벽, 천장재 및 불연막
	유리섬유직물		

3. 유리의 일반적 성질

유리의 각종 강도와 탄성계수 등에 관련된 일반적인 성질은 다음 표 4.17과 같다.

[표 4.17] 유리의 일반적 성질

물리적 성질	비중	약 2.5	
	강도	압축강도 인장강도 휨강도	9,000 kgf/cm^2 500 kgf/cm^2 400~800 kgf/cm^2
	탄성	영계수 포아송비	7 × 10 kgf/cm^2 0.22
	내열성	열전도율 선팽창계수 비열 연화온도	0.65 kcal/m·h·℃ 0.9 × 10^5/℃ 0.2 cal/g·℃ 720~730℃ 내외 (정확한 융점은 없고, 성형, 휨, 강화가공 등의 척도)
광학적 성질	굴절률 반사율 광산투과율	약 1.52 약 4 %(한쪽 면) 가시광선 90 %내외	
화학적 성질	내구성(알칼리 용출량 %) 분말법 90 mesh, 1시간 끓임.	물에 대한 감량 물에 용출되는 Na_2O 탄산나트륨의 감량 가성소다의 감량	0.09~0.27 0.05~0.15 0.09~0.18 0.5~2.0 1.3~2.0

1) 비중

유리의 성분에 따라 2.2~6.3을 나타내고 있으나, 건축용은 2.5~2.6사이가 주로 사용된다(표 4.18).

[표 4.18] 유리의 비중

유리 종류	창유리	크라운유리	칼륨유리	연유리
비중	2.54	2.49	2.39	3.77

2) 강도 및 경도

강도는 유리의 두께 및 성분, 열처리 여부에 의해 변화되나, 보통 판유리는 상온에서 인장강도 500 kgf/cm^2, 휨강도 400~800 kgf/cm^2. 탄성계수 700,000 kgf/cm^2이다. 유리의 경도는 5.5~6.5 정도이다.

3) 열 및 전기에 대한 성질

열전도율 및 팽창율이 작고 비열이 크나, 부분적으로 급히 가열하거나 냉각되면 파괴되기 쉽다. 연화점은 400~900℃(보통 판유리 550℃)이고, 화재 시 유리는 불에 녹는다.

4. 건축용 유리제품

1) 보통 판유리

투명판유리와 불투명유리로 분류되고, 투명판유리는 제조한 그대로의 평활한 면을 가진 것이며, 불투명판유리는 투명판유리의 단면에 샌드블라스트(sand blast)하거나 부식 등의 방법으로 광택을 지우는 가공을 한 것이다. 두께 1.9 mm, 3 mm, 5 mm, 6 mm의 4종류가 있으며, 주로 주택, 점포, 사무소 건축, 공장, 온실, 쇼 케이스 등에 사용된다.

2) 망입 판유리

방화, 방범용으로 직경 0.4 mm 이상의 철망을 유리 사이에 삽입한 것이며, 두께 6.8 mm, 10 mm가 있다. 철망의 형태 : 격자형, 마름모꼴, 귀갑무늬가 있고, 파손 시 유리가 비산하지 않은 특징이 있다.

3) 강화유리

판유리를 연화점(550℃ 이상)까지 가열한 후 표면에 냉기를 내뿜어서 급냉시켜 제조하며, 담금질 유리라고도 한다. 강도는 3~5배, 파괴 시에 작은 조각으로 되는 특징이 있다.

4) 복층유리

2매의 유리 사이에 스페이서를 써서 일정 간격을 유지하도록 해 건조공기를 밀봉한 것으로 공기층에 의해 열의 차단을 목적으로 한 것을 말한다. 단열효과가 좋기 때문에 결로가 발생되지 않으며, 제조 후에는 절단이 되지 않기 때문에 규격은 모두 주문품으로 한다.

5) 안전유리(접합유리)

2매의 판유리 사이에 인공 수지막을 삽입하여 합친 것이며, 3 mm 판유리를 사용하여 6.3 mm두께로 만든 것이 일반적이다. 파손 시에 파편이 비산되지 않는 장점이 있다.

5. 건축용 유리 성형품

1) 유리블록(glass block)

2개의 상자모양 성형유리를 가열, 용융하여 밀착시킨 것이며(그림 4.20), 내부는 0.5 기압 정도의 건조공기를 봉입한 블록이다. 벽 등에 사용하면 부드러운 광선이 들어오고 감압된 건조공기에 의해 단열, 차음효과를 높일 수 있다.

[그림 4.20] 유리블록과 적용 사례

가시광선의 투과율은 70~80 %이고. 차음효과는 보통 판유리보다 좋고, 두께 95 mm의 경우 약 40 dB의 투과손실이 있다.

2) 유리벽돌(glass brick)

벽돌모양의 유리 성형품으로 형상, 치수, 색채에 따라 종류가 다양하여 인테리어 장식용도에 많이 적용되며(그림 4.21), 일부 채광, 조명용의 장식벽에 사용되기도 한다.

[그림 4.21] 유리벽돌

3) 유리섬유(glass wool)

고온 용융시킨 유리를 노즐에서 직경 1~30마이크로미터 정도의 가느다란 섬유모양으로 뽑아낸 것으로 단섬유와 장섬유가 있다(그림 4.22). 불연성, 단열성, 흡음성 등이 요구되는 내외벽체의 단열재, 보온재 등으로 사용된다. 유리 섬유는 500~600℃ 부근에서 용융되기 때문에 간막이 벽체와 같이 비내력 벽체의 내화 구조체에도 적용될 수 있다.

[그림 4.22] 유리섬유

4) 프리즘 유리

지하실 또는 지붕면 등의 채광용, 외부 장식용으로 사용되는 두꺼운 유리 성형품이며, 투사광선의 방향을 변화시키거나 집중, 확산시킬 수 있다.

제4절 합성수지

1. 개요

유기 화합물로 만들어지고, 열과 압력으로 성형되는 고분자 재료를 합성수지라고 한다. 또한 합성수지는 고분자 화합물로써 일정한 온도범위에서는 다양한 형태의 물질을 만들 수 있기 때문에 플라스틱(plastic)이란 용어를 사용하기도 한다.

고분자 재료는 분자량이 대략 1만 이상의 물질을 말하며 다음 그림 4.23과 같은 형태를 가진다.

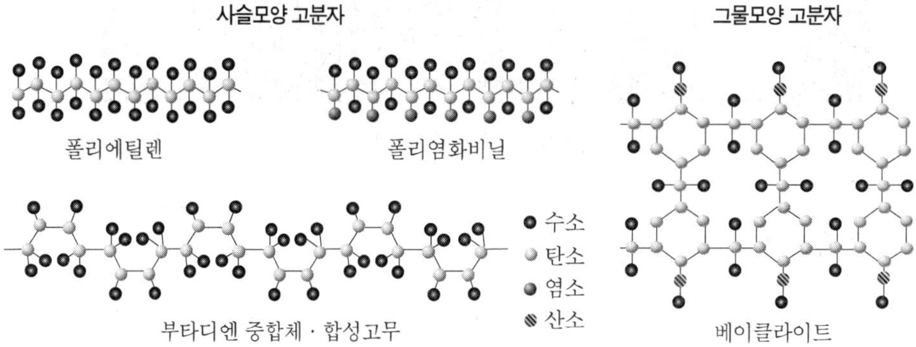

[그림 4.23] 고분자 재료의 형태

플라스틱의 장단점은 다음과 같다.

① 장점

- 경량이고, 강도가 크다
- 형상, 색체가 다양하고, 대량생산이 가능하다.
- 내수성, 내부식성이 우수하다.
- 전성, 연성이 좋다.
- 전기 절연성이 우수한 것이 많다.

② 단점

- 무기재료에 비해 내화, 내열성이 부족하다.
- 수축팽창이 크다.
- 종류가 매우 많아 제품의 특성을 파악하기 다소 어렵다.

2. 플라스틱 종류와 특성

플라스틱의 종류는 헤아릴 수 없을 정도로 많으나, 크게 열경화성수지와 열가소성 수지로 구별된다. 열경화성 수지는 열을 가할수록 단단하게 굳어져서, 큰 힘을 가하여도 변형되지 않는 성질을 가지며, 열가소성 수지는 가열하게 되면 연화되어 쉽게 변형되고, 식히면 다시 굳어지는 성질을 가진다(그림 4.24).

- 고분자재료
  - 천연고분자
    - 전분, 단백질, 셀룰로오스
  - 천연고분자로부터 얻어지는 고분자
    - 고무를 원료로 하는 것(염화고무 등)
    - 고뷰자 셀룰로오스, 전뷰을 원료료 하는 것 (초산, 셀룰로오스 등)
    - 단백질을 원료로 하는 것 등
  - 힙성고분자
    - 힙성고무
    - 합성섬유
    - 플라스틱
      - 열경화성 수지
        - 페놀 수지
        - 우레아 수지
        - 멜라민 수지
        - 알키드 수지
        - 폴리에스테르
        - 에폭시 수지
        - 우레탄 수지
        - 카시렌 수지
      - 열가소성 수지
        - 염화비닐 수지
        - 염화비닐리덴 수지
        - 초산비닐 수지
        - 폴리비닐알코올 수지
        - 아크릴 수지
        - 스티롤 수지
        - 폴리아미드 수지
        - 폴리에틸렌 수지
        - 불소 수지
        - 폴리프롤필렌 수지
        - 폴리카보네이트 수지
        - 폴리에스터 수지

[그림 4.24] 플라스틱의 종류

(1) 열경화성 수지

가열하면 굳어지고, 냉각 후 재 가열해도 연화되지 않는 성질을 가지고 있으며, 입체 그물 모양의 분자구조를 가지고 있어 내열온도(200℃)가 높고, 내마모성, 내약품성, 전기절연성, 내수성 등의 성능이 우수하다.

① 페놀수지

내열성, 전기 절연성, 내수성이 우수하다.

② 멜라민 수지

내열성, 내수성이 우수하고 표면경도가 크기 때문에 표면 장식용으로 사용한다.

③ 폴리에스테르 수지

건축용으로는 유리섬유 강화 제품인 F.R.P(Fiber glass reinforced plastics)제조에 주로 이용된다.

④ 에폭시 수지

강력한 접착력이 있어 구조용 접착제 및 도료의 용도로 사용된다.

열경화성 수지의 종류와 특징은 다음 표 4.19와 같다.

[표 4.19] 열경화성 수지의 종류와 특징

종 류	특 징	주용도
페놀수지	강도, 절연성, 내산성, 내열성, 내수성이 양호 내알카리성 부족	발포보온재, 구조용 접착제, 도료, 전기절연체, 파이프
요소수지	페놀수지와 성질이 유사, 투명성, 착색이 자유롭고, 내약품성, 강도, 내열성이 양호	마감재, 가구재, 도료, 구조용 접착제
멜라닌수지	투명성, 착색자유, 표면치장재로 사용 표면경도 크고 내약품성과 내열성 우수	마감재, 가구재, 호마이카접착제
알키드수지	강도, 투명성, 유리섬유와 혼합하여 FRP제조 절연성, 내열성, 내약품성, 제압성형 가능	도료, 접착제
폴리에스텔수지	열전연성, 내약품성, 내후성, 발수성, 내열성전기적 성능우수	커튼월, 창틀, 도료, 욕조, 접착제
실리콘수지	금속의 접착성, 내약품성, 내열성	방수피막, 발포보온재, 도료 접착제, 윤활제, 보색제

종 류	특 징	주용도
에폭시수지	금속의 접착성, 내약품성, 내열성	금속도료, 방수피막 보온보냉제, 구조용 접착제
우레탄수지	열절연성, 내약품성, 내열성	보온보냉재, 도료, 내수피막, 접착제
프란수지	내약품성, 접착성, 흑색	금속도록, 금속접착제

(2) 열가소성 수지

내열성이 낮아 사용온도는 약 60℃이다. 용융과 성형이 쉽기 때문에 양산체제에서 현저하게 비용절감을 할 수 있어 급배수 설비, 단열재(폴리스틸렌(스치로폴)) 등에 사용된다.

① 폴리염화비닐 수지(PVC: Polyvinyl chloride)

합성수지의 생산량 중 가장 많은 부분을 차지하고 있다.

② 폴리에틸렌 수지

완구, 용기류, 포장용 필름, 비닐관 등으로 사용되고, 건축용으로 시트방수에 이용된다.

③ 아크릴 수지

평판 성형판으로서 유리처럼 이용된다.

기타 열가소성 수지의 종류와 특징은 다음 표 4.20과 같다.

[표 4.20] 열가소성 수지의 종류와 특징

종 류	특 징	주 용 도
아크릴 수지	투광성이 우수하며, 내후성이 양호하고, 착색이 자유롭다.	채광판, 유리대용품, 도료
염화비닐수지	강도, 전기절연성, 내약품성이 양호하고 내열성이 낮고 온도에 의한 신축이 크다.	바닥용타일, 시트, 조인트재료, 파이프, 접착제, 필름
초산비닐수지	투명, 부착성, 각종 용제에 가용, 내열성이 부족하다.	도료, 접착제
비닐아세틸수지	투명, 밀착성이 양호하다.	안전유리의 중간막, 도료, 접착제
메틸메탈크릴수지	투명, 강도 내약품성이 상당히 크다.	방풍유리, 광조장식, 조명기구

종 류	특 징	주 용 도
폴리스틸렌수지 (스틸롤수지)	투명, 전기절연성, 내수성, 내약품성이 우수 발포스티로폴은 단열 및 완충재로 사용한다.	창유리, 발포보온재, 채광용
폴리에틸렌수지	내약품성, 전기절연성, 내수성이 양호하다. 저온에서의 탄성이 우수하다.	건축용성형품, 방수필름, 발포보온재, 시트, 전선피복
폴리아마이드수지	인조섬유제로서 인장강도와 내마모성 우수나일론의 재료이다.	건축물 내장재
셀룰로이드수지	투명, 가소성, 가공성이 양호하다. 내열성이 부족하다.	유리대용품

3. 플라스틱 제품

1) 판상제품

① F.R.P

유리에 비해서 경량이고 열에 대해서 안정적이며(유리섬유 함유율 28 % 이상) 강도가 우수하지만 고가이다. 내충격성이 우수하고, 내후성도 우수하여 20년 정도 사용가능하다.

② 폴리염화비닐(PVC)

빛의 투과성은 F.R.P보다 높지만, 강도는 F.R.P보다 작으며 60℃ 이상에서 연화된다.

2) 도장재료

플라스틱 도료의 종류와 특성은 다음 표 4.21과 같다.

[표 4.21] 플라스틱 도료의 종류와 특성

항 목 / 종 류	주요성분	적용범위	특 징
에폭시계	에폭시 수지	모르터, 콘크리트, 목조, 철판	• 내화학약품성, 내마모성이 크다. • 착색지유 • 논슬립 바닥 • 가격이 비싸다. • 방수방습성이 크다.

종류 \ 항목	주요성분	적용범위	특 징
폴리에스테르계	불포화 폴리에스테르 수지	모르터, 콘크리트	• 내화학약품성은 에폭시계보다 작다. • 방수방습성이 작다. • 가격은 에폭시계의 1/3 • 착색성이 있다. • 강도가 크다.
초산계	초산비닐 수지	모르터, 콘크리트, 목재	• 내수성이 작다. • 가격 저감 • 착색성이 크다. • 보통의 보행에 견딘다. • 시공에 유리하다.
고무라텍스계	재생·합성고무 라텍스	모르터, 콘크리트, 철판	• 보온성이 크다. • 보행감 양호 • 내마모성이 크다. • 가격이 높다.

3) 시트 방수재

아스팔트 방수층은 온도 변화에 따른 수축팽창으로 균열이 발생되나, 고분자 재료는 탄성, 신축성 등에서 큰 장점이 있어 방수재료로 많이 사용된다(폴리에틸렌).

제5절 도장재료

1. 개요

도료(塗料)는 유동상태로 물체의 표면에 칠해져 시간이 지남에 따라 물체의 표면에 고착하여 연속피막을 형성하는 재료를 말하며, 도장(塗裝)은 도료에 의해 표면을 아름답게 하는 행위를 말한다.

도장의 주 목적은 내수, 내습, 내후 등을 통하여 물체를 보호하고, 내화, 내열을 유지함으로써 구조체의 내구성을 향상시키는데 있다.

도료의 구성요소는 다음과 같다.

- 도막 요소 : 유지(油脂)(식물유, 동물유), 수지(樹脂)(천연수지, 합성수지)
- 도막 조요소 : 용제

  [용제] : 도막 요소를 용해시켜 적당한 점도로 조절하여 도장이 용이하도록 하는 물질. 여기에는 휘발유, 물, 알코올, 에스테르 등이 포함된다.

2. 도료의 종류

1) 유성 도료

① 보일드류(boiled oil)

아마인류, 들기름 등의 건성유를 가열, 연화시키고 건조제(건조시간을 단축시키기 위한 용도)를 더한 것이다.

[건성유(乾性油)] 공기 중에서 건조되는 기름 성분

② 유성 페인트

안료와 최소량의 보일드류를 혼합시킨 도료. 현장에서 보일드류의 양을 조절하지 않고 그냥 칠할 수 있도록 조합된 것을 유성 조합 페인트라 한다.

2) 바니쉬

수지(천연, 합성)를 건성유와 가열 융합하여 건조제를 넣고 용제(휘발유 등)에 녹인 것이다. 천연수지가 들어 있으면 건조가 빠르고 광택, 작업성이 좋으나 내약품성이 나쁘다.

3) 합성수지 도료

합성수지를 용제에 희석하여 만든 도료를 말한다.

① 합성수지 에나멜 페인트

염화비닐을 용제에 용해시켜 안료를 섞어 만든 페인트. 용제의 증발에 의해 1시간 이내에 건조하여 내수성, 내유성의 도막이 생기며, 뿜칠하는 것이 좋다. 자동차 광택용으로 사용된다.

② 합성수지 에멀션 페인트

합성수지 소립자를 수중에 분해시킨 유탁액을 비히큘(vehicle, 전색제(展色劑))이라 하며, 여기에 안료를 결합시켜 만든다. 건조가 빠르고(1시간 이내) 내수성, 내후성, 내약품성 등이 에나멜에 비해서 다소 떨어진다.

[전색제] 안료를 분산시켜 도막을 형성시키는 액체

4) 수성페인트

용제로서 물(水)을 사용하는 도료의 총칭. 안료와 수용성 교착제(전분풀 : 녹말가루풀), 카세인, 아교 등을 물과 혼합하여 사용하는 도료이다.

5) 기타 도료

(1) 실리콘 발수제

실리콘 수지를 용제에 녹인 것으로 연속 피막으로 방수 및 발수효과가 우수하다.

[발수제] 수분의 침투를 최소화는 재료, 높은 수압에서는 수분 침투 가능
[방수제] 수분 자체를 침투시키지 않는 재료

(2) 스테인

목재소지의 착색제이다.

(3) 옻

옻나무의 수피에서 분비액을 채취한 것을 생옻, 도료에 사용할 수 있도록 한 것을 정제옻이라 하며, 내수, 내산, 내구성이 있다. 직사광선에 의해 분해되기 쉬우며, 공예품, 식기에 적용된다.

(4) 방청도료

금속면의 보호와 금속의 부식을 방지하거나 녹이 슬지 않게 하는 목적을 가지고 있어, 녹막이 페인트라고 한다.

[광명단 도료] 광명단(Pb_3O_4)을 보일드류에 녹여 만든 유성페인트

(5) 방화도료

가열성 물질에 칠하여 연소를 방지하는 기능을 가진 도료를 말하며, 인산, 암모니움염 등의 발포제를 사용되고, 화염에 닿으면 발포하여 10~50 mm 정도의 방화벽을 형성한다.

(6) 발광도료

형광체의 안료(아연과 카드륨 등)를 전색제와 혼합하여 제조, 사용하는 도료. 교통표지판, 계기판 등에 사용된다.

(7) 방균도료

소지 또는 도막에 균류가 발생하는 것을 방지하고, 아름답고 깨끗한 외관을 유지하도록 설계된 도료이며, 내구력이 우수하고 내수성, 내오염성이 강하다. 프탈산수지, 페놀수지, 초산비닐 등에 곰팡이 제거제를 혼입하여 제조한다.

제6절 방수재료

1. 개요

건축물 외부는 비와 눈 등 1년 내내 기후 변화에 노출되어 있으며, 건축물 내부는 급수와 배수 그리고 냉난방에 의한 수분에 노출되어 있어 미관 훼손, 위생적 결함 그리고 내구성 저하가 우려된다. 따라서 각 건축물은 수분 침투에 대비한 방수성능이 요구되고 있으며, 특히 지반 하부에 시공된 지하층은 지층의 습기와 지하수에 항상 노출되어 있으므로 방수공사에 보다 많은 노력을 기울여야 한다.

2. 방수공법의 종류

1) 시멘트 액체방수

방수제를 모르타르, 시멘트에 혼입한 후 콘크리트 표면에 도포시켜 방수층을 형성하는 공법으로 공사비가 저렴하고, 시공이 간편하다. 반면 바탕층에 균열이 발생되면 방수층이 파괴되는 문제점이 있다. 시멘트 액체 방수의 표준시공 순서는 다음 표 4.22와 같다.

[표 4.22] 액체방수의 표준시공 순서

공정 \ 종류	시멘트 액체방수층		폴리머시멘트 모르타르 방수층	
	바닥	벽	1종	2종
1층	바탕면 정리 및 물씻기	바탕면 청소 및 물청소 불필요	폴리머시멘트 모르타르	폴리머시멘트 모르타르
2층	방수시멘트 페이스트 1차	바탕접착제 도포	폴리머시멘트 모르타르	폴리머시멘트 모르타르
3층	방수액 침투	방수시멘트 페이스트	폴리머시멘트 모르타르	–

공정 \ 종류	시멘트 액체방수층		폴리머시멘트 모르타르 방수층	
	바닥	벽	1종	2종
4층	방수시멘트 페이스트 2차	모르타르	–	–
5층	방수모르타르	–	–	–
6층	–	–	–	–

2) 아스팔트 방수

원유의 정제과정에서 생산된 아스팔트의 높은 점성을 이용하는 공법으로 아스팔트 펠트와 아스팔트 루핑을 교대로 용융된 아스팔트로 접착함으로써 높은 방수효과를 기대할 수 있다. 아스탈트는 약 30~45℃에서 연화되고 약 200℃에서 인화된다. 아스팔트 방수의 표준공정순서는 다음 표 4.23과 같고, 시공 과정은 그림 4.25와 같다.

[아스팔트 펠트] 목면, 면사 및 폐지를 혼합하여 만든 종이에 아스팔트를 침투시켜 만든 방수지

[아스탈트 루핑] 아스팔트 펠트보다 다소 두꺼운 원지에 스트레이트 아스팔트를 침투시키고, 활석 또는 운모가루를 뿌린 방수지

[표 4.23] 아스팔트 방수 표준공정순서

겹수	층수	품명
1겹	1층	아스팔트 프라이머
	2층	아스팔트
	3층	아스팔트 펠트
	4층	아스팔트
2겹	5층	아스팔트 루핑
	6층	아스팔트
3겹	7층	아스팔트 루핑
	8층	아스팔트

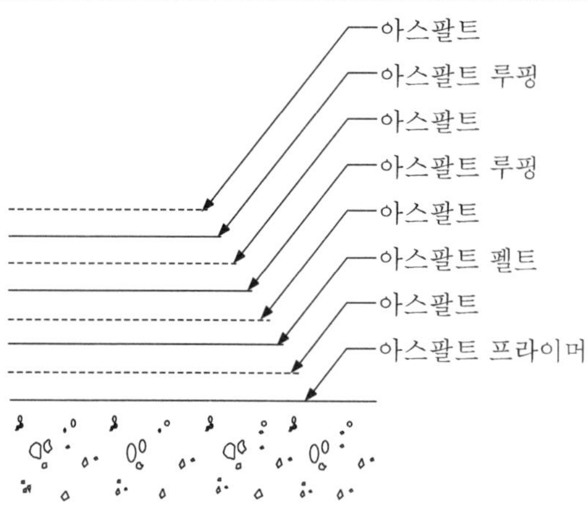

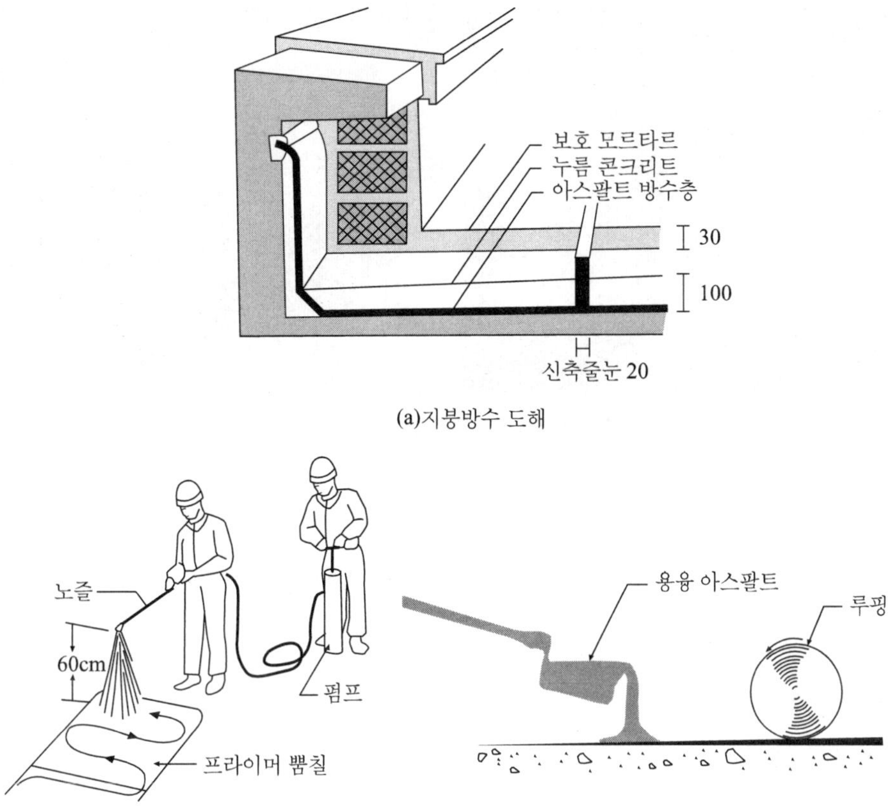

(a)지붕방수 도해

(b) 프라이머도포 (c)루핑 붙이기

[그림 4.25] 아스팔트 방수 공사

3) 시트(합성고분자 루핑)방수

합성고무, 합성수지를 주성분으로 하는 시트 1겹을 접착제로 바탕층에 붙여 방수층을 형성하는 공법으로 사용되는 시트 방수재는 다음 표 4.24와 같다.

[표 4.24] 시트 방수재 두께

방수 부위	두께의 구분
지붕 방수	1.0 mm 이상
중요도가 높은 방수 부위	1.5 mm 이상

시트 방수공법의 시공 시에는 접착제를 사용하여 시트를 부착할 때 기포와 주름이 발생되지 않도록 주의해야 한다(그림 4.26).

[그림 4.26] 시트지와 시트방수 공사

(4) 도막방수

도료상의 방수제를 여러 번 칠하여 상당한 두께의 방수막을 형성하는 공법으로 다음과 같은 특징을 가지고 있다.

- 내후, 내약품성 우수
- 시공이 간단, 보수 용이
- 노출공법 가능, 경량
- 균일두께 시공곤란
- 바탕균열에 의한 파단 우려
- 방수 신뢰성이 적다.

도막방수에 적용되는 재료는 다음과 같다.

① 에폭시계 도막방수 : 에폭시 수지를 여러 번 발라 0.1~0.2 mm의 얇은 도막을 형성한다. 내약품성, 내마모성이 강하여 화학공장의 방수층, 일반 건물 내부의 주차장 바닥 등에 많이 적용되고 있다.

② 용제형 도막방수(solvent) : 방수재(천연 또는 합성고무)를 솔벤트에 녹여 0.5~0.8 mm 방수 피막을 형성하고, 시공과 착색이 용이하므로 경사지붕 등에 사용된다.

③ 유제형 도막방수(emulsion) : 액체상태의 방수재(합성수지)를 여러 번 발라서 0.5~1 mm의 피막을 형성한다. 주로 콘크리트면에 사용된다.

제7절 흡음 및 단열재료

1. 개요

쾌적한 삶을 추구하는 인간의 요구가 점차적으로 높아지고 있는 시기에 가장 각광을 받는 재료가 흡음재료와 단열재료라고 판단된다. 소음으로 인한 개인적 자유를 보장받으려는 노력과 이웃과의 소음분쟁을 합리적으로 해결하기 위한 다양한 해결 방안으로 흡음재료의 개발과 흡음공법의 개발이 진행되고 있다.

2. 흡음재의 분류

흡음률이란 재료의 면에 입사되는 에너지의 손실정도를 나타내는 지수로써 다음 식 4.1과 같이 계산하며, 평균 0.3 이상의 흡음률을 가진 재료를 흡음재라고 부른다.

$$\text{흡음률} = \frac{I-R}{I} \qquad \text{(식 4.1)}$$

여기서, I : 입사음
R : 반사음

흡음재는 입사되는 음이 점차 감쇠되도록 표면에 여러 가지를 처리를 하고 있으며, 재료의 형태와 성질에 따라 분류된다.

1) 재료의 형태별 분류

① 다공질 재료

재료의 표면에 입사되는 소리는 재료 표면의 공기를 진동시키기 되고, 재료의 표면에 부딪히면서 열에너지로 변화되면서 흡음효과가 발생된다. 다공질의 재료는 입사된 소리를 공극 내부에 가두는 효과를 발휘하면서 흡음효과가 극대화된다. 여기에는 유리면, 암면, 연질 섬유판 그리고 목모시멘트판 등이 포함된다.

② 포류

벽체나 바닥 그리고 천장면에 직접 도포하는 경우와 커튼처럼 설치하는 경우가 있다. 입사되는 소리가 포류의 섬유에 포집되어 감쇠되는 효과가 있다.

③ 판형

소리가 판상태의 재료에 부딪히게 되면 진동을 일으키게 되고, 이 때 소리가 음에너지가 소모됨으로써 흡음효과가 발생된다. 따라서 흡음효과는 판의 두께, 중량 등에 좌우된다. 합판, 석고보드, 석면판 등이 해당된다.

④ 천공판

천공판은 저음 영역의 음을 잘 흡수하는 성질이 있다. 이러한 특성을 극대화하기 위하여 공극의 지름, 두께, 널의 두께 등을 고려해야 한다(그림 4.27).

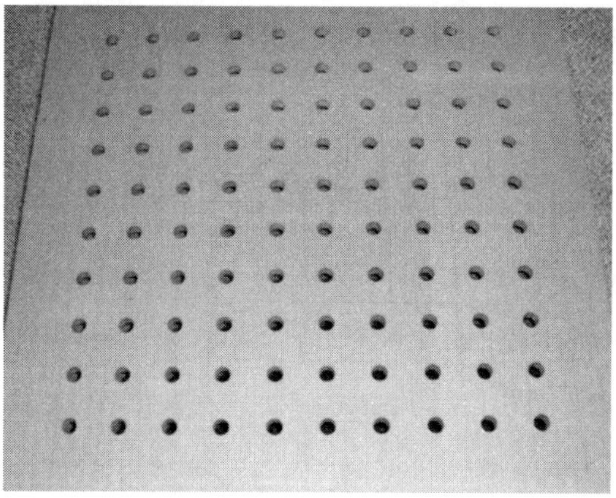

[그림 4.27] 천공판

2) 재료의 성질별 분류

① 판상재료

석고보드, 합판, 석면판과 같이 판(board)의 형태를 가진 흡음재료

② 유공재료

목재 스터드, 스틸 스터드의 심재를 바탕으로 하거나, 벽체를 바탕으로 하고, 그 표면에 합판, 석고보드를 시공한 형태를 가지고 재료나 부재

③ 유연재료

목재 스터드, 스틸 스터드의 심재를 바탕으로 하거나, 벽체를 바탕으로 하고, 그 표면에 포류, 암면 등의 재료를 부탁한 재료나 부재

④ 도포재료

벽체의 바탕에 질석, 석면, 섬유 등을 도포한 재료나 부재

흡음재료와 달리 차음재료는 투과음이 적은 재료를 의미한다. 음이 재료에 입사되면 일부는 반사와 흡수가 일어나고 나머지는 투과하게 된다. 이 때 재료의 차음성능은 투과된 음의 대소(大小)로 평가되며, 투과된 음이 적을 재료가 차음성능이 우수한 재료이다. 차음성능은 재료의 단단함과 밀실한 정도에 좌우된다.

3. 단열재의 분류

단열재료는 열의 이동을 차단하여 열손실을 최소화하기 위한 목적을 가진 재료이며, 통상적으로 0.05 Kcal/mh℃ 정도의 열전도율을 가진다. 단열재는 재료의 다공성이 높은 것과 재료의 두께가 두꺼울수록 단열이 효과가 우수하다. 우리나라에서 생산되는 단열재의 밀도와 열전도율은 다음 표 4.25와 같고, 단열재의 사용부위는 다음 표 4.26과 같다.

[표 4.25] 단열재의 밀도와 열전도율

단열재명	밀도(g/cm^3)	열전도율(kcal/mh℃)
유리면	0.01~0.04	0.028~0.043
암면	0.03~0.10	0.024~0.029
난연성 발포폴리스티렌폼	0.016~0.030	0.022~0.039
석고보드	0.85~0.90	0.11~0.35
요소발포수지	0.01~0.02	0.025
석면	0.08~0.14	0.022~0.039
질석	0.1~0.7	0.03~0.15
규산칼슘보온판	0.22	0.026~0.04
석고플라스터	0.89	0.35
폴리우레탄폼	0.016~0.030	0.022~0.025 이하

[표 4.26] 단열재 사용부위

부위별 / 단열재의 종류	지붕	천장	벽	바닥	배관, 보일러
유리면	○	○	○	–	○
암면	○	○	○	–	○
난연성 발포폴리스티렌폼	○	○	○	○	–
석고보드	○	○	○	–	–
우레아폼	–	○	○	–	–
석면	○	○	○	–	○
질석	–	–	–	○	–
규산칼슘보온판	○	○	○	○	–
석고플라스터	○	–	–	○	–
폴리우레탄폼	–	○	○	○	–

단열재는 형상과 재질 그리고 사용온도에 따라 분류된다.

1) 형상에 따른 분류

① 섬유상 단열재

섬유의 형태를 지닌 단열재로써 암면, 암면판, 그래스 울 등이 포함된다.

② 다공성 단열재

단열재 내부에 공극을 다량 포함한 단열재이며, 기포 콘크리트, 경량골재, 단열 모르타르 등이 포함된다.

③ 공기층 단열재

적층된 재료 내부에 공기가 포함되어있는 단열층을 의미하고, 다층 알루미늄코일 그리고 방수지 등이 포함된다.

2) 재질에 따른 분류

① 유기질 단열재

셀룰로오스 화이버, 연질섬유판의 섬유판 형태와 톱밥, 발포 플라스틱, 발포 폴리스틸렌, 발포 폴리우레탄 등의 다공질 형태의 단열재가 포함된다.

② 무기질 단열재

유리면, 암면, 세라믹 화이버 등의 섬유판 형태의 단열재와 펄라이트, 규산 칼슘판 그리고 기포콘크리트 등의 다공질 형태의 단열재가 포함된다.

3) 사용온도에 따른 분류

① 극저온용 단열재 : −180℃ 이하에서 사용되는 단열재
② 저온용 단열재 : −150~0℃ 사이에서 사용되는 단열재
③ 상온용 단열재 : 0~100℃ 범위에서 사용되는 단열재
④ 중온용 단열재 : 100~500℃ 범위에서 사용되는 단열재
⑤ 고온용 단열재 : 500℃ 이상의 범위에서 사용되는 단열재

4. 단열재의 종류

① 질석

용적 팽창률이 3 %를 넘지 않는 운모계의 광석을 1,000℃ 온도에서 소성하여 만든다. 용융온도는 1,300~1,400℃이므로 단열재료 및 내화재료로 사용된다.

② 펄라이트

진주석을 900~1,200℃로 소성한 후 분쇄하여 제조한 경량골재이다. 비중은 0.04~0.2, 공극률은 90 % 정도이다. 사용온도는 약 600℃이다.

③ 암면

현무암, 안산암, 혈암, 돌로마이트 등 석회와 규산 성분으로 이루어진 원석을 용융, 고속회전시켜 섬유 상태로 만든 단열재이다. 보온성과 내화성이 우수하다.

④ 유리섬유

유리를 용융시켜 압축공기로 분사시켜 섬유 상태로 만든 단열재이다. 보온재, 단열재 등으로 사용된다.

⑤ 석면

사문석, 각섬석류 등을 고온으로 용융, 고속회전으로 분사함으로써 섬유 상태로 제작된 단열재이나, 인체한 유해한 재료로 판명되었으며, 다른 재료로 대체되고 있다.

⑥ 발포 폴리스틸렌

폴리스틸렌 수지와 발포제를 압출기에서 용융, 압출하여 생산한다. 내부에 기포가 많이 형성되기 때문에 폼 플라스틱(foam plastic), 스티로폼이라고도 한다. 비중이 0.05 수준으로 단열효과가 우수하다.

⑦ 폴리우레탄 폼

폴리이소시아네이트 및 발포제를 사용하여 판상, 관상으로 만들어진 단열재이다. 현장의 여건에 따라서 일정한 형태의 폴리우레탄 폼을 사용하기고 하고, 좁은 공간과 벽체 등의 밀실한 단열재 시공을 목적으로 현장에서 직접 발포시공이 가능한 장점이 있다.

참고문헌

1) 손순채 외, 최신 건축재료학, 형설출판사, 2002
2) 조준현 외, 최신 건축재료학, 기문당, 2011
3) 대한건축학회, 건축텍스트북 건축재료, 기문당, 2010
4) 최준호 외, 건축재료학, 서우, 2005
5) 대한건축학회, 건축재료, 기문당, 2006
6) 전용배 외, 건설재료 및 시험, 동화기술, 2010
7) 조준현, 건축재료학, 기문당, 2010
8) 김재훈 외, 건축재료학, 문운당, 2011
9) 김완기 외, 건축재료실험, 기문당, 2007
10) 박도경, 건추재료학, 서우, 2006
11) 한천구 외, 건축재료실험, 기문당, 2003
12) 박경동 역, 재료시험법, 동명사, 2003
13) 김국연 외, 실내건축재료, 서우, 2006
14) 정석창, MIDAS를 활용한 건축구조설계 입문, 구미서관, 2005
15) 장종찬 외, 해법 건축구조역학, 기문당, 2005
16) 김낙원, 건축구조역학, 기문당, 2006
17) 이성민 외, 건축구조안전의 이해, 세진사, 2005
18) 이윤경 역, 연습유한요소법, 과학기술, 1996
19) 김용부 역, 건축의 구조, 기문당, 2007
20) 김유 외 역, 기본 열전달, MaGraw-Hill Korea, 2009
21) 이택식 외, 열전달, 희중원, 1996
22) 권인규, 건축방재학, 동화기술, 2007
23) 권인규, 건축공학개론, 동화기술, 2009
24) 사단법인 한국콘크리트학회, 콘크리트 표준시방서, 2009
25) 정상진 외 , 건축시공 신기술공법, 기문당, 2002
26) 정상진 외, 건축시공, 기문당, 2005
27) 송도헌, 초고층건축 시공, 기문당, 2004
28) 건축시공연구회, 건축시공 마감편, 기문당, 2008
29) 이원재, 알기쉬운 건축시공, 기문당, 2005
30) 대한건축학회, 건축시공, 기문당, 2003
31) 양극영 외, 건축시공, 서우, 2006
32) 김창훈 외, 최신 건축시공, 기문당, 2006

33) 이재국 외, 건축학개론, 서원, 2006
34) 이광노 외, 건축학개론, 문운당, 2004
35) 양용기, 건축학개론－건축의 의미론－, 서원, 2006
36) 김정곤 외, 건축학개론, 구미서관, 2004
37) 건축공학설계 편찬위원회, 건축공학설계개론, 기문당, 2005
38) CEN, "Eurocode 3 : Design of Steel Structures Part 1.2 : General Rules Structural fire design", pp.15~21, 1995
39) ASCE, Performance-Based Design of Structural Steel for Fire Conditions, Calculation method, 2009
40) Francis L. Brannigan, Building Constructions for the Fire Service, 2nd Edition, 1982
41) Malhotra, Design of Fire-Resisting Structures,1982
42) T.j.Shields "Building and Fire", 1987
43) J.A.Purkiss "Fire Safety Engineering Design of Structures, 1996
44) IFSTA, Building Construction Related to the Fire Service, 3rd Edition, 2011
45) 권인규, 강구조 부재의 하중비에 따른 내화성능 평가 연구, 대한건축학회논문집, 26권 4호, pp. 55~62, 2010
46) 권인규, 철근보강 콘크리트충전 강관기둥의 내화성능에 관한 실험적 연구, 대한건축학회연합논문집 제12권 제2호, pp. 249~256, 2010.6
47) 권인규, 강구조 부재의 표면온도 산정 및 내화피복두께에 관한 연구, 한국화재소방학회논문집 제24권, 제3호, pp. 55~61, 2010.
48) 권인규, 온도해석과 재하가열시험에 의한 콘크리트 충전 보부재의 내화성능평가에 관한 연구, 한국화재소방학회논문집 제24권, 제4호, pp. 55~61, 2010.
49) 권인규, 고강도 구조용 강재의 고온물성 평가 연구, 한국화재소방학회논문집 제27권, 제6호, 게재예정, 2013.
50) 권인규, 고온 시의 구조내력 평가를 위한 SM 400강재의 고온특성 평가 연구, 한국화재소방학회논문집 제27권, 제8호, 게재예정, 2013.
51) 국회법령자료 홈페이지, "건축법, 건축법시행령, 건축물의 피난/방화구조 등의 기준에 관한 규칙", 소방기준법, 2012
52) Jonn Wiley & Sons, "Structural Design for Fire Safety", 2001
53) Patrick V.H, Heimo. T., "Description of Swedish system of fire performance based regulation and Temperature analysis of structural sections", 2003
54) SFPE, "SFPE Handbook of Fire Protection Engineering", pp.1-141~148, 1995
55) ECCS, "Design Manual on the European Recommendations for the Fire Safety of Steel Structures", pp.64~99, 1985
56) Fire and Materials, "A Procedure to Calculate Fire Resistance of Structural Members", Lie, pp.40~48, 1984.
57) CEN, "Eurocode 3 : Design of Steel Structures Part 1.2 : General Rules Structural fire design", pp.15~21, 1995
58) Centre for Advanced Engineering University of Canterbury, "Fire Engineering Design Guide", pp.49~61, 1994

59) AISI, "Fire Protection Through Modern Building Codes", pp.131~149, 1981
60) NFPA, "Building Construction and Safety Code NFPA 5000", 2003
61) Kodur VKR, "Design equations for evaluating the fire resistance of SFRC filled steel columns", Journal of Structural Engineering. ASCE 1998:124(6), 671-7
62) Kodur, V.K.R., Lie, T.T., Experimental Studies on the Fire Resistance of square hollow steel columns filled with steel-fibre reinforced concrete, IRC Internal Report No.662. Ottawa(Ontario): National Research Council of Canada, Institute for Research in Construction , 1996
63) 권인규 외, 강구조 내화설계 실용화 기반연구, 포항산업과학연구원, 2001
64) 권인규 외, 강구조 내화공학설계기술개발(I), 포항산업과학연구원, 2002
65) 권인규 외, 강재 허용온도 산정연구, 포항산업과학연구원, 1999
66) 한국강구조학회, "충전강관기둥의 내화성능평가 및 설계법에 관한 연구. 1999.6
67) 권인규 외 구조용 강재의 고온특성 연구, 포항산업과학연구원, 2002.8
68) 권인규 외, 구조용 강재의 내화특성 평가 연구. 포항산업과학연구원, 2003.7
69) 권인규 외, 강구조 건축물 내화설계 요소기술 개발, 포항산업과학연구원, 2004.8
70) In-Kyu Kwon etc, Experimental Study of the Fire Resistance of Walls and Floors Constructed with Steel Studs and Steel Joists, Fire and Materials, John Wiley & Sons Ltd, in press.
71) In-Kyu kwon, et al, Determination of limiting temperatures for H-section and hollow section columns, STEEL & COMPOSITE STRUCTURES, Vol. 14, No.5, pp 309~325, 2012.
72) In-Kyu Kwon, et al, Evaluation of the Fire Resistance of H-section Steel Columns and Beams, Applied Mechanics and Materials, Vol 204-208, pp. 3190~3193, 2012
73) In-Kyu Kwon, et al, Experimental Study on the Fire Resistance of Rectangular Hollow Sections Steel Columns, Advanced Materials Research, Vol. 557-559, pp. 112~115, 2012.
74) In-Kyu Kwon et al, Experimental Study on the Fire Resistance of Steel Columns Protected with Fire Boards, International Journal of STEEL STRUCTURES, Vol. 12, No.1, pp 25~35, 2012.
75) In-Kyu Kwon, et al, Evaluation of Fire Resistance Using Mechanical Properties at High Temperature for Steel Column Made of Rolled Steels (SS 400), KOREAN JOURNAL OF METALS AND MATERIALS, Vol. 49, No.9, pp 671~677, 2011.
76) In-Kyu Kwon, et al, Mechanical and thermal properties of SM 490 at high temperature for fire engineering design, Metals and Materials International, Vol. 16, No.4, pp 559~564, 2010.
77) In-Kyu Kwon, et al, Evaluation Study on Mechanical Properties of Submarine Structural Steels at High Temperature, Advanced Materials Research, in press, 2013.

찾아보기

ㄱ

가스유해성 시험 17
가열로 47, 190
감수제 63
강관 130
강널말뚝 130
강도 28, 53, 73
강봉 128
강섬유보강 콘크리트 89
강성 28
강재 23
강판 128
강화유리 226
건성유 234
건축재료 14
겉보기비중 57
경량 콘크리트 194
경량골재 56
경량콘크리트 86
경량형강 130
경석 207
경재 156
경화 51, 52
계획배합 95
계획배합표 99
고강도 철근 128
고강도콘크리트 86, 107
고로슬래그 66
고로슬래그시멘트 41
고분자 228
고성능감수제 64
고온열전도율 150
고온열팽창계수 149
곧은결 159
골재 54
공극률 59
공기량 70, 94
광재 55
구조용 강재 125
구조재료 15, 38
국제표준화기구 34
굵은 골재 54
규산칼슘보드 194, 197
근대건축의 3대 요소 222
급결제 64
기건비중 159
기계적 성질 24
기와 219

ㄴ

난연 섬유판 179
난연 합판 178
난연재료(난연3급) 18
난연재료 175, 178
내구성 31, 81, 210
내력벽체 196
내장수 156
내화 190
내화구조 170
내화벽돌 218
내화뿜칠공법 190
내화설계 134, 190
내화성 211
내화성능 152
널결 159

ㄷ

단열 241

단열재 243
단열재료 18
단위수량 90
단위수량의 93
단위용적중량 51
담금질 120
대리석 207, 213
도드락다듬 214
도료 234
도막방수 240
동 132
동결융해 31, 81
동소변태 117
뜨임질 120

ㄹ

레디믹스트콘크리트 84
레이턴스 72
로터리 베니어 165
룸 코너테스트 17

ㅁ

마감재료 15
마르텐사이트 120
매스콘크리트 88
목재 155
목조주택 196
무근콘크리트 82
무기재료 16
물리적 성질 24
물시멘트비 90, 92
미네랄울 191, 215
밀도 19, 102, 103

ㅂ

바우싱거효과 124
반응수 31
반죽질기 68
발광도료 236
발포 폴리스틸렌 246
발포작용 62
발화점 29
방균도료 236
방부법 163
방수 237
방수재료 22
방식 131
방식재료 22, 131
방염재료 175
방염제 184
방청도료 23, 236
방청제 65
방충법 164
방화도료 236
방화석고보드 196, 197
방화성능 175
방화재료 16, 175
배합 30, 89
배합강도 90
배합비 89
배합설계 90
벽돌 218
변재 158
변형 25
보드이용공법 192
보일드류 234
보통골재 56
보통합판 166
복층유리 226
부(富)배합 90
부식 131
부착강도 77
분말도 51
분산작용 63
불림 120
불연성 시험 17
불연재료(난연1급) 17
불연재료 175
블리딩 71
비구조재료 15
비례한도 26
비열 19, 102, 103, 139

비중 29, 51, 57, 159, 208
비철금속 132
비탄화 코아 168
비표면적 51
빈(貧)배합 90

ㅅ

사문암 207
사암 213
산업규격 33
상항복점 26
서중콘크리트 85
석고보드 176, 177, 193
석면 246
석목 204
석재 202
석회석 213
선철 114
선팽창계수 209
섬유보강 콘크리트 88
섬유판 166
성형유리 224
세계무역센터 113
세라믹 216
소석고 40
소성 이력곡선 124
소성 24, 77
소성구간 26
소성로 47
소우드 베니어 165
쇄석모래 56
쇄석자갈 56
수밀콘크리트 85
수성페인트 235
수중콘크리트 86
수화반응 31, 50, 51
수화열 50
스터드 196
스틸하우스 196
슬라이스드 베니어 165
슬래그 55
슬럼프 69
습윤상태 58
시공연도 31
시멘타이트 119
시멘트 액체방수 237
시멘트 39
시멘트강도 92
시트 방수재 233, 239
시트방수 240
신률계 146
실리카흄 67
실적률 59
심성암 205
심재 158

ㅇ

아스팔트 238
아이언 브리지 112
아이언브리지 112
아크릴 수지 231
안전유리 226
알루미늄 133
알칼리 골재 반응 61
암면 245
압연과정 114
압축강도 73, 104, 109, 160
에트링가이트(ettringite) 50
에펠탑 112
에폭시 수지 230
엠파이어 스테이트 빌딩 113
연석 207
연성 28
연속주조 114
연재 156
연화점 29
열가소성 수지 231
열경화성 수지 230
열적 특성값 19
열전도 140
열전도율 19, 29, 102, 168
열처리 120

열특성값 102, 109
열팽창 137, 176
열팽창계수 101, 106, 143
열확산계수 168
영계수 27
예열로 47
오스테나이트 118
오토클레이브 194
옵셋내력 27
외장수 156
용접철망 128
용제형 240
워커빌리티 69, 89, 99
워크빌리티 68
원형철근 126
윈저타워 111
유기재료 16
유동화제 64, 87
유동화콘크리트 87
유러코드 34
유리 222
유리벽돌 227
유리블록 226
유리섬유 224, 227, 245
유리섬유보강 콘크리트 89
유성 도료 234
유성 페인트 234
유제형 240
음향재료 20
응결 51, 52
응력－변형 78, 141
응력 24
이형철근 126
인공골재 55
인공재료 15
인산 179
인성 28, 124
인장강도(최대응력점) 26
인장강도 75, 106, 122, 208
인조석 214
인화점 29
일반강 116
입도 60
입형 61

ㅈ

자유수 31
잔골재 54, 98
잔골재율 90
잔다듬 214
재령 104
재료분리 71
전단강도 76, 162
전단탄성계수 105
전성 28
절건비중 159
절대용적 98
절리 204
점토 216
정다듬 214
제강 115
제선 114
조립률 61
조암광물 204
존헨콕 센터 113
주상절리 204
준경석 207
준불연재료(난연2급) 17
준불연재료 175, 177
중량골재 56
중량콘크리트 86
중성화 30, 31, 32, 81
지연제 64
진비중 57, 159
질석 245
집성목재 166

ㅊ

차음성능 21, 22
차음재료 21
천연골재 55
천연재료(天然材料) 14
철골철근콘크리트 84

철골철근콘크리트구조 23
철광석 114
철근 126
철근보강 블록조 23
철근콘크리트 23, 83, 107
철망보강콘크리트 83
청동 133
체가름 시험 60
촉진제 64
충격강도 123
취성 28

ㅋ

코크스 114
콘크리트 23
콘크리트 충전 강관구조 199
콘크리트 39, 67, 101
클링커(clinker) 45

ㅌ

타일 220
탄성 24, 77
탄성계수(영계수) 27
탄성계수 79, 105, 111, 143, 149, 162, 176, 210
탄성구간 26
탄성한도 26
탄소강 116
테라코타 220
특수강 116
특수시멘트 44
특수합판 166

ㅍ

파괴점 26
판유리 225
퍼라이트 215
퍼얼라이트 119
펄라이트 245
페놀수지 230
페라이트 118
포졸란 65
포틀랜드 시멘트 40
포틀랜드 포졸란시멘트 43
폭렬 107
폴리에스테르 수지 230
폴리에틸렌 수지 231
폴리염화비닐 수지 231
폴리염화비닐 232
폴리우레탄 폼 246
표면건조포수상태 58
표면수량 58
표준화재 온도곡선 190
풀림 120
프리스트레스트 콘크리트 88
프리즘 유리 227
프리캐스트 콘크리트 패널 195
프와송 비 27
프와송비 79
플라스틱 228
플라이애쉬 65
플라이애쉬시멘트 42
피라미드 202
피로강도 123

ㅎ

하항복점 26
한식기와 219
한중콘크리트 85
함수량 57
함수율 29
합금강 116
합성공법 198
합성수지 228
합판 165
항복강도 149
항복점 27, 122
허용응력도 162
현장배합 99
형강 129
혼화재 65
혼화재료 62

혼화제 62, 63
화강암 211
화산암 205
화성암 205
황동 133
휨강도 76, 161
흑두기 214
흡수량 59
흡수율 208
흡음 241
흡음률 30, 241
흡음재 241
흡음재료 21

기타

63빌딩 113
AE감수제 63, 99
AE제 63
ALC 패널 194
ASTM 33
F.R.P 232

건축재료학 정가 14,000원

인 쇄 2014년 3월 2일 초판 1쇄
발 행 2014년 3월 10일 초판 1쇄
저 자 권인규
발행인 정우용
발행처 도서출판 **동화기술**

경기도 파주시 광인사길 201(문발동, 파주출판도시)
Tel (031)955-4211~6 donghwae@kornet.net
Fax (031)955-4217 www.donghwapub.co.kr

(등록) 1977년 12월 19일/9-16호

Printed in Korea
ISBN 978-89-425-1849-4